普通高等教育"十一五"
国家级规划教材

21世纪高等学校计算机类专业
核心课程系列教材

算法设计与分析

第5版·微课视频版

吕国英 李茹 王文剑 曹付元 钱宇华 张虎 郭丽峰 门昌骞 编著

清華大學出版社
北京

内 容 简 介

本书内容遵循2020年发布的《ACM/IEEE计算课程体系规范》(Computing Curricula,CC)即CC2020,采用“计算”一词作为计算机工程、计算机科学和信息技术等所有计算机领域的统一术语。本书主要介绍算法及其设计、分析的基础知识,并通过大量例题,讲解枚举法、递推法、分治法、贪婪算法、动态规划及与图搜索有关的算法策略。除此之外,还讲解了算法设计基本工具的使用和算法设计中的技巧。最后通过案例的一题多解进行算法设计的实践。算法描述采用了接近自然语言(英语)的符号,可读性强,适合不同程序设计语言背景的读者学习。

本书可作为高等院校计算机及相关专业高年级本科生和研究生“算法设计”课程的教材,也可作为计算机工作者、广大程序设计爱好者和信息学爱好者的参考书。

图书在版编目(CIP)数据

算法设计与分析:微课视频版 / 吕国英等编著. -- 5版. -- 北京:清华大学出版社,2025.1.
(21世纪高等学校计算机类专业核心课程系列教材). -- ISBN 978-7-302-68126-7

Ⅰ. TP301.6

中国国家版本馆CIP数据核字第2025BY7782号

责任编辑:闫红梅
封面设计:刘 键
责任校对:郝美丽
责任印制:刘海龙

出版发行:清华大学出版社
网 址:https://www.tup.com.cn,https://www.wqxuetang.com
地 址:北京清华大学学研大厦A座 邮 编:100084
社 总 机:010-83470000 邮 购:010-62786544
投稿与读者服务:010-62776969,c-service@tup.tsinghua.edu.cn
质量反馈:010-62772015,zhiliang@tup.tsinghua.edu.cn
课件下载:https://www.tup.com.cn,010-83470236
印 装 者:河北鹏润印刷有限公司
经 销:全国新华书店
开 本:185mm×260mm 印 张:19.5 字 数:476千字
版 次:2006年3月第1版 2025年2月第5版 印 次:2025年2月第1次印刷
印 数:1~1500
定 价:59.00元

产品编号:103956-01

前 言

党的二十大报告指出："推动战略性新兴产业融合集群发展，构建新一代信息技术、人工智能、生物技术、新能源、新材料、高端装备、绿色环保等一批新的增长引擎。"因此这一版应用篇中增加了第7章自然语言处理及算法，意在与时俱进，提升计算机软件开发人才核心竞争地位，培养软件开发和研究人才。国家973信息技术与高性能软件基础规划项目首席科学家顾钧教授和中国工程院院士李国杰教授指出，我国的软件开发要算法先行，这样才能推动软件技术的研究与开发，提高我国企业软件产品的技术竞争力和市场竞争力。

"算法设计与分析"是一门理论性与实践性结合紧密的课程，是计算机科学与计算机应用专业的核心课程。学习算法设计可以在分析和解决问题的过程中，培养学生的抽象思维和缜密概括的能力，提高学生的软件开发与设计能力。

全书共分四篇：

第1篇"引入篇"共两章，从认识算法开始，介绍问题求解的步骤及算法在其中的重要地位，讲解了算法效率分析的基本方法，对当前常用的算法软件进行了概述(1.3节可作为选修)。

第2篇"基础篇"对算法的重复操作机制——循环和递归的设计要点、算法中数据结构的选择和提高算法效率的基本技巧做了讲解，这些都是算法设计的重要基础。

第3篇"核心篇"共两章，主要介绍几种常用的算法策略，如枚举法、递推法、分治法、贪婪算法、动态规划及与图搜索有关的算法策略，并对各种算法策略进行了总结比较。

第4篇"应用篇"共3章。第6章通过随机序列改进前面介绍的算法效率，介绍概率经典算法；第7章介绍了自然语言处理的基本知识；第8章以问题为节，每节针对同一问题采用不同的数学模型、不同的数据结构或不同的算法策略进行算法设计，并进行效率分析，开阔读者的眼界。这部分内容是对算法设计学习的实践。

本教材建设的理念是"实用、适用"。书中的例题选择力求简单但具有代表性，从分析问题开始，经模型建立，再进行算法设计(包括数据结构设计)和算法分析。这样有利于培养学生"设计"算法的能力，而不是"记忆" 算法的能力，并力争浅显易懂地讲解较深奥的算法设计策略和算法分析方法。

本书的主要特点如下。

1) 重系统性

本书的第3篇"核心篇"摒弃同类教材中根据问题划分章节的方法，通过对算法策略特点的概括和归纳，以同一策略下的应用差别来划分章节，使其结构更合理、讲解更系统，更加符合认知规律。同时，在各章末对算法进行比较、总结，使学生能方便、全面地掌握算法策略的本质及算法应用体系。

2) 重启发性

本书中的例题都是经过问题分析、数学建模、数据结构设计后，才给出算法设计和算法分析的。这样讲解富有启发性,不仅可培养学生算法设计的思维方式,还能让学生改变被动接受知识的习惯,养成主动学习的意识,进而提高创新能力。

3）重适用性

第 2 篇“基础篇”是从程序设计到算法设计承上启下的内容,对问题求解的基本方法、算法基本工具的使用及提高算法效率的基本技巧做了必要的总结、归纳,相信这些内容会对普通院校的广大学生有较大的裨益,促进其打好学习算法设计的基础。本篇内容弥补了以往教材缺乏课程间衔接内容的缺陷,可以增强学生学习该课程的自信心,提高教学效率。

4）重开放性

本书的第 1 篇对现代算法进行了概览,旨在扩大学生的知识面,提高其对算法设计的学习兴趣。本书还独特地介绍了从算法到程序转换的要点,引导学生不要仅停留在形式化的算法描述阶段,而是应该大胆上机实现,提高学习本学科的兴趣。

5）重实践性

第 4 篇“应用篇”是本书的一大亮点。该篇第 8 章以问题为节,每节针对同一问题采用不同的数学模型、不同的数据结构或不同的算法策略进行算法设计,扩展学生解决问题的思路,使学生学会灵活运用算法知识,而不是生搬硬套教材中的算法。同时,也可以使学生通过对多种算法设计的分析和比较来认识算法的优劣,从而设计出质量优良的算法。

在学习算法设计的过程中,有的读者会感到所学的内容和大多数例题离现实问题较远,似乎用途不大,这是因为现实中的问题往往比较复杂,需要具备丰富的领域知识、算法设计方法和技巧规范及软件工程的开发规范等综合技能。所以,本书只能通过一些简单、抽象的例子,对基础的算法策略进行讲解,待读者打好算法设计基础且有足够的问题领域知识储备后,才能去解决实际应用问题。附录“算法设计与分析”课程设计大纲给出一些与现实结合相对紧密的练习,区别于章节习题,希望读者广开思路,应用所学知识解决问题。

本书自 2006 年第 1 版出版以来,受到读者的广泛好评,多所院校将本书作为“算法设计与分析”课程的教材,在此,我们表示由衷的感谢!同时,我们深感重任在身,在听取广大读者提出的宝贵意见的基础上,极为慎重地对待每次改版工作。第 2 版主要修正了第 1 版中表述不准确的内容;第 3 版主要增加了适合大数据高效处理的概率算法;第 4 版更新了“现代常用算法概览”一节,希望能更好地激发读者学习算法设计与分析的兴趣,同时为构建算法相关知识体系,结合教材内容增加了大量需要读者深入思考的提示。第 5 版除增加了第 7 章,还将有的【提示】更新为更准确的【思考】或【注意】主题,其中【思考】内容更加注重教书育人的理念。本书的出版凝聚了出版社工作人员的辛勤汗水,在此感谢出版社领导和编辑们的信任与付出。

随着信息化时代的到来,计算机开发平台日新月异,计算机的应用也不断拓展到各个领域,各类算法和技巧层出不穷,本书只能是“管中窥豹”。若能达到本书的初衷——使读者掌握算法设计的基本方法和技巧、打好软件开发的基础,我们就深感欣慰了。

由于作者水平有限,书中不当之处敬请专家和读者指正。

作　者

2024 年 4 月

第1篇　引　入　篇

第2篇 基 础 篇

第3篇 核 心 篇

第4篇 应用篇

第1篇

引入篇

课程介绍

本篇内容：

第1章　算法概述

第2章　算法分析基础

第1章 算法概述

1.1 用计算机求解问题与算法

问题求解(problem solving)是个大课题,它涉及归约、推断、决策、规划、常识推理、定理证明、相关过程等核心概念。人工智能是这个课题下的一个分支,人工智能的第一个大成就是进一步开发了能够求解难题的下棋(如国际象棋)程序,并且把在下棋程序中应用的某些技术,发展成为搜索和问题归约这样的人工智能基本算法。今天的计算机程序能够以锦标赛水平下各种方盘棋,如五子棋和国际象棋等。有些软件甚至还能够用自动总结的经验来改善软件自身性能。由此可以理解"问题求解"的重点是制造智能计算机,以便模拟人的智能去进行问题求解,属于尖端科技;而一般计算机面对现实问题是无能为力的,需要人类对问题进行抽象化、形式化后才能机械地执行。学习算法设计的重点就是把人类找到的求解问题的方法、步骤以过程化、形式化、机械化的形式表示出来,以便让计算机执行(当然人工智能软件系统也离不开"算法设计"这个最基本的软件设计环节)。本书把学习的目标定为"用计算机求解问题"。

1.1.1 用计算机求解问题的步骤

人类在解决一个问题时,根据不同的经验、不同的环境,会采用不同的方法。用计算机解决现实中的问题,同样也有很多不同的方法,但解决问题的基本步骤是相同的。下面给出用计算机求解问题的一般步骤。

1. 问题分析

准确、完整地理解和描述问题是解决问题的第一步。要做到这一点,必须注意以下问题:在未经加工的原始表达中,对所用的术语是否都明白其准确定义?题目提供了哪些信息?这些信息有什么用?题目要求得到什么结果?题目中有哪些假定?是否有潜在的信息?判定求解结果所需要的中间结果有哪些?等等。针对每个具体的问题,必须认真审查问题描述,理解问题的真实要求。

2. 数学模型的建立

用计算机解决实际问题必须有合适的数学模型。为一个实际问题建立数学模型,可以考虑两个基本问题:最适合此问题的数学模型是什么?是否有已经解决了的类似问题可借鉴?

如果对上述第二个问题的答复是肯定的,那么通过类似问题的分析、比较和联想,可加速问题的解决。但上述第一个问题毕竟是更重要的。如何选择恰当的数学工具来表达已知的和要求的量,受多种因素影响:设计人员的数学知识水平,已知的数学模型是否表达方便,计算是否简单,所要进行的操作种类的多少与功能的强弱等。同一问题可以用不同的数学工具建立不同的模型,因此要对不同的模型进行分析、比较,从中选出最有效的模型,然后根据选定的数学模型,对问题进行重新描述。

此时,应考虑下列问题:模型能否清楚地表示与问题有关的所有重要信息?模型中是否存在与所期望的结果相关的数学量?模型能否正确反映输入、输出的关系?用计算机实现该模型是否有困难?如这些问题均能得到满意的回答,那么该数学模型可作为候选模型。

3. 算法设计与选择

算法设计是指设计求解某一特定类型问题的一系列步骤,而这些步骤是可以通过计算机的基本操作来实现的。算法设计要同时结合数据结构的设计,简单地说数据结构的设计就是选取存储方式,如确定问题中的信息是用数组存储还是用普通变量存储(或"数据结构"课程中介绍的更多存储方式),因为不同的数据结构的设计将产生差异很大的算法。算法的设计与模型的选择更是密切相关的,但同一模型仍然可以有不同的算法,而且它们的有效性可能有相当大的差距。选择方法和模型建立步骤大致相同,首先考虑学过的方法是否可以借鉴,以及最适合于此问题的算法是什么。

4. 算法表示

对于复杂的问题,确定算法后可以通过图形准确表示算法。算法的表示方式很多,如算法流程图、盒图、PAD图和伪码(类似于程序设计语言)。本书不对简单的算法进行图形表示。

5. 算法分析

算法分析的目的,首先是对算法的某些特定输入估算该算法所需的内存空间和运行时间;其次是建立衡量算法优劣的标准,用以比较同一类问题的不同算法。通常将时间和空间的增长率作为衡量的标准。

6. 算法实现

在求解某一特定类型问题的算法设计完成并证明其正确性之后,就要根据算法编制计算机程序来实现它。在编制程序之前,还要选取存储类型,用来表达所用模型的各方面。因此,根据选用的程序设计语言,要解决如下问题:有哪些变量?它们是什么类型?需要多少数组?规模有多大?用什么结构来组织数据?需要哪些子程序?等等。

算法的实现方式对运算速度和所需内存容量都有很大影响。

7. 程序测试及调试

目前,程序的正确性尚未得到根本的解决,软件测试仍是发现软件错误和缺陷的主要手段。软件测试是将编制的程序投入实际运行前,用手工或编译程序等方法进行测试,是发现语法错误和逻辑错误的过程。调试就是根据测试时所发现的错误,进一步诊断,找出原因和具体的位置并进行修正的过程。

8. 结果整理与文档编制

编制文档的目的是让人理解编写的程序代码，把代码编写清楚。代码本身就是文档，可以在代码中增加注释，还可以画出算法的流程图；另外，文档内容还可以包括自顶向下各研制阶段的有关记录，算法的正确性证明(或论述)，程序测试的过程、结果，对输入输出的要求及其格式的详细描述。

【思考】 在这些步骤中，哪一步是解决问题的核心？为什么？如何理解"没有规矩不成方圆"？

【注意】 教材分析的对象是算法，所以是先设计算法再分析算法的复杂度。

软件工程分析的对象是用户需求，设计的是系统结构，所以是先分析再设计。

本书在例题讲解时，侧重第 1～5 步。

1.1.2 算法及其要素和特性

1. 算法的定义

算法(algorithm)是指在解决问题时，按照某种机械步骤一定可以得到问题结果(有解时给出问题的解，无解时给出无解的结论)的处理过程。当面临某个问题时，需要找到用计算机解决这个问题的方法和步骤，算法就是解决这个问题的方法和步骤的描述。

所谓机械步骤是指，算法中有待执行的运算和操作必须是相当基本的。换言之，它们都是能够精确地被计算机运行的算法，执行者(计算机)甚至不需要掌握算法的含义，即可根据该算法的每一步骤要求，进行操作并最终得出正确的结果。

"算法"这个词其实并不是一个陌生的词，从小学大家就开始接触算法了。例如做四则运算，必须按照一定的算法步骤一步一步地做。"先运算括号内再运算括号外，先乘除后加减"可以说是四则运算的算法。以后学习的指数运算、矩阵运算和其他代数运算的运算规则都是算法。

就本课程而言，算法就是计算机解决问题的过程。在这个过程中，无论是形成解题思路还是编写算法，都是在实施某种算法。前者是推理实现的算法，后者是操作实现的算法。

2. 算法的3要素

【思考】 为什么学习同样的书，强调先读厚再读薄的方法？程序语言可以提供给我们什么？解决问题的方法和步骤又如何表述？

算法由操作、控制结构、数据结构 3 要素组成。

1）操作

算法实现平台尽管有许多种类，它们的函数库、类库也有较大差异，但必须具备的最基本的操作功能是相同的。这些操作包括以下几方面。

算术运算：加、减、乘、除。

关系比较：大于、小于、等于、不等于。

逻辑运算：与、或、非。

数据传送：输入、输出(计算)、赋值(计算)。

2）控制结构

一个算法功能的实现不仅取决于所选用的操作，还取决于各操作之间的执行顺序，即控制结构。算法的控制结构给出了算法的框架,决定了各操作的执行次序。这些结构包括以下几方面。

顺序结构:各操作是依次执行的。

选择结构:由条件是否成立来决定选择执行。

循环结构:有些操作要重复执行,直到满足某个条件时才结束,这种控制结构也称为重复或迭代结构。

本书认为模块间的调用也是一种控制结构,特别地模块自身的直接或间接调用是递归结构,是一种功能很强的控制重复的结构。在 3.1 节将重点介绍利用循环、递归机制设计算法中重复操作的要点。

3) 数据结构

算法操作的对象是数据,数据间的逻辑关系、数据的存储方式及处理方式就是数据的数据结构。它与算法设计是紧密相关的,在 3.2 节、第 7 章中将通过例题进行介绍。

【思考】 算法的要素很有限,这是否能帮助你回答上一个【思考】(1.1.1 节)中的问题,并且使你认识到抵制盗版软件、支持正版软件的必要性?请进一步思考面向对象语言的要素。

3. 算法的基本性质

进一步理解,算法就是把人类找到的求解问题的方法,进行过程化、形式化,用以上要素表示出来。在算法的表示中要满足以下的性质:

- 目的性——算法有明确的目的,算法能完成赋予它的功能。
- 分步性——算法为完成其复杂的功能,由一系列计算机可执行的步骤组成。
- 有序性——算法的步骤是有序的,不可随意改变算法步骤的执行顺序。
- 有限性——算法是有限的指令序列,算法所包含的步骤是有限的。
- 操作性——有意义的算法总是对某些对象进行操作,使其改变状态,完成其功能。

4. 算法的地位

算法是计算机学科中最具有方法论性质的核心概念,也被誉为计算机学科的灵魂。

数学大师吴文俊指出:"我国传统数学在从问题出发以解决问题为主旨的发展过程中,建立了以构造性与机械化为其特色的算法体系,这与西方数学以欧几里得《几何原本》为代表的所谓公理化演绎体系正好遥遥相对。……肇始于我国的这种机械化体系,在经过明代以来几百年的相对消沉后,由于计算机的出现,已越来越为数学家所认识与重视,势将重新登上历史舞台。"吴文俊创立的几何定理的机器证明方法(世称吴方法),用现代的算法理论,焕发了中国古代数学的算法传统,享有很高的国际声誉,也受到国家的高度关注。他因此于 2001 年获得了第一届国家最高科学技术奖。

5. 算法的基本特征

并不是所有问题都有可以解决它们的方法,也不是所有解决问题的方法都能设计出相应的算法。算法必须满足以下 5 个重要特性。

1) 有穷性

一个算法在执行有穷步之后必须结束,也就是说一个算法它所包含的计算步骤是有限的,即算法中的每个步骤都能在有限时间内完成。

2）确定性

对于每种情况下所应执行的操作，在算法中都有确切的规定，使算法的执行者或阅读者都能明确其含义及如何执行。并且在任何条件下，算法都只有一条执行路径。

3）可行性

算法中描述的操作都可以通过已经实现的基本操作运算有限次实现之。

4）算法有零个或多个的输入

有输入作为算法加工对象的数据，通常体现为算法中的一组变量。有些输入量需要在算法执行过程中输入，而有的算法表面上可以没有输入，实际上已被嵌入算法之中。

5）算法有一个或多个的输出

它是一组与输入有确定关系的量值，是算法进行信息加工后得到的结果。

【思考】 什么是基本操作？什么是可行性？理解算法与程序的区别与联系。

1.1.3 算法设计及基本方法

算法设计（designing algorithm）作为用计算机解决问题的一个步骤，其任务是对各类具体问题设计出良好的算法。“算法设计”作为一门课程，是研究设计算法的规律和方法。

在设计算法时，应当严格考虑算法的以下质量指标。

1）正确性（correctness）

首先，算法对于一切合法的输入数据都能得出满足要求的结果；其次，对于精心选择的、典型的、苛刻的几组输入数据，算法也能够得出满足要求的结果。

2）可读性（readability）

算法首先是为了人的阅读与交流，其次才是让计算机执行。因此，算法应该易于人的理解，晦涩难读的算法易于隐藏较多错误而难以调试。有些算法设计者总是把自己设计的算法写得只有自己才能看懂，这样的算法反而没有太大的实用价值。

3）健壮性（robustness）

当输入的数据非法时，算法应当恰当地做出反应或进行相应处理，而不是产生莫名其妙的输出结果。这就需要充分地考虑到可能的异常情况（unexpected exceptions），并且处理出错的方法不应该是简单地中断算法的执行，而应是返回一个表示错误或错误性质的值，以便在更高的抽象层次上进行处理。

4）高效率与低存储量需求

通常，效率指的是算法执行时间；存储量指的是算法执行过程中所需的最大存储空间。二者都与问题的规模有关。这一点在第 2 章中详细介绍。

【注意】 这些质量指标的先后顺序与重要程度有关！需要解决的问题不同，算法设计过程中的侧重点也就不同。针对不同问题算法设计的方法、策略很多，学习和掌握它们是本书的主要任务，这里介绍几个算法设计的基本模型。

1. 结构化方法

算法的质量首先取决于它的结构。算法设计和建筑设计极为相似，一座建筑物的整体质量首先取决于它的钢筋混凝土结构是否牢固，然后才是它的外装修质量。同样，一个算法的质量优劣，首先取决于它的结构，其次才是它的速度、界面等其他特性。如果一个程序中的所有模块都只使用顺序、选择和循环 3 种基本结构,那么不管这个程序中包含多少个模块,它仍然具有清晰的结构。

结构化方法总的指导思想是自顶向下、逐步求精。它的基本原则是功能的分解与模块化,然后逐步设计实现分解的模块,教导学生做事不能追求一蹴而就,而是要有步骤地逐步求精。

所谓“自顶向下”是将现实世界的问题经抽象转化为逻辑空间或求解空间的问题;是将复杂且规模较大的问题划分为较小问题,找出问题的关键和重点,然后抽象地、概括地描述问题。

所谓“逐步求精”是将复杂问题经抽象化处理变为相对比较简单的问题。经若干步精化处理,最后细化到用“3 种基本结构”及基本操作去描述算法。

所谓“模块化”是指把一个大的程序按照一定的原则划分为若干相对独立但又相关的小模块(函数)的方法。

结构算法设计技术的优越性:

(1) 自顶向下逐步求精的方法符合人类解决复杂问题的普遍规律,因此可以显著提高软件开发工程的成功率和生产率。

(2) 用先全局后局部、先整体后细节、先抽象后具体的逐步求精过程开发出的算法有清晰的层次结构,因此容易阅读和理解。

【思考】 *若需要你组织一台新年联欢会,你会怎么做?是先确定节目,以节目选人;还是指定几个人自己选节目,然后把它们协调成一台联欢会?你可能还有更好的办法吧?总之自顶向下逐步求精是良好的组织方法。*

2. 面向对象方法

所谓对象(object)是包含数据和对数据操作代码的实体,或者说是在传统的数据结构中加入一些被称为成员函数的过程,因而赋予对象以动作。在面向对象算法设计(object-oriented design)中,对象具有与现实世界的某种对应关系,人们正是利用这种关系对问题进行分解的,如图 1-1 所示。

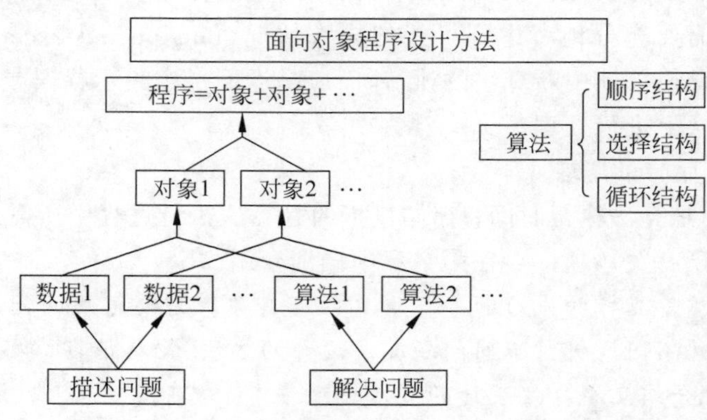

图 1-1 面向对象程序设计方法

面向对象算法设计方法的过程包括以下步骤:

- 在给定的问题域中抽象地识别出类和对象。
- 识别这些对象和类的语义。

- 识别这些类和对象之间的关系。
- 实现类和对象。

面向对象方法引入了对象、消息、类、继承、封装、抽象、多态性等机制和概念。用面向对象方法进行算法设计时,以问题域中的对象为基础,将具有类似性质的对象抽象成类,并利用继承机制,仅对差异进行算法设计。它的特征主要包括以下几方面:

- 抽象化——将各种独立的操作分解成为可以用命名区分的单元。
- 封装性——不同的操作具有不同的作用范围。
- 多态性——对于不同数据类型的相似操作使用相同的命名。
- 继承性——类可以被继承,从而实现不同层次的对象。

抽象化是面向对象的一个重要特征但并不是它所独有的特征。抽象化是一种优秀的思维方式,可以训练大家思考部分与整体的关系。读者要学会利用面向对象语言的机制,如重用是面向对象的一个重要优点:能够大幅度地提高软件项目的成功率,减少日后的维护费用,提高软件的可移植性和可靠性。

【思考】 从软件工程的角度思考已经学习过的C、C++、Java或Python语言之间的区别和联系,从而认识到学习程序语言是可以触类旁通的。

3. 本书采用的设计方法

综合以上方法,设计都是将大而复杂的问题分解为人脑可以思维的小问题。对象是一个封装体——数据和操作的封装,面向对象的设计主要包括两方面:一是确定对象及其中的数据(对象属性值);二是设计实现对象的行为(数据操作)。后者与结构化算法设计虽不完全相同,需要考虑封闭性、隐藏性、继承性等部分与整体的关系,但基本的算法设计方法和技巧是相同的。笔者根据多年的教学工作经验,在本书中主要采用结构化设计方法,这样可以让读者专心学习设计解决问题的算法。

结构化算法设计的具体细节介绍如下:

1) 自顶向下设计——从抽象到具体

抽象包括算法抽象和数据抽象。算法抽象是指算法的寻求(或开发)采用逐步求精、逐层分解的方法。数据抽象是指在算法抽象的过程中逐步完善数据结构和引入新的数据及确定关于数据的操作。

模块算法的设计采用逐步求精设计方法,即先设计出一个抽象算法,这是一个在抽象数据上实施一系列抽象操作的算法,由粗略的控制结构和抽象的计算步骤组成。抽象操作只指明"做什么",对这些抽象操作的细化就是想方设法回答它"如何做"。

具体步骤如下:

(1) 把一个较大的算法概要地划分为若干子任务(模块),每个子任务(模块)完成一个功能;

(2) 将每个模块继续划分为更小的子模块;

(3) 直到可以用3种控制结构和具体操作表示算法。

【注意】 运用这种编程方法,考虑问题必须先进行整体分析,避免边写边想。

2) 模块划分的基本要求——简单、独立和完整

(1) 模块的功能在逻辑上尽可能地单一、明确。

(2) 模块之间的联系及相互影响尽可能地小;尽量避免传递控制信号,而仅限于传递

处理对象,即应当尽量避免逻辑耦合,而仅限于数据耦合。

(3) 模块的规模应当足够小,以便使模块本身的调试易于进行。

3) 模块间的接口问题

分解好的模块不可能是完全独立的,它们之间一定有信息传递。一般有以下几种信息传递方式。

(1) 按名共享:全局变量。

(2) 子模块返回调用模块信息:子模块名。

(3) 调用模块传递给子模块信息:值参数传递。

(4) 调用模块与子模块互相传递信息:变量参数传递(C语言没有此种传递方式,PASCAL、C++等程序设计语言提供此类参数)。

(5) 按地址共享变量:地址参数传递(参数为指针变量名、数组名、变量地址)。

【思考】 模块间为什么需要接口?软件工程中模块独立性的意义和实现方式分别是什么?并结合现实和4.3.4节中例15理解什么是接口一致性。

4) 算法细节设计的基本方法——从具体到抽象

设计算法"如何做"的细节是比较容易出错的,如循环变量的初始值或终值,数组的下标与循环变量间的关系等算法细节的确定。最基本的方法是通过"枚举"一些真实数据,从具体的实例中抽象"归纳"出算法的这些细节。

5) 正确性

关于设计出算法的正确性证明,本书不做深入讨论。因为有些算法的正确性是比较直观的,无须证明;还有一些算法的正确性比较难以证明,即使有方法可以证明,所涉及的数学理论和推导证明过程也很复杂。现实中常采用的办法是,设计算法时力争严谨,考虑周全,在可能的情况下,要分析论证算法设计的合理性,最后在算法实现后,靠大量的测试来保证算法的质量。

【注意】 以后遇到问题时,不能简单说"会或不会",而要能具体说明解决方案或哪一步不会实现!

1.2 算法设计步骤及描述

1.2.1 算法描述简介

算法是对解题过程的描述,这种描述是建立在程序设计语言这个平台之上的。就算法的实现平台而言,可以抽象地对算法的定义如下:

算法=控制结构+原操作(对固有数据类型的操作)

无论是面向对象程序设计语言,还是面向过程的程序设计语言,都是用3种基本结构(顺序结构、选择结构和循环结构)来控制算法流程的。每个结构都应该是单入口单出口的结构体。结构化算法设计常采用自顶向下逐步求精的设计方法,因此,要描述算法首先需要有表示3个基本结构的构件,其次要有方便支持自顶向下逐步求精的设计方法。

【注意】 计算机科学家Bohm和Jacopini证明,任何简单或复杂的算法都可以由顺序结构、选择结构和循环结构这三种基本结构组合而成。

表示算法的方式主要有自然语言、流程图、盒图、PAD图、伪代码和计算机程序设计语言。下面进行简单的介绍。

1. 自然语言

自然语言是人们日常所用的语言，如汉语、英语、德语等，使用这些语言不用专门训练，所描述的算法自然也通俗易懂。

其缺点也是明显的：

(1) 自然语言容易有歧义性，可能导致算法描述的不确定性。

(2) 自然语言的语句一般太长，从而导致描述的算法太长。

(3) 由于自然语言有串行性的特点，因此当一个算法中循环和分支较多时就很难清晰地表示出来。

(4) 自然语言表示的算法不便用程序设计语言翻译成计算机程序。

2. 流程图

流程图是描述算法的常用工具，它采用美国国家标准化协会(American National Standard Institute，ANSI)规定的一组图形符号来表示算法流程图，可以很方便地表示顺序选择和循环结构。因为任何算法的逻辑结构都可以用顺序、选择和循环结构来表示，所以，流程图可以表示任何算法的逻辑结构。另外，用流程图表示的算法不依赖任何具体的计算机和计算机程序设计语言，从而有利于不同环境的算法设计。就简单算法的描述而言，流程图优于其他描述算法的语言。

【注意】 *流程图又分为程序(算法)流程图和系统流程图(软件工程课程的概念)二者的图元是不同的，读者要注意区别。*

流程图的基本组件如图 1-2 所示。

图 1-2 流程图的基本组件

3 种基本控制结构的描述。

(1) 顺序结构如图 1-3 所示。

(2) 选择结构。

if-then-else 型双分支选择结构如图 1-4 所示；do-case 型多分支选择结构如图 1-5 所示。

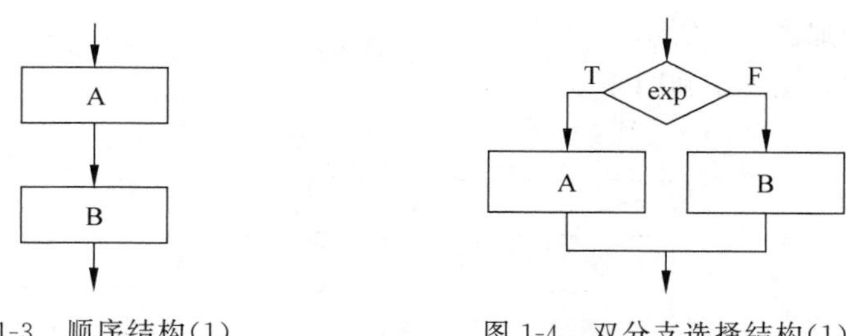

图 1-3 顺序结构(1)　　图 1-4 双分支选择结构(1)

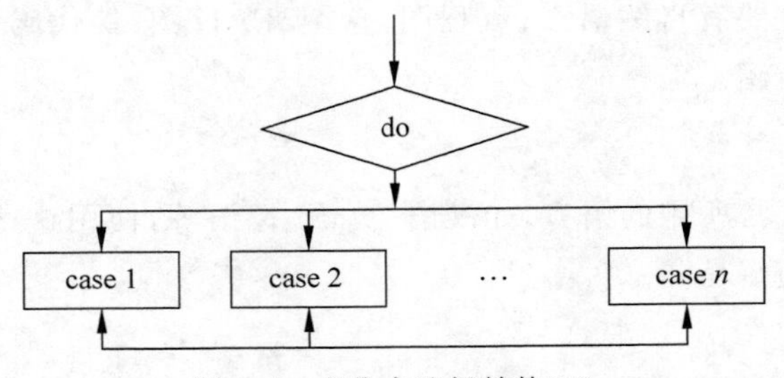

图 1-5 多分支选择结构(1)

(3) 循环结构。

do-while 型(当型)循环结构如图 1-6 所示；do-until 型(直到型)循环结构如图 1-7 所示。

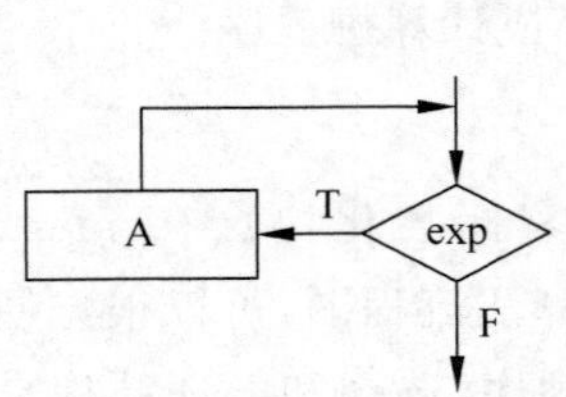

图 1-6 当型循环结构(1)

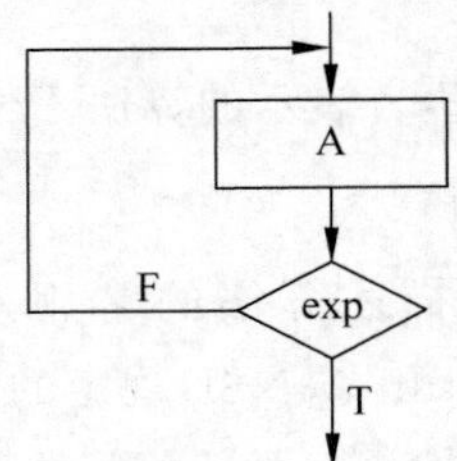

图 1-7 直到型循环结构(1)

算法流程图的主要缺点：

(1) 不是逐步求精的好工具,它有时会诱使算法设计人员过早地考虑算法的控制流程,而不考虑算法的全局结构。

(2) 随意性太强,结构化不明显。

(3) 不易表示数据结构。

(4) 流程图的层次感不明显。

3. 盒图

盒图(NS 流程图)基本组件只有 3 种基本控制结构,因此能强迫算法结构化。

盒图具有以下优点：

(1) 层次感强、嵌套明确。

(2) 支持自顶向下、逐步求精。

(3) 容易转换成高级语言源算法。

盒图主要缺点：不易扩充和修改,不易描述大型复杂算法。

3 种基本控制结构的描述。

(1) 顺序结构如图 1-8 所示。

(2) 选择结构如图 1-9 和图 1-10 所示。

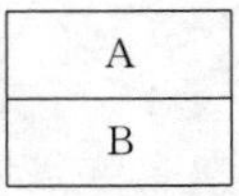

A
B

图 1-8 顺序结构(2)

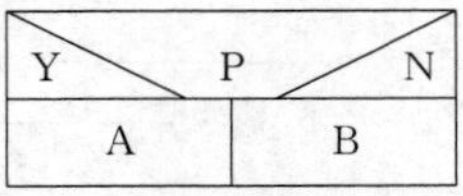

Y P N	
A	B

图 1-9 双分支选择结构(2)

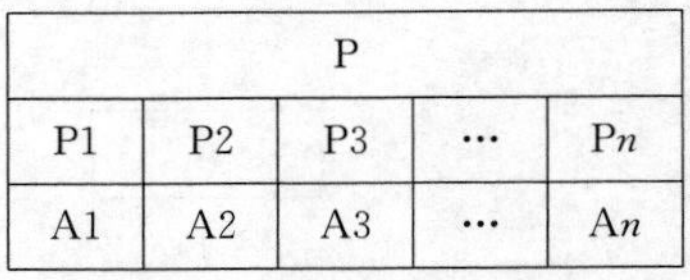

P				
P1	P2	P3	…	Pn
A1	A2	A3	…	An

图 1-10 多分支选择结构(2)

（3）循环结构如图 1-11 和图 1-12 所示。

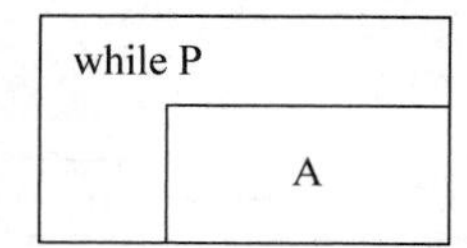

图 1-11 当型循环结构(2)

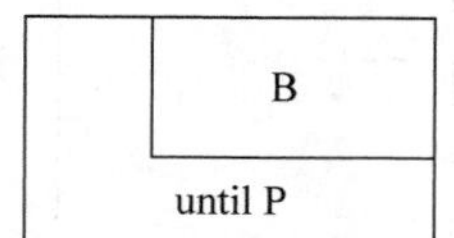

图 1-12 直到型循环结构(2)

4．PAD 图

问题分析图(Problem Analysis Diagram，PAD)是一种在日本比较流行的算法描述方法。PAD 图表示的算法是一个二维树状结构图，层次感强、嵌套明确且有清晰的控制流程，综合了以上几种算法描述方式的优点。

3 种基本控制结构的描述。

（1）顺序结构如图 1-13 所示。

（2）选择结构如图 1-14 和图 1-15 所示。

图 1-13 顺序结构(3)　　图 1-14 双分支选择结构(3)

（3）循环结构如图 1-16 和图 1-17 所示。

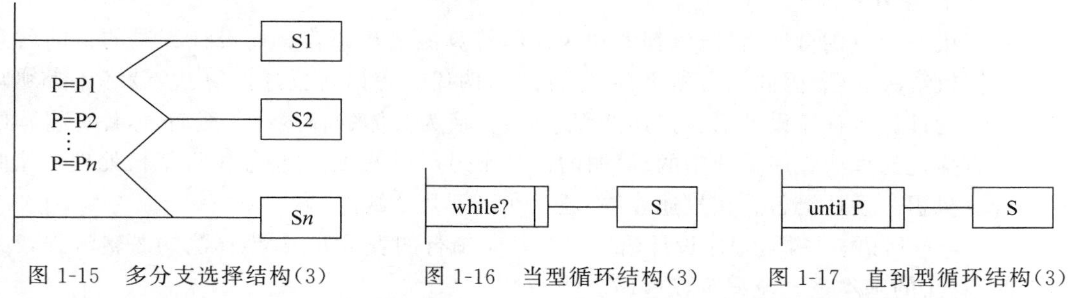

图 1-15 多分支选择结构(3)　　图 1-16 当型循环结构(3)　　图 1-17 直到型循环结构(3)

图 1-18 是用 PAD 图描述的一个算法模块。

由图 1-18 不难发现 PAD 图有如下优点：

- 使用表示结构化控制结构的 PAD 符号设计出来的算法必是结构化的。
- PAD 图描绘的算法结构清晰。
- 用 PAD 图表现算法逻辑，易读、易懂、易记。
- 容易用软件工具自动将 PAD 图转换成高级语言源算法。
- 既可用于表示算法逻辑，也可用于描绘数据结构。
- PAD 图的符号，支持自顶向下、逐步求精。

PAD 图的缺点：由于是图形符号书写，编辑、录入不方便。

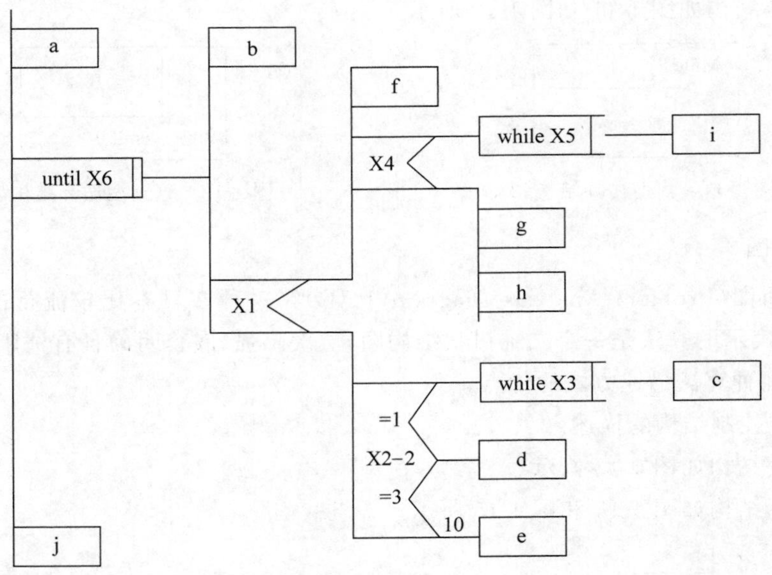

图 1-18 PAD图实例

5. 伪代码

伪代码是用介于自然语言和计算机语言之间的文字和符号来描述算法的一种工具。它不用图形符号,因此书写方便格式紧凑,易于理解,便于用计算机程序设计语言实现。本书就采用这种方式进行算法描述,具体符号 1.2.2 节详细说明。

6. 程序设计语言

计算机不能识别自然语言、流程图和伪代码等算法描述语言。而设计算法的目的就是要用计算机解决问题,因此用自然语言、流程图和伪代码等语言描述的算法,最终还必须转换为具体的计算机程序设计语言描述的程序,即转换为具体的程序。一般而言,计算机程序设计语言描述的算法程序是清晰的、简明的而且是最严谨的,最终也能由计算机处理。然而使用计算机程序设计语言直接描述算法,还存在以下几个缺点:

(1) 与自然语言一样,程序设计语言也是基于串行的表示方法,当算法的逻辑流程较为复杂时,算法的基本逻辑流程难以遵循。

(2) 用特定程序设计语言编写的算法,限制了与其他算法设计人员的交流,不利于算法质量提高。

(3) 要花费大量的时间去熟悉和掌握某种特定的程序设计语言。

(4) 要求描述计算步骤的细节而忽视算法的本质。

(5) 需要考虑语法细节,可能干扰算法设计的思路。

(6) 考虑到程序设计语言的不断更新,不适合用于描述算法。

由于以上缺点,算法设计相关教材都不用程序设计语言直接描述算法。

【思考】 古代天文学家张衡曾说“人生在勤,不索何获”,虽然 1.1.3 节中已就本书采用的设计方法进行了论述,但请进一步思考算法描述使用主流语言(面向对象语言)和结构化程序语言的利弊。

1.2.2　本书算法描述约定

1.2.1 节介绍了一些常用的算法描述方法，它们各有优劣，大家可以根据自己的喜好选择描述算法的方式。本书采用类似于 C 语言的伪代码描述法，具体细节约定如下。

1. 3 种基本控制结构的描述

1）顺序结构

一个操作以分号“；”结束，每行一般只写一条操作。

2）选择结构

（1）单分支。

```
if (条件)
  {语句体 1}
```

（2）双分支。

```
if (条件)
  {语句体 1}
else
   {语句体 2}
```

（3）多分支。

```
if (条件)
    {语句体 1}
else if (条件)
    {语句体 2}
else if (条件)
    {语句体 3}
⋮
else
    {语句体 n}
```

（4）多条件控制结构。

```
switch(表达式 0)
{ case 常量表达式 1:    语句组 1;
  case 常量表达式 2:    语句组 2;
  ⋮
  case 常量表达式 n:    语句组 n;
  default:              语句组 n+1;
}
```

3）循环结构

（1）计数循环。

```
for(表达式 1; 表达式 2; 表达式 3)   循环体
```

（2）while 循环。

```
while(循环条件)   循环体
```

（3）do-while 循环。

```
do
      循环体
while (循环条件);
```

在以上3种循环体中,均可使用continue语句和break语句,当执行到continue语句时,返回到循环条件判断位置执行;当执行到break语句时,退出所在循环,执行循环体后的语句。

【思考】 深入理解"语言只是工具,算法才是设计的灵魂"这句话,不要盲目追求学习最新的程序语言,而忽略了算法的学习。

2. 数据结构说明

为了强调数据结构和数据类型设计的重要性,本书在算法设计和算法描述中,加入了这方面的内容,描述方式约定如下。

算法中的标识符由字母数字构成,以字母开头。

(1) 一般类型说明方式:类型名　变量表。

类型名有:整型int、实型float、双精度型double、字符型char。

(2) 指针类型说明方式:类型名＊指针变量名表。

(3) 构造类型。

数组说明:类型名　一维数组名[n](开辟n个空间,下标0～$n-1$);

类型名　二维数组名[m][n](开辟$m*n$个空间,下标[0][0]～[$m-1$][$n-1$])。

为了算法容易理解,算法中数组有时也以1为起始下标。

结构类型:struct 结构名。

```
{ 类型名   成员名;
  类型名   成员名;
   ⋮
};
```

(4) 动态空间申请函数。

malloc(size)功能:申请size个字节的一个空间,返回所申请空间的首地址。

calloc(num,size)功能:申请num个size个字节的空间,返回所申请空间的首地址。

free(＊p)功能:释放p指向的动态空间。

【注意】 (1) 现实中的数据信息,不可能只是单一的数据,如只有年龄是没有意义的,要清楚是谁的年龄。所以多数信息应该表示为结构体类型,但结构体类型的定义、操作及其表达式往往较复杂,为了突出算法设计的主题思想,多数例题中都只对单独的抽象数据进行处理。这里提醒一下,不要认为实际问题都可以用简单的数据类型实现,或认为书中的算法都没有任何实际意义。

(2) 同样为了突出算法的设计方法和策略,本书大多算法都采用静态数组进行算法设计,一般开辟100个元素的数组。

3. 模块及模块间的接口方式的描述

算法或算法中模块结构为:

```
模块名(参数定义表)
  { 模块体 }
```

算法的起始模块一般为main(),其余模块名按功能用单词或拼音字母命名。

模块间的接口方式的描述如下。

(1) 全局变量:定义模块外的变量。

(2) 子模块返回调用模块信息。

调用函数：子模块名(同时表示调用和返回值)。

被调用函数：return(返回值或表达式)。

(3) 调用模块传递给子模块信息：值参数。

实际参数：表达式、普通变量名、常量或数组元素。

形式参数：普通变量名。

(4) 调用模块与子模块按名共享空间信息：变量参数(引用)。

实际参数：普通变量名。

形式参数：& 变量名。

【注意】 这一方式是借用 C++的机制。

(5) 调用模块与子模块按地址共享空间信息：地址参数。

实际参数：指针变量名(不带 *)、数组名、变量地址(& 变量名)。

形式参数：指针变量名(* 变量名)。

4. 其他说明

(1) 无歧义的情况下对复杂的数据结构和操作省略细节。

(2) 为使学习各种语言的读者能较好地理解算法，一些运算符号采用较通用的表示形式。

如：求余运算不用"%"而用"mod"表示；逻辑"与""或""非"不用 C 语言的"&&""||""!"，而用"and""or""not"表示等。

(3) 用"\"表示整除，用"/"表示带小数除法。

(4) 无歧义时允许连续赋值，如 a=b=1，表示为变量 a，b 同时赋初值 1。

(5) 条件语句中判断相等，用符号"="，判断不相等，用符号"<>"，而不用 C 语言的"=="或"!="。

(6) 算法中的注释用"//"与操作分隔。

(7) 为讲解方便，有的算法对指令进行编号。

(8) 输入用 input(变量表)表示，输出用 print(输出项)表示，一般不说明输入、输出格式。

(9) 算法中会使用库函数，一般在算法中注释其功能。如 ABS( )是取绝对值函数，INT( )是取整函数(舍去小数部分)等。

【注意】 虽然本书以传授基础为导向，选择了结构化(面向过程)的描述方法，但只有打好扎实的基础才能灵活应用先进的技术。建议学习过面向对象程序设计的读者或正在自学主流程序语言的读者，认真用新(或者主流的)程序语言实现每一个算法。

1.2.3 一个简单问题的求解过程

在 1.1 节中介绍了解决问题的步骤，这些步骤详细、严谨，但初学者并不易确切掌握和应用。在有一定算法设计经历后，再认真学习、体会和实践其中对不同步骤的详细要求，会更有收益。这里用较简化的步骤，对问题求解过程进行示范。

把问题求解的步骤简化为以下 3 步(或用图 1-19 表示)。

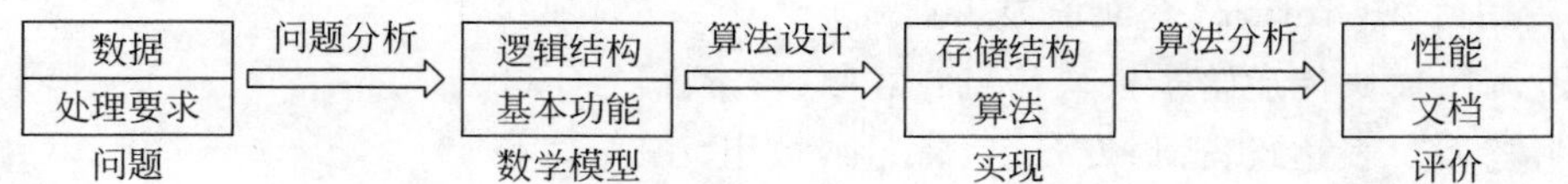

图 1-19 求解步骤

第一步“问题分析”,其主要任务是在对问题进行认真分析后,确认问题中数据的逻辑结构和问题的基本功能,并在数学、物理等与问题领域相关知识的基础上建立数学模型。第二步“算法设计”是对处理功能的求解,即找出解决问题的处理步骤。第三步“算法分析”是对数学模型的建立、数据结构的选择及算法设计工作的评价、总结。

第一步其实就是寻找算法设计的思路。除了以上学习的基本方法和将要学习的各种方法策略,更重要的是解决问题的思路。思路往往不是计算机学科提供的,而是来自问题域的知识。例如求最小公倍数、求阶层等数学问题,设计算法的思路来源于数学概念本身、相关性质及数学方法。

用一个简单的例子来示范说明问题的求解过程。

【例】 求两个正整数的最大公约数。

数学模型:$a,b>0$ 且均为整数,求 c。c 能整除 a、b,且 a/c 与 b/c 互质(没有公约数)。

算法设计:多数读者以为要进行算法设计一定要用很高深的知识和巧妙的方法,其实不然,由小学学过的“短除法”就可以求出两个数的最大公约数。具体过程是逐步找出两个数的所有公约数,再把这些公约数累乘起来,就得到两个数的最大公约数。

【思考】 算法设计的原始思路往往来源于过往的知识或手工解决问题的过程和方法,然后依据过程的特征结合后面学习的算法策略进行设计。

下面的问题是怎样将以上过程抽象成算法呢?

(1) 简单说就是把手工解题的过程,用程序设计语言提供的“机械操作”模拟。例如:手工解题时,基于人能“宏观”地“看出”两个数的公约数,而计算机(程序设计语言)没有“宏观看出”公约数的能力,但通过“枚举尝试”(逐个尝试 $2\sim a$ 或 $2\sim b$ 的数)就可以“找出”a、b 有哪些公约数,并将这些公约数“累乘”,从而得到两个数的最大公约数。

用 for 循环枚举可能的因数,并设置变量累乘确定的因数。

(2) 注意看一个例子:2 因数在“4,8”两个数据中出现两次,所以,测试某数是否所给数据的因数时,应该用循环语句而不是选择语句。

算法描述如下:

```
main( )
{    int a,b,t,i;
     input(a,b);
     t = 1;
     for(i = 2; i < = a and i < = b; i = i + 1)
        while(a mod i = 0 and b mod i = 0)
          {t = t * i;
           a = a/i;
           b = b/i; }
     print(a,b,"maximal common divisor is",t);
}
```

算法说明：变量 t 是为累乘因数而设置的；外层循环是在“枚举”可能的公约数，内层循环条件是在“尝试”i 是否为公约数，若是则进入内层循环累乘因数，并且对 a、b 都除掉这个因数，避免下次重复计算该因数。在教学中大多学生误认为，内层循环应该为 if 语句，其实通过举例 $a=4$,$b=8$，并用大脑“运行”一下算法就很容易理解其中的道理了。

算法分析：算法中的主要操作是比较和累乘。由于算法是盲目地尝试可能的因数，比较操作次数较多，所以算法的效率并不高。求最大公约数还有一个效率更高的算法——辗转相除法。这里不做介绍，详见 4.1.1 节递推法中的例 2。

通过以上解决问题的过程应该体会到，算法设计可以依赖以前学过的手工解决问题的方法，通过改进有关步骤，使其能通过计算机的机械操作（准确地说是通过程序设计语言）来实现。当然在算法设计的学习过程中，还会学习和掌握更多更好的解决不同问题的方法。

【思考】 请读者多方位思考求最大公约数的方法。

“问题分析、建模、算法设计要点、算法分析”是解决问题的必然过程。由于教材中所选的例题，规模、难度都不大，所以在以后的例题讲解中，并不一定包含以上所有步骤。对同类例题，一般仅针对第一个例题进行问题分析和模型建立。另外，对有一定难度的算法还会在算法后加以“算法说明”。

下面是初学者容易发生的一些问题，提前指出以引起大家注意：

（1）如针对问题为“求两个正整数的最大公约数”，就有初学者提问“是求哪两个数的最大公约数”，而想不到通过输入语句增加算法的通用性。

（2）初学者写算法时经常会忘掉“输出”或在模块间传递处理的数据结果（中间结果）。

（3）初学者易忽略细节造成“死循环”。

（4）注意不要出现语序方面的错误，特别是双重循环中，常有语句嵌套位置不对的错误。

（5）把现有的知识、解题方法应用到算法设计中，是解决问题的主要途径，要注意重点学习和总结。

（6）初学者在设计好算法后，往往“不能确定对错”。在不方便上机检验的情况下（特别是在考试当中），可以任取几组数据用大脑“运行”算法（按算法步骤执行，也称为“走码”）以检验算法的正确性。其实，即使在有条件编程上机检验的情况下，“走码”也是一种基本的而且是高效的测试方法。同时，请注意用大脑“运行”算法，还是很好的学习算法设计和理解算法的方法。

（7）解决一个问题的数学模型、算法和实现过程都是不唯一的，解题时要学会择优。简单说择优要考虑 4 方面：可读性、可修改性、时间效率和空间效率。早期的算法设计教材较注重后两方面，但以当今计算机的硬件性能，则更应注重前两方面。

1.2.4 从算法到程序

有些读者认为，程序设计的难点就是确定算法，有了正确的算法就很容易编写出正确的程序了。其实不然，在用程序设计语言实现算法的过程中还有许多要注意的细节问题，特别是由于不同程序设计语言的差异造成的问题。并没有也不可能给出一个具体的方法保证由正确的算法一定得到正确的程序，这里只能给出一些注意事项。

【注意】 这部分知识不属于本书的必要内容。在此进行简述是为了让读者在学习算法设计过程中上机实验时，不要走太多的弯路。

1. 数据类型的选择

算法设计中要先设计数据结构,即如何存储数据,如用数组还是用普通变量存储信息等,但并不深入地考虑数据可能的范围,也就不确定数据存储的类型。

要注意,若用 PASCAL 语言实现算法,数据溢出时,系统会给出提示信息(对应的输出为"*"),而用 C 语言实现算法,算法会输出截断溢出后的数据,容易让人忽略错误。所以对于用后者实现算法,更要注意数据类型的选择。

数据类型的选择主要取决于要解决问题中数据可能的范围、参与的运算等实际情况。

【思考】 *要求读者明确数据类型的作用,学会知识的融会贯通,这样学习程序语言自然不再枯燥。*

2. 计算过程的差异

【注意】 *算法设计中,数学模型一般用数学方式表示问题,算法中的表达式有的可以用数学方式表达,有的则要改写成符合程序设计语言表示的格式。在用程序设计语言实现时,还有一些影响表达式计算过程的问题值得注意。*

1) 有关类型、精度的问题

C 语言约定:"整数/整数"结果一定是整数,7/2 的结果是 3。而 PASCAL 语言则有专门的整除运算符"div",1/2 的结果是 0.5。

另外,要注意形如"12345678 * 12345678/87654321"的表达式,因为这个表达式容易产生溢出,最好写作"12345678/87654321 * 12345678"。

这样才能保证计算的精度,类似的细节问题在上机实验中要多加注意。

2) 有关优先级的问题及其他约定

C 语言约定:!表示逻辑"否",其优先级高于算法运算符和关系运算符,C 语言的逻辑"真"用数值类型的"1"表示,逻辑"假"用数值类型的"0"表示。

PASCAL 语言约定:not 表示逻辑"否",其优先级低于算法运算符和关系运算符,逻辑"真"是逻辑类型值 true,逻辑"假"是逻辑类型值 false。

这样对于 C 语言:

表达式!33<66 的值是逻辑"真",因为!33 的值为 0,0<66 为"真"。

而对于 PASCAL 语言:

表达式 not 33<66 的值是逻辑"假",因为 33<66 的值为"真"true,not true 为 false,即值为"假"。

3) 变量重名的问题

C 语言约定变量名区别大小写,其他语言不区别大小写,还有一些语言对变量名的长度识别有限制,这些都可能引起算法实现时,变量重名的问题。

4) 执行次数的差异

以循环结构的实现为例。

PASCAL 语言的 for 循环语句的格式为:

```
for 循环变量 = 表达式 1   to 表达式 2   step 表达式 3
```

C 语言的 for 循环语句的格式很灵活,其中较常用的一种格式为:

```
for(循环变量 = 表达式 1; 循环变量<= 表达式 2; 循环变量 = 循环变量 + 表达式 3)
```

二者不仅是书写格式的差别，执行过程也是有差异的。PASCAL 语言的 for 循环语句中的 3 个表达式只在循环开始进行计算，在其后的循环过程中，循环变量的初值、终值和步长不会改变了；而 C 语言的 for 循环语句，循环过程中每次计算表达式 2 和表达式 3 的值，表达式中的变量若被改变，循环变量的终值和步长也就会改变了。

【思考】 以上例子只是抛砖引玉，总结所熟悉的各种语言的差异，就可以在软件开发中减少错误。

3. 结果输出的格式

算法设计中一般只注重解决问题的方法步骤，而忽略数据输入输出的格式和有效性，在算法实现时要特别注意。如矩阵输出时上、下行的数据应该对齐，数据的有效位等问题。

【注意】 输出的格式除了注意可理解性外，还应该注意直观性、美观性，提升软件品质。

4. 算法实现后的测试、调试

首先，要承认设计好的算法和算法实现过程中都有可能存在错误，所以要对算法进行彻底的测试，其目的就是发现算法是否存在错误；其次，对发现的错误要进行调试，找到出现问题的原因并改正它；最后，进行回归测试，以确保算法的质量。

【思考】 算法和程序有什么区别和联系？

1.3 现代常用算法概览

这一节对当前常用算法进行概要介绍，旨在扩大读者的知识面，提高读者对算法设计学习的兴趣。每一类算法只是进行简单扼要地介绍，不去做深入地分析和讲解，感兴趣的读者可参阅相关文献和书籍。

1.3.1 数据压缩及算法

1. 数据压缩概述

1）数据压缩的概念

数据压缩就是采用特殊的编码方式来保存数据，使数据占用的存储空间比较少，数据经过压缩存储后一般称为压缩文件。相对于数据压缩的逆过程就是“解压缩”，即将压缩文件还原成原始数据的过程。

与数据压缩有关的另一个基本概念是“压缩比”，压缩比就是原始数据与压缩后数据所占用的存储空间的比例。一般情况下压缩比越大越好。

2）为什么要进行数据压缩

信息技术的数字化革命引发了“数据爆炸”，尤其是经过数字化处理的多媒体信息(包括文本、数据、声音、图像及视频等)的数据量特别庞大，远远超出了计算机的存储、处理能力及通信信道的传输速率，如果不进行数据压缩处理，计算机系统就无法对它进行存储、处理或网络传输。举个简单的例子：1 分钟、24 位色、分辨率为 1920×1080、帧频为 30f/s 的 HDTV(数字高清晰度电视)视频数据量约为 10GB，如果不进行压缩处理，一个 100GB 的移动硬盘只能存储不到 10min 的高清视频。由此可以看出图像压缩的必要性。其实，即使一个文件不是很大，为了在有限的空间中存放更多的文件，也需要对数据进行压缩。

3）数据为何能被压缩

首先，数据中间常存在一些多余成分，即冗余度。如在一份计算机文件中，某些符号会重复出现、某些符号比其他符号出现得更频繁、某些字符总是在各数据块中可预见的位置上出现等，这些冗余部分便可在数据编码中除去或减少。冗余度压缩是一个可逆过程，因此叫作无损压缩。

其次，数据中间尤其是相邻的数据之间，常存在着相关性。如图像中常常有色彩均匀的背影，电视信号的相邻两帧之间可能只有少量的变化影物是不同的，声音信号有时具有一定的规律性和周期性等。因此，有可能利用某些变换来尽可能地去掉这些相关性。但这种变换有时会带来不可恢复的损失和误差，即有损压缩。

此外，人们在欣赏音像节目时，由于耳、目对信号的时间变化和幅度变化的感受能力都有一定的极限，如人眼对影视节目有视觉暂留效应，人眼或人耳对低于某一极限的幅度变化已无法感知等，故可将信号中这部分感觉不出的分量压缩掉或"掩蔽掉"。

对于数据压缩技术而言，最基本的要求就是要尽量降低数字化的存储量，同时仍保持信息的原有含义。只要作为最终用户的人觉察不出或能够容忍这些失真，就允许对数字音像信号进一步压缩以换取更高的编码效率。

4）数据压缩的应用

现在几乎每一个计算机用户都在使用数据压缩功能。例如，使用最广泛的文字处理软件如Word、WPS都提供了对保存文件的压缩功能，以使编辑生成的文件存储量更小。目前最常用的图形（如JPEG）、音频（如MP3）、视频（如VCD/DVD）文件都使用了压缩技术。另外，在通过因特网浏览、下载文件、使用备份程序等都可能要用到和接触到数据压缩。即使在日常生活中，也经常遇到数据压缩技术，例如卫星电视就是通过数据压缩技术来传输的，先将电视信号转化为数字编码，再进行数据压缩，然后通过卫星传送到各地的有线电视台，有线电视台再还原为电视信号传送到千家万户。另外，VCD、SVCD、DVD、IP电话、长途电话等技术都要用到数据压缩技术。

2. 数据压缩种类

数据压缩的方式非常多，不同特点的数据有不同的数据压缩方式（也就是编码方式），下面从4方面对其进行分类。

1）即时压缩和非即时压缩

例如打IP电话，就是将语音信号转化为数字信号，同时进行压缩，然后通过因特网传送出去，这个数据压缩的过程就是即时进行的。同样，看电视、使用因特网传送数据也是通过即时压缩方式实现的。即时压缩一般应用在影像、声音数据的传送中。即时压缩常用到专门的硬件设备，如压缩卡等。

非即时压缩是计算机用户经常用到的，这种压缩是在需要的情况下才进行，没有即时性。例如压缩一幅图像、一篇文章、一段音乐等。非即时压缩一般不需要专门的设备，直接在计算机中安装并使用相应压缩软件就可以了。

2）数据压缩和文件压缩

其实数据压缩包含文件压缩，数据本来是泛指任何数字化的信息，包含计算机中用到的各种文件，但有时，数据专指一些具体时间性的数据，如音乐、影像等（成为流媒体）以及一些计算机实时控制系统采集的数据（如股市行情、温度等），这些数据常常是即时采集，即时处理或传输的。而文件压缩就是专指对将要保存在磁盘等物理介质的数据进行压缩，如对一篇文章数据、一段音乐数据、一段编码数据等的压缩。

3）无损压缩和有损压缩

无损压缩利用数据的统计冗余进行压缩。数据统计冗余度的理论限制为2∶1到5∶1，所以无损压缩的压缩比一般比较低。这类方法广泛用于文本数据、程序和特殊应用场合的图像数据（如指纹图像、医学图像等），需要精确存储数据的压缩。有损压缩方法利用了人类视觉（听觉）对图像（声音）中的某些频率成分不敏感的特性，允许压缩过程中损失一定的信息。虽然不能完全恢复原始数据，但是所损失的部分对原始图像的影响较小，却换来了比较大的压缩比。有损压缩广泛应用于语音、图像和视频数据的压缩。

4）专用压缩格式和通用压缩格式

不同的数据类型（包括文件）都有自己特殊的数字编码方式，例如音乐数据的数字编码方式肯定和一张图片的编码方式不同，体现在文件上，就是具有不同的文件格式。同样，不同类型的数据和文件，大都有自己特殊的压缩算法，例如对电影图像的压缩算法可以将影像数据压缩到原来的1%，而这种压缩算法并不能应用于文章数据或程序编码数据的压缩。

非专用压缩格式（称为通用压缩格式）可以对任何数据文件进行压缩，而且一般都是无损压缩，通常不用在即时压缩的场合。

3. 常见数据压缩算法

1）无损压缩算法

文本数据的压缩都是无损压缩技术，即还原后的文件应该与源文件完全相同。文本文件压缩的方法有许多种，如Huffman编码、字典压缩、RLE算法，它们均是无损压缩方法，都适用于文本数据的压缩。

Huffman编码，又称霍夫曼编码，是一种可变字长编码，由Huffman于1952年提出。该方法完全依据字符在需要编码文件中出现的概率提供对字符的唯一编码，并且保证了可变编码的平均编码最短，被称为最优二叉树，有时又称为最佳编码。此类压缩软件的压缩比适中，但运行速度不能令人满意，早期的压缩软件多是基于次Huffman编码开发的。

字典压缩是一种将字典技术巧妙地应用于通用数据压缩领域的方法。该方法由J. Ziv和A. Lempel发明，通常用这两个姓氏的缩写LZ将这些算法统称为LZ系列算法。字典压缩的原理是构建一个字典，用索引来代替重复出现的字符或字符串。如果字符串相对较长，那么对整个字符串构建字典，这个字典将会很大，并且随着字典的增大，匹配速度也会快速下降。LZ系列算法基本解决了通用数据压缩中兼顾速度与压缩效果的难题，现在常用的几乎所有通用压缩工具，像ARJ、WinZip、ZOO、Compress……甚至许多硬件如网络设备中内置的压缩算法，都是基于此方法开发的。

在发展通用压缩算法之余，还必须认真研究对各种特殊数据的专用压缩算法。例如，在今天的数码生活中，遍布于数码相机、数码录音笔、数码随身听、数码摄像机等各种数字设备中的图像、音频、视频信息，就必须经过有效的压缩才能在硬盘上存储或通过USB电缆传输。其中有RLE算法适用于图像数据的压缩。

RLE（run length encoding，游程编码）是一种压缩的位图文件格式，特点是无损失压缩，既节省了磁盘空间又不损失任何图像数据。

RLE是一种极其成熟的压缩方案，它是一种统计编码，属于无损压缩编码，对于二值图有效，把重复出现的多个字符替换为重复次数外加字符，单个字符次数为1。RLE是连续精确地编码，在传输过程中，其中一位符号发生错误，即可影响整个编码序列，使行程编码无法还原回原始数据。

RLE所能获得的压缩比有多大，主要取决于图像本身的特点。图像中具有相同颜色的图像块越大，图像块数目越少，获得的压缩比就越高；反之，压缩比就越小。

实际上，多媒体信息的压缩是数据压缩领域里的重要课题，其中的每一个分支都有可能主导未来的某个技术潮流，并为数码产品、通信设备和应用软件开发商带来无限商机。

2）有损压缩算法

以音频数据的压缩技术为例，早期的压缩算法有脉冲编码调制（PCM）、线性预测（LPC）、矢量量化（VQ）、自适应变换编码（ATC）、子带编码（SBC）等语音分析与处理技术，近期的压缩算法有离散余弦变换（DCT）、离散小波变换（DWT）等。为获得更高的编码效率，大多数语音编码技术都允许一定程度的精度损失。

这些语音技术在采集语音特征，获取数字信号的同时，通常也可以起到降低信息冗余度的作用。而且，为了更好地用二进制数据存储或传送语音信号，这些语音编码技术在将语音信号转换为数字信号之后，一般会用 Huffman 编码等通用压缩算法进一步减少数据流中的冗余信息。

压缩算法依赖于数据的存储格式，目前针对图像、视频的压缩算法也很多，除了与音频数据压缩相应的算法外，视频图像还可以采用运动补偿的帧间预测来消除视频流在时间维度上的冗余信息。

1.3.2 数据加密及算法

1. 数据加密概述

随着社会的发展，信息显得越来越重要，而信息安全则是社会广泛关注的问题，密码技术是实现信息安全的核心技术之一，它被广泛地用在军事、政治、商业、金融等领域。现在，越来越多的人用它来保护个人隐私，数据加密目前仍是计算机系统对信息进行保护的最可靠的办法。它利用密码技术对信息进行加密，实现信息隐蔽，从而起到保护信息安全的作用。加解密过程如图1-20所示。

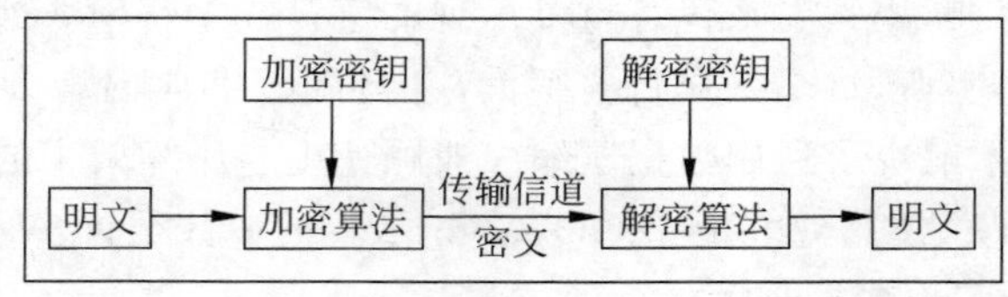

图1-20 加解密过程

密码体制的基本术语如下。

- 明文(plaintext)集：需要隐藏的信息集合；
- 密文(ciphertext)集：对明文加密后产生的结果集合；
- 密钥(key)：在将明文转换为密文或将密文转换为明文的算法中输入的参数；
- 加密算法(encryption algorithm)：把明文转变为密文的函数运算；

• 解密算法(decryption algorithm)：把密文转变为明文的函数运算。

现代加密系统的安全性取决于密钥的安全性，而不是加密算法的安全性。一般情况下，密钥长度越长，密码系统的安全性越高。同样的算法使用不同的加密密钥时，产生的密文也不相同。

2. 常见数据加密算法

当今的时代是信息的时代，信息化以通信和计算机为技术基础，以数字化和网络化为技术特点。它有别于传统方式的信息获取、储存、处理、传输和使用，从而也给现代社会的正常发展带来了一系列的前所未有的风险和威胁。人们在享受信息技术带来的巨大变革的同时，也面临着信息被篡改、泄露、伪造的威胁，以及计算机病毒及黑客入侵等安全问题。由此可见，安全问题占很大比重。密码技术是信息安全技术的核心，是实现保密性、完整性、不可否认性的关键。现代密码学的加密技术主要包括两个方向：一个方向是对称加密体制；另一个方向是公钥加密体制。

基于密钥的加密算法通常有两类：对称加密算法和非对称密钥算法。对称加密算法有时又叫传统密码算法，就是加密密钥能够从解密密钥中推导出来，反过来也成立。在大多数对称密码算法中，加解密密钥是相同的。密钥通过安全信道进行传输。对称密码算法的安全性依赖于密钥的保密性。对称密码算法分为两类，序列算法和分组算法。非对称密码算法又叫公钥密码算法，其加密密钥不同于解密密钥，而且解密密钥不能由加密密钥推导出来，加密密钥可以公开，但只有用相应的解密密钥才能解密信息。其中，加密密钥称为公钥，解密密钥称为私钥。

1）对称加密算法

对称加密算法中加密密钥和解密密钥是完全相同的。其安全性取决于：①加密算法足够强；②密钥的秘密性。常见的对称分组加密算法有 RC4、TEA(tiny encryption algorithm)、DES(data encryption standard)、IDEA(international data encryption algorithm)、AES(advanced encryption standard)。

(1) RC4 流密码。现今最为流行的流密码，应用于 SSL(secure sockets layer)、WEP。RC4 生成一种称为密钥流的伪随机流，它同明文通过异或操作相混合以达到加密的目的。解密时，同密文进行异或操作。其密钥流的生成由两部分组成：KSA(the key-scheduling algorithm)和 PRGA(the pseudo-random generation algorithm)。由于 RC4 算法加密采用 XOR，所以一旦密钥序列出现重复，密文就有可能被破解。推荐使用 RC4 算法时，必须对加密密钥进行测试，判断其是否为弱密钥。

(2) DES 算法。DES 算法为密码体制中的对称密码体制，又被称为美国数据加密标准，是 1972 年美国 IBM 公司研制的对称密码体制加密算法。DES 是一个分组加密算法，典型的 DES 以 64 位为分组对数据加密，加密和解密用的是同一个算法。

(3) TEA 算法。TEA 算法，分组长度为 64 位，密钥长度为 128 位。采用 Feistel 网络。推荐使用 32 次循环加密，即 64 轮。TEA 算法简单易懂，容易实现。但存在很大的缺陷，如相关密钥攻击。由此提出一些改进算法，如 XTEA。

(4) IDEA 算法。IDEA(国际数据加密算法)，分组密码 IDEA，明文和密文的分组长度为 64 位，密钥长度为 128 位。该算法的特点是使用了 3 种不同的代数群上的操作。IDEA 共使用 52 个 16 位的子密钥，由输入的 128 位密钥生成。加密过程由 8 个相同的加密步骤

(加密轮函数)和一个输出变换组成。而解密过程与加密过程相同。解密与加密唯一不同的地方就是使用不同的子密钥。首先,解密所用的52个子密钥是加密的子密钥的对应不同操作运算的逆元;其次,解密时子密钥必须以相反的顺序使用。

(5) AES算法。AES(高级加密标准)算法用于替代DES成为高级加密标准。具有128位的分组长度,并支持128、192和256位的密钥长度,可在全世界范围内免费得到。其前身为Rijndael。Rijndael算法与AES的唯一区别在于各自所支持的分组长度和密码密钥长度的范围不同。Rijndael是具有可变分组长度和可变密钥长度的分组密码,其分组长度和密钥长度均可独立地设定为32位的任意倍数,最小值为128位,最大值为256位。而AES将分组长度固定为128位,而且仅支持128、192和256位的密钥长度,分别称为AES-128、AES-192、AES-256。

2) 公钥加密算法

公钥加密(asymmetric key cryptography)算法又称为非对称加密算法,即使用公钥(public key)加密,使用私钥(private key)解密。

(1) RSA算法。RSA是第一个既能用于数据加密也能用于数字签名的算法,易于理解和操作,应用广泛。RSA的安全性依赖于大整数因子分解。目前来看,攻击RSA算法最有效的方法便是分解模n。目前RSA需要1024位或更长的模数才有安全保障。

(2) ElGamal公钥算法。ElGamal公钥算法完全依赖在有限域上计算离散对数的困难性。ElGamal的一个不足之处是密文的长度是明文的两倍。而另一种签名算法——Schnorr签名系统的密文比较短,这是由其系统内的单向散列函数决定的。

(3) DSA数字签名算法。DSA数字签名算法在ElGamal及Schnorr签名算法的基础上,公布的数字签名标准(digital signature standard),该标准采用的算法为DSA(digital signature algorithm)。其安全性同样基于有限域的离散对数问题,目前DSA的应用越来越广泛。

1.3.3 人工智能及算法

1. 人工智能概述

人工智能是以机器为载体所展示出来的人类智能,因此人工智能也被称为机器智能。

人类一直不懈努力,让机器模拟人类在视觉、听觉、语言和行为等方面的某些功能以提升生产能力、帮助人类完成更为复杂或有危险的工作,更多造福人类社会。对人类智能的模拟可通过以符号主义为核心的逻辑推理、以问题求解为核心的探询搜索、以数据驱动为核心的机器学习、以行为主义为核心的强化学习和以博弈对抗为核心的决策智能等方法来实现。人工智能是计算机科学的一个分支,它企图了解智能的本质,并生产出一种新的能以人类智能相似的方式做出反应的智能机器,该领域的研究包括智能机器人、语言识别、图像识别、自然语言处理问题求解、公式推导、定理证明和专家系统等。

人工智能具有"至大无外、至小有内"的特点。当前以数据建模和学习为核心的人工智能通过整合数据、模型和算法在计算机视觉、自然语言、语音识别等特定领域取得了显著进展。

2. 人工智能研究方法

人工智能是一门边缘学科,属于自然科学与社会科学的交叉,涉及的学科有哲学和认知科学、数学、心理学、计算机科学、控制论、不定性论等。人工智能的目标是使机器具有认识问题与解决问题的能力，是对人的智能进行模拟。人工智能的研究方法包括功能模拟法、结构模拟法和行为模拟法，此外，还有三种模拟方法综合的集成模拟法。

1）功能模拟法

符号主义学派也可称为功能模拟学派。他们认为：智能活动的理论基础是物理符号系统，认知的基元是符号，认知过程是符号模式的操作处理过程。功能模拟法是人工智能最早和应用最广泛的研究方法。功能模拟法以符号处理为核心对人脑功能进行模拟。本方法根据人脑的心理模型，把问题或知识表示为某种逻辑结构，运用符号演算，实现表示、推理和学习等功能，从宏观上模拟人脑思维，实现人工智能功能。功能模拟法已取得很多重要的研究成果，如定理证明、自动推理、专家系统、自动程序设计和机器博弈等。功能模拟法一般采用显示知识库和推理机来处理问题，因而它能够模拟人脑的逻辑思维，便于实现人脑的高级认知功能。

功能模拟法虽能模拟人脑的高级智能，但也存在不足之处。在用符号表示知识的概念时，其有效性很大程度上取决于符号表示的正确性和准确性。当把这些知识概念转换成推理机构能够处理的符号时，可能会丢失一些重要信息。此外，功能模拟难以对含有噪声的信息、不确定性信息和不完全性信息进行处理。这些情况表明，单一使用符号主义的功能模拟法是不可能解决人工智能的所有问题的。

2）结构模拟法

连接主义学派也可称为结构模拟学派，他们认为：思维的基元不是符号而是神经元，认知过程也不是符号处理过程。他们提出对人脑从结构上进行模拟，即根据人脑的生理结构和工作机理来模拟人脑的智能，属于非符号处理的范畴。由于大脑的生理结构和工作机理还远未搞清楚，因此现在只能对人脑的局部进行模拟或者进行近似模拟。

人脑是由极其大量的神经细胞构成的神经网络。结构模拟法通过人脑神经网络、神经元之间的连接以及在神经元间并行处理，实现对人脑智能的模拟。与功能模拟法不同，结构模拟法是基于人脑的生理模型，通过数值计算从微观上模拟人脑，实现人工智能。本方法通过对神经网络的训练进行学习，获得知识，并用于解决问题。结构模拟法已在模式识别和图像信息压缩领域获得成功应用。结构模拟法也有缺点，它不适合模拟人的逻辑思维过程，而且受大规模人工神经网络制造的制约，尚不能满足人脑完全模拟的要求。

3）行为模拟法

行为主义学派也可称为行为模拟学派。他们认为：智能不取决于符号和神经元，而取决于感知和行动，提出智能行为的“感知-动作”模式。结构模拟法认为智能不需要知识、不需要表示、不需要推理；人工智能可以像人类智能一样逐步进化；智能行为只能在现实世界中与周围环境交互作用而表现出来。

智能行为的“感知-动作”模式并不是一种新思想，它是模拟自动控制过程的有效方法，如自适应、自寻优、自学习、自组织等，现在，把这个方法用于模拟智能行为。行为主义的祖先应该是维纳和他的控制论，而布鲁克斯的六足行走机器虫只不过是一件行为模拟法（即控制进化方法）研究人工智能的代表作，为人工智能研究开辟了一条新的途径。

尽管行为主义受到广泛关注，但布鲁克斯的机器虫模拟的知识低层智能行为，并不能导致高级智能控制行为，也不可能使智能机器从昆虫智能进化到人类智能。不过，行为主义学派的兴起表明了控制论和系统工程的思想将会进一步影响人工智能的研究和发展。

4）集成模拟法

上述三种人工智能研究方法各有长短,既有擅长的处理能力,又有一定的局限性。仔细学习和研究各个学派的思想和研究方法之后,不难发现,各种模拟方法可以取长补短,实现优势互补。过去在激烈争论时期,那种企图完全否定对方而以一家的主义和方法包打人工智能天下和主宰人工智能世界的氛围,正被相互学习、优势互补、集成模拟、合作共赢、和谐发展的新氛围所代替。

采用集成模拟方法研究人工智能,一方面各学派密切合作,取长补短,可把一种方法无法解决的问题转化为另一种方法能解决的问题；另一方面,逐步建立统一的人工智能理论体系的方法论,在一个统一系统中集成了逻辑思维、形象思维和进化思想,创造人工智能更先进的研究方法。要想完成这项任务,任重道远。

3．人工智能常见算法

人工智能常见算法很多,涉及很多的算法和模型。按照模型训练方式不同,人工智能算法可以分为监督学习、无监督学习、半监督学习、强化学习和深度学习五大类。

1）监督学习算法

监督学习算法包含以下几类。

(1）人工神经网络类：反向传播、玻尔兹曼机、卷积神经网络、Hopfield 网络、多层感知器、径向基函数网络、受限玻尔兹曼机、回归神经网络等。

(2）贝叶斯类：朴素贝叶斯、高斯贝叶斯、多项朴素贝叶斯、平均-依赖性评估等。

(3）决策树类：分类和回归树、迭代 Dichotomiser3、C4.5 算法、C5.0 算法、卡方自动交互检测、决策残端、ID3 算法、随机森林等。

(4）线性分类器类：Fisher 的线性判别、线性回归、逻辑回归、多项逻辑回归、朴素贝叶斯分类器、支持向量机等。

2）无监督学习类算法

无监督学习类算法包含以下几类。

(1）人工神经网络类：生成对抗网络、前馈神经网络、逻辑学习机、自组织映射等。

(2）关联规则学习类：先验算法、Eclat 算法、FP-Growth 算法等。

(3）分层聚类算法：单连锁聚类、概念聚类等。

(4）聚类分析：BIRCH 算法、DBSCAN 算法、期望最大化、模糊聚类、K 均值聚类、K-medians 聚类、均值漂移算法、OPTICS 算法等。

(5）异常检测类：K 最邻近算法、局部异常因子算法等。

3）半监督学习类算法

半监督学习类算法包含生成模型、低密度分离、基于图形的方法、联合训练等。

4）强化学习类算法

强化学习类算法包含 Q 学习、状态-行动-奖励-状态-行动、DQN、策略梯度算法、基于模型强化学习、时序差分学习等。

5）深度学习类算法

深度学习类算法包含深度信念网络、深度卷积神经网络、深度递归神经网络、分层时间记忆、深度玻尔兹曼机、栈式自动编码器、生成对抗网络等。

1.3.4 并行计算及算法

1. 并行计算概述

无论是大数据的存在，还是多核计算机的出现，都使并行计算成为计算机处理数据的必要和必须途径。

顺序算法设计把事物的变化发展看成是单线程的，任何两种事物之间必然存在因果关系；并行算法设计的一个最基本的观点，就是把一个事物的行为看成多个事物互相作用的结果。并行计算是指同时使用多个计算资源解决计算问题的过程，目的是提高计算速度，以及通过扩大问题求解规模来解决大型而复杂的计算问题。问题求解最大规模是并行计算机的最重要的指标之一，也是一个国家高新技术发展的重要标志。完成此项处理的计算机系统称为并行计算机系统。它是将多个处理器（可以几个、几十个、几千个、几万个等）通过网络连接以一定的方式有序地组织起来（一定的连接方式涉及网络的互联拓扑、通信协议等，而有序的组织则涉及操作系统、中间件软件等）。

过去的几十年，借助不断提升的计算能力，人类在许多领域（如人类基因解码、医疗成像、人工智能、虚拟现实等）发展得非常迅速。但随着人类科学步伐的前进，这些领域的许多应用对计算能力的要求越来越高，解决问题的规模也在不断增加，如下就是一些例子。

- 气候模拟：为了更好地理解气候变化，我们需要更加精确的计算模型，这种模型必须包括大气、海洋、陆地以及冰川之间的相互关系。我们需要对各种因素如何影响全球气候做详细研究。
- 蛋白质折叠：人们相信错误折叠的蛋白质与亨廷顿病、帕金森病、阿尔茨海默病等疾病有千丝万缕的联系，但现有的计算性能严重限制了研究复杂分子（如蛋白质）结构的能力。
- 药物发现：不断提高的计算能力可以从不同方面促进新的医学研究。例如，有许多药物只是对一小部分患者有效。我们可以通过仔细研究疗效欠佳患者的基因来找到替代的药物，但这需要大规模的基因组计算和分析。
- 能源研究：不断提高的计算能力可以为某些技术（如风力涡轮机、太阳能电池和蓄电池）构建更详细的模型。这些模型能够为建立更高效清洁的能源提供信息。

并行算法设计中最常用的方法是 PCAM 方法，此方法主要包括划分、通信、组合、映射几个步骤。划分就是将一个问题划分成若干份，并让各个处理器去同时执行；通信就是确定诸任务间的数据交换，监测划分的合理性；组合是要求将较小的问题组合到一起以提高性能和减少任务开销；映射则是将任务分配到每一个处理器上，提高算法的性能。并行算法与串行算法最大的不同之处在于，并行算法不仅要考虑问题本身，而且要考虑所使用的并行模型、网络连接等。

2. 并行计算算法

1）任务分解

并行算法设计和顺序算法设计的一个根本不同之处就是并行算法设计要把问题划分成多个可并行求解的子问题，这也是并行算法设计的重点和难点。

（1）一个好的任务分解应该具有下面的特点。

- 它应该有很高的并行度。并行度越高意味着这个分解后的任务可以在越多的处理器上并行执行。
- 子任务间的交互(通信、同步和互斥)应该尽可能少。交互少意味着处理器可以更专心地完成任务本身而不是其他由于通信和同步带来的额外计算和等待。
- 分解好的子问题在映射到处理机时,要保证处理机性能平衡。

(2) 任务分解的方法有以下几方面。

- 递归分解

递归分解通常用来对采用 divide-and-conquer(分治)方法的问题进行任务求解。这种方法将任务分解为独立的子任务。这个分解的过程会递归地进行。问题的答案是所有子任务的答案的组合。分治策略表现出一种自然的并行性。

- 数据分解

对那些具有大型数据结构的算法来说,数据分解是一种非常有用的方法。它可以分为两个步骤。第一个步骤中,对计算操作的数据(或称为域)进行划分,第二个步骤根据数据的划分来将对应的计算组织成相应的子任务。对数据的划分可以用这些方法进行:对输出数据进行划分、对中间数据进行划分、对输入数据进行划分。

- 搜索分解

在搜索分解方式下,把搜索空间分成小块。然后对每个块进行并行搜索,直到找到需要的解。虽然搜索分解方式与数据分解看起来似乎一样(搜索空间可以看作被划分的数据),但可以找到下面的不同点:

数据分解得到的任务分解是独立的,每个任务所进行的任务都是确定的,每个任务所进行的计算都会对最后的结果有所贡献;而对搜索分解来说,所有的子任务"合作"完成工作,只要最后答案找到了,所有没有完成的任务也就终结了。因此,和串行算法相比,并行搜索算法所搜索的空间非常不同。

- 混合分解

对问题进行任务分解需要灵活地应用上面的方法。递归分解、数据分解和搜索分解虽然有不同,但它们之间却不一定相互排斥,因此,在实际的应用中,为了得到更高的并行度,可以将这些分解方法组合使用。例如快速排序可同时采用输入数据分解和递归分解来开发并行性。

并行算法的有关通信和同步设计是与并行计算机系统紧密相关的,一般情况下并行算法是在一种流行的理论模型,即并行随机存取计算机(PRAM)来描述。

2) 交互/通信问题

并行算法由多个自治合作的进程组成,它们之间的交互一般比较复杂,也是并行算法设计中的重要方面。

子问题交互的类型如下。

(1) 通信:两个或多个进程间传送数的操作。通信方式有以下几种。

- 共享变量。
- 父进程传给子进程(参数传递方式)。
- 消息传递。

(2) 同步：导致进程间相互等待会继续执行的操作。同步方式有以下几种。

- 原子同步。
- 控制同步(障碍,临界区)。
- 数据同步(锁、条件临界区、监控程序、事件)。

(3) 聚集：用一串超步将各子进程计算所得的部分结果合并为一个完整结果,每个超步包含一个短的计算和一个简单的通信或同步。聚集方式有以下几种。

- 归约。
- 扫描。

子问题交互方式：

- 同步交互：所有参与者全部到达后继续执行。
- 异步交互：任意进程到达后不必等待其他进程即可继续执行。

子问题交互的模式：

(1) 按交互模式是否能在编译时确定分为静态的和动态的。

(2) 按有多少发送者和接收者参与通信分为：

- 一对一：点到点。
- 一对多：广播,播撒。
- 多对一：收集,归约。
- 多对多：全交换,扫描,置换/移位。

3) 任务映射

子问题到处理机的映射与硬件体系结构紧密相关,这里就不深入介绍了。

【思考】 “多核”与“多 CPU”有何区别?

1.3.5　搜索引擎及算法

1. 搜索引擎概述

万维网的发明造就了规模庞大的世界性信息库,借助网络搜索引擎,用户可以主动地寻找自己需要的信息,从而获得空前广阔的视野。同时,搜索引擎的算法在很大程度上定义了用户的信息环境,并以微妙或明显的方式影响人们的社会认知,塑造人们的态度和行为,进而影响社会秩序和社会发展。从技术角度看,网络搜索引擎通过设计特定的算法来收集、判断、排列信息,大大提高了用户的信息获取效率,但基于统计的算法尚不能像人工那样对信息价值、信息质量作出精准的判断；从商业视角上看,搜索引擎公司的盈利模式与其需要承担的社会责任存在一定的矛盾,基于利润追求的算法设计可能影响搜索结果的公正性和客观性,进而造成不同程度的社会危害；从社会视角看,搜索引擎正在被一些洞悉其算法特点的人与机构巧妙地加以利用,成为信息造假、信息操纵的工具。

1) 搜索引擎的信息来源

搜索引擎与传统媒体及其他互联网新媒体的最大不同在于,它自身并不生产信息,它给用户呈现的信息来自万维网(World Wide Web)。用户从万维网获取信息的方式可分为浏览式和搜索式两种。浏览式获取指用户通过浏览某些网站来获取信息,这种方式与大众传媒时代的信息获取很相似,一个个网站就相当于各种报纸、电视台与电视频道。但随着万维网承载的信息量快速增多,以及各种用户的信息需要的多样性与差异性,不可能有哪一个网站能够完美契合用户的全部信息需要。同时,用户需要的信息往往分布在不同的地方,而面对数以十亿计的包含大量网页内容的网站,用户不可能以逐条浏览的方式去找寻自己所需要的信息,浏览式获取越来越难以满足用户的需要。要充分发挥万维网的信息优势,就需要一种适应万维网信息特点的检索工具,帮助用户在迷宫般的信息海洋中快速、便捷地找到所需要的信息,搜索引擎正是为解决这一问题应运而生。

2）搜索引擎的发展历程

搜索引擎是能够在计算机网络中检索各种文件、为互联网用户提供信息检索服务的系统,其服务方式是,当用户需要查询某种信息时,只要在浏览器的搜索框中输入查询内容的提示(如关键词),该提示会通过互联网提交给搜索引擎,搜索引擎为用户进行查找,并把查找结果以网页信息列表的方式返回给用户。在万维网发展早期,网站数量相对较少,信息量还不是太大。这一阶段出现的信息检索工具是目录式搜索引擎,即服务商预先对各种网站中的网页信息进行收集,制作出一个目录检索系统；当接到用户的信息查询请求时,服务商依据目录查找相关信息,然后把结果列表返回给用户。比较有代表性的目录式搜索引擎服务商是早期的雅虎和搜狐,当时目录检索系统的制作与更新主要以人工方式来完成,由编辑人员对网页信息进行甄别、分类、整理。这种方式的优点是准确率高,但局限性也是非常明显的,以人工方式维护目录检索系统不仅成本很高,而且能编辑的信息量是有限的,如果网站很多、网页更新很快,就难以靠人力及时对目录检索系统进行刷新。

随着互联网应用的领域越来越广泛,网站快速增加,依靠人工编辑的目录式搜索引擎很快就无力应对呈指数式增长的网页信息量了。面对这一问题,IT 界的技术创新者们首先想到的就是借助计算机强大的计算能力,通过设计一系列算法,让计算机取代人工来完成对网页进行全文检索、随网页更新及时刷新信息列表等工作,由此出现了以谷歌、百度为代表的第二代商业搜索引擎——全文搜索引擎。全文搜索引擎采取一定的策略,运用特定的程序让计算机自行搜集万维网上的信息,并对信息进行分析、组织、处理,建立起专门的数据库,为用户提供检索服务。全文搜索引擎具有查询信息量大、查询范围广、查询时间短、操作简便等优势,而且一般是免费服务,这使其备受用户青睐,经历短短几年的发展完善后得到了广泛应用。除了目录式搜索引擎和全文搜索引擎外,还有一种元搜索引擎。元搜索引擎没有自己的数据库,当用户查询信息时,元搜索引擎将用户所输入的查询请求同时发送给多个全文搜索引擎,然后对返回的结果进行汇总、处理,再将其作为自己的搜索结果返回给用户。元搜索引擎虽然有集多家之长的特点,但需要以全文搜索引擎为基础,而且它的用户较少。以谷歌、百度为代表的全文搜索引擎一直牢牢地占据着主流地位,成为用户主动性获取信息时的首选工具。

2. 搜索引擎算法

传统的 Web 搜索引擎大多数是基于关键字匹配的,返回的结果是包含查询项的文档,也有基于目录分类的搜索引擎。这些搜索引擎的结果并不令人满意。有些站点有意提高关键字出现的频率来提高自身在搜索引擎中的重要性,破坏搜索引擎结果的客观性和准确性。另外,有些重要的网页并不包含查询项。搜索引擎的分类目录也不可能把所有的分类考虑全面,并且目录大多靠人工维护,主观性强,费用高,更新速度慢。

最近几年,许多研究者发现,互联网上的超链结构是个非常丰富和重要的资源,如果能够充分利用,可以极大地提高检索结果的质量。基于这种超链分析的思想,Sergey Brin 和

Lawrence Page 在 1998 年提出了 PageRank 算法，同年 J. Kleinberg 提出了 HITS 算法，其他一些学者也相继提出了另外的链接分析算法，如 SALSA、PHITS、Bayesian 等算法。这些算法有的已经在实际的系统中实现和使用，并且取得了良好的效果。

近年来，百度越来越重视用户体验，针对用户体验的各方面不断地发布并更新搜索引擎算法来进行网络优化。例如，2018 年 7 月推出细雨算法，主要打击对象为 B2B 类型网站中出现关键词堆砌，或标题中带有"官网"来误导用户选择网站；2018 年 5 月推出极光算法，主要打击 PC 与移动端落地页事件不明确，页面无时间的网站；2017 年 11 月推出惊雷算法，主要打击刷点击量获取快速排名的网站。

搜索引擎是一种动态行为，它每时每刻都在变化，尤其是算法的细微调整将影响搜索体验度，搜索算法日新月异，从事这方面的研究极具挑战性。

【注意】 本节介绍的几类算法都是当前常用且实用的算法或研究方向，可以作为硕士生的研究方向，请感兴趣的读者浏览阅读或通过其他渠道深入学习。

第2章 算法分析基础

2.1 算法分析体系及计量

算法设计的优劣决定着软件系统的性能，算法分析(algorithm analysis)的任务是对设计出的每一个具体的算法，利用数学工具，讨论其复杂度。对算法进行分析，一方面能深刻地理解问题的本质以及可能的求解技术，另一方面可以探讨某种具体算法适用于哪类问题，或某类问题宜采用哪种算法。

算法分析 1

2.1.1 算法分析的评价体系

怎样对算法进行评价呢？首先它要能正确地完成其基本功能；其次，算法既要和人“交往”，也要和机器“交往”。这样对算法的评价就有两个大的方面：一是人对算法维护的方便性；二是算法在实现运行时占有的机器资源的多少，即算法运行的时间效率和空间效率。

人们对算法的维护主要有编写、调试、改正和功能扩充工作，这就需要在算法设计时注重算法的可读性。只有在人能方便、正确地理解算法的前提下，才能对其进行正确的调试和维护。算法结构清楚、表达式易于理解、书写简便等都是提高算法可读性的方法。为了算法的利用率，也要考虑算法的适用范围(如编写一个求班级平均分的算法就要考虑各个班级的容量是不可能完全相同的，所以不能只针对固定的人数进行编程)，注重算法的通用性、可重用性和可扩充性。

机器对算法的运行效率主要包括时间效率和空间效率。算法在完成功能的前提下最好是占用空间少而且执行时间短。事实上，两全其美的算法是不容易设计的，多数情况是占用空间多时数据处理的步骤就少，反之占用空间少时数据处理的步骤就多。这需要根据实际情况来权衡，如软件的硬件环境和软件在实际应用中的客观要求。对初学者来说，编程时要注意考虑这方面的问题就可以了。

另外在算法实现时，要考虑算法在运行过程中与使用者进行交互的情况，如要求用户输入处理数据、告知数据处理结果、输入基本信息等。这就要求，算法的交互部分要具有友好性和稳健性(对错误输入能做适当反应，防止出现死机等异常现象)。

总之，对算法的分析和评价，一般应考虑正确性、可维护性、可读性、运算量、占用存储空间等诸多因素。其中评价算法的 3 条主要标准是：

(1) 算法实现所耗费的时间;

(2) 算法实现所耗费的存储空间,其中主要考虑辅助存储空间;

(3) 算法是否易于理解、易于编码、易于调试等。

早期由于硬件资源的匮乏和配制低劣,算法对前两个因素特别注重,不惜忽视后一条标准。而当今随着硬件性能的不断提升,软件规模不断增大,难度不断提高,应用范围越来越广泛,稳定性要求越来越高,这就要求更注重算法易于理解、易于编码、易于调试的标准,当然这是能得到硬件环境支持的。

算法可维护方面的评价,不易定量度量,"软件工程"课程中有这方面的介绍。这里只介绍算法运行的效率和存储空间分析评价方法。

2.1.2 算法的时间复杂性

1. 与算法执行时间相关的因素

(1) 问题中数据存储的数据结构。

(2) 算法采用的数学模型。

(3) 算法设计的策略。

(4) 问题的规模。

(5) 实现算法的程序设计语言。

(6) 编译算法产生的机器代码的质量。

(7) 计算机执行指令的速度。

【思考】 *举例说明以上因素对算法执行时间的影响,其中哪些方面是可能改进的?*

2. 算法时间效率的衡量方法

通常有两种衡量算法时间效率的方法。

1) 事后分析法

一说到分析算法的时间效率,容易想到的是先将算法用程序设计语言实现,然后度量程序的运行时间,这种度量方法称为事后分析法。它的缺点是:

(1) 必须先用程序设计语言实现算法并执行算法,才能进行判断算法的分析,这与算法分析的目的是违背的。

(2) 不同的算法在相同环境下运行分析,工作效率太低。

(3) 若不同算法运行环境有差异,其他因素(如硬件、软件环境)可能掩盖算法本质上的差异。

所以,一般很少采用事后分析法去对算法进行分析,除非是一些对响应速度要求特别高的自动控制算法或非常复杂不易分析的算法。

2) 事前分析估算法

其实,一个特定算法的"运行工作量"的大小,只依赖于问题的规模(通常用整数量 n 表示),或者说,算法的时间效率是问题规模的函数。假如,随着问题规模 n 的增长,算法执行时间的增长率和函数 $f(n)$ 的增长率相同,则可记作:

$$T(n)=O(f(n))$$

称 $T(n)$ 为算法的渐近时间复杂度(asymptotic time complexity),简称时间复杂度。O 是数量级的符号,下面进行详细介绍。

3. 时间复杂度估算

下面探讨一下如何估算算法的时间复杂度,首先:

算法=控制结构+原操作(固有数据类型的操作)

所以:

$$算法的执行时间=\sum 原操作的执行次数\times 原操作的执行时间$$

即算法的执行时间与原操作执行次数之和成正比。

为了进一步估算时间复杂度,先介绍"频度"的概念:语句的频度指的是该语句重复执行的次数。

一个算法转换为程序后所耗费的时间,除了与所使用的计算机硬件环境和软件开发平台有关外,主要取决于算法中指令重复执行的次数,即与语句的频度有关。一个算法中所有语句的频度之和构成了该算法的运行时间。例如:

```
for(j = 1; j < = n; j = j + 1)
        for(k = 1; k < = n; k = k + 1)
            x = x + 1;
```

语句"x=x+1、k=k+1"的频度是 n^2,语句"k<=n"的频度是 $n(n+1)$,语句"k=1、j=j+1"的频度是 n,语句"j=1"的频度是 1。语句"j<=n"的频度是 $n+1$。算法运行时间为 $3n^2+4n+2$。

若对较复杂的算法计算语句频度,工作量很大。经常采用:从算法中选取一种对于所研究的问题来说是基本(或者说是主要)的原操作,以该基本操作在算法中重复执行的次数作为算法运行时间的衡量准则。这个原操作,多数情况下是最深层次循环体内的语句中的原操作。例如:

```
for (i = 1; i <= n; i = i + 1)
  for (j = 1; j <= n; j = j + 1)
     { c[i,j] = 0;
       for(k = 1; k <= n; k = k + 1)
          c[i,j] = c[i,j] + a[i,k] * b[k,j];
     }
```

该算法的基本操作是乘法操作,时间复杂度为 $O(n^3)$。

在算法的复杂度分析中经常使用一个记号 O,读作大 O。它是数量级 Order 的第一个字母。当一个算法的运行时间为 n^2+n+1 时,由于 n^2+n+1 与 n^2 的数量级相等(该表达式当 n 足够大时约等于 n^2),称它为这个算法的渐近时间复杂度,简称算法的时间复杂度,记作:

$$T(n)=O(n^2)$$

数量级相等是这样定义的,设 $f(n)$是一个关于正整数 n 的函数,若存在一个非零常数 C,使

$$\lim_{n\to\infty}\frac{f(n)}{g(n)}=C$$

则称 $f(n)$与 $g(n)$是同数量级的函数。

为了方便算法间的比较,算法(渐进)时间复杂度,一般均表示为以下几种数量级的形式(n 为问题的规模,$c1$、$c2$ 为非零常量):

$O(1)$称为常数级。

$O(\log n)$称为对数级。

$O(n)$称为线性级。

$O(n^{c1}(\log_2 n)^{c2})$称为多项式级。

$O(c^n)$称为指数级。

$O(n!)$称为阶乘级。

以上时间复杂度级别是由低到高排列的，其随规模 n 的增长率如图 2-1 所示。

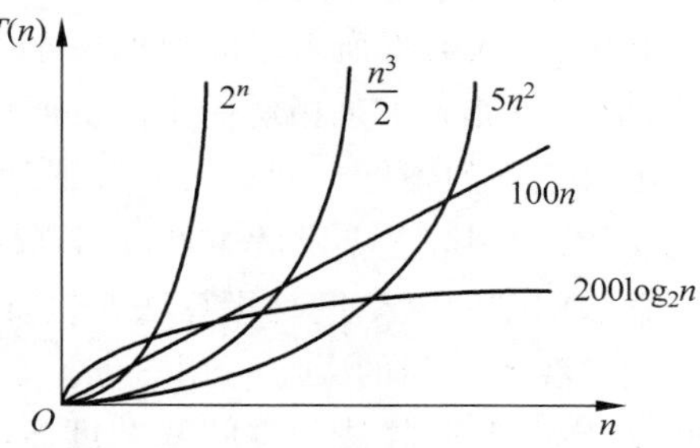

图 2-1 $T(n)$与规模 n 的函数关系

原则上一个算法的时间复杂度，最好不要采用指数级和阶乘级的算法，而应尽可能选用多项式级或线性级等时间复杂度级别较小的算法。

例如，对于阶乘级的算法，如果问题规模 n 为 10 时，则算法的主要操作次数约为 3 628 800 次。若测试这样的算法，检验 10 种情况，设每种情况需要 1ms 的计算时间，则整个测试将需 1h 左右。一般来说，如果选用了阶乘级的算法，则当问题规模大于或等于 10 时就要认真考虑算法的可行性了。

对于较复杂的算法，可将它分隔成容易估算的几个部分，然后利用"O"的求和原则得到整个算法的时间复杂度。例如，若算法的两个部分的时间复杂度分别为 $T_1(n)=O(f(n))$ 和 $T_2(n)=O(g(n))$，则总的时间复杂度为

$$T(n)=T_1(n)+T_2(n)=O(\max(f(n),g(n)))$$

4. 算法时间复杂度的最好情况和最坏情况

对某类问题的复杂度的上、下界的研究，一般来说属于计算复杂性理论的范围。本书不做深入讨论。只针对某一具体算法进行算法分析，在分析有选择控制结构的算法，特别是基本操作在选择控制结构之中时，很难笼统地估算算法的时间复杂度，这时就要确定能反映出算法在各种情况下工作的数据集，选取的数据要能够反映、代表各种计算情况下的估算，包括最好情况下的时间复杂度(时间复杂度下界，一般记为 $T_{\min}$)、最坏情况下的时间复杂度(时间复杂度上界，一般记为 $T_{\max}$)、平均情况下的时间复杂度(平均时间复杂度是指所有可能的输入实例均以等概率出现的情况下，算法的期望运行时间。一般记为 T_{avg})和有代表性的情况，通过使用这些数据配置来运行算法，以了解算法的性能。

以上 3 种情况下的时间复杂性，分别从某一个角度来反映算法的效率，各有各的用处，也各有各的局限性。但实践表明可操作性最好的，且最有实际价值的，是最坏情况下的时间复杂性。一般人们把对时间复杂性分析的重点放在这种情形上。

一般来说，最好情况和最坏情况的时间复杂性是很难计量的，原因是对于问题的任意确定的规模 n 达到了 $T_{\max}(n)$的合法输入难以确定，而规模 n 的每一个输入的概率也难以预测或确定。有时也按平均情况计量时间复杂性，但那时要对输入不同数据的概率做人为的假设(一般是假设等概率)之后才能进行。所做的假设是否符合实际，缺乏必要的根据。因此，在最好、最坏情况和平均情况下的时间复杂性分析还仅仅是停留在理论上。

2.1.3 算法的空间复杂性

算法的存储量包括：

(1) 输入数据所占空间；

(2) 算法(程序)本身所占空间；

(3) 辅助变量所占空间。

其中,输入数据所占空间只取决于问题本身,和算法无关。算法本身所占空间虽与算法有关,但一般其大小是相对固定的。所以,研究算法的空间效率,只需要分析除输入数据和算法本身之外的辅助空间。若所需辅助空间相对于输入数据量来说是常数,则称此算法为原地工作；否则,它应当是输入数据规模的某种函数。

算法的空间复杂度是指算法在执行过程中所占辅助存储空间的大小(还有一种定义为所占全部存储空间的大小),用 $S(n)$表示。S 为英文单词 space 的第一个字母。与算法的时间复杂度相同,算法的空间复杂度 $S(n)$也可表示为 $S(n)=O(g(n))$,表示随着问题规模 n 的增大,算法运行所需存储量的增长率与 $g(n)$的增长率相同。

算法分析 2

2.2 算法分析实例

本节学习对一些具体的算法进行算法分析,并且进一步使读者认识到：一个算法的时间复杂度和空间复杂度往往是不独立的,在算法设计中要在时间效率和空间效率之间折中。2.2.3 节将对提高算法时间效率和空间效率及其他与算法质量的相关问题进行讨论。

2.2.1 非递归算法分析

1. 仅依赖于问题规模的时间复杂度

有一类简单的问题,其操作具有普遍性,也就是说对所有的数据均等价地进行处理,这类算法的时间复杂度比较容易分析。

【例 1】 交换 i 和 j 的内容。

```
Temp = i;
i = j;
j = temp;
```

以上 3 条单个语句的频度均为 1,该算法段的执行时间是一个与问题规模 n 无关的常数。算法的时间复杂度为常数阶,记作 $T(n)=O(1)$。

如果算法的执行时间不是随着问题规模 n 的增加而增长,即使算法中有上千条语句,其执行时间也不过是一个较大的常数。此类算法的时间复杂度是 $O(1)$。

【例 2】 循环次数直接依赖规模 n,如 n 个数求和。

```
s = 0;
for(k = 1; k = n; k = k + 1)
  {input (a);
   s = s + a;}
```

$T(n)=O(n)$

【思考】 有人总结算法复杂度 $T(n)=O(n^k)$，k 为算法中循环语句的个数，对吗？

【例 3】 循环个数≠循环层数。

```
x = 0; y = 0;
for(k = 1; k = n; k = k + 1)
x = x + 1;
for(i = 1; i = n; i = i + 1)
for(j = 1; j = n; j = j + 1)
y = y + 1;
```

以上算法中，k 控制的循环与 i、j 控制的循环独立，因此，频度最大的语句是"y=y+1;"，其频度 $f(n)=n^2$，所以，该段算法的时间复杂度为 $T(n)=O(n^2)$。当有若干个循环语句时，算法的时间复杂度是由嵌套层数最多的循环语句中最内层语句的频度 $f(n)$决定的。

【思考】 有人总结算法复杂度 $T(n)=O(n^k)$，k 为循环的嵌套层数，对吗？

【例 4】 循环次数不是规模的多项式形式。

```
i = 1;
while(i <= n)
  i = i * 2;
```

设以上循环的次数为 k，则 $2^k=n$，所以循环的次数为 $\log_2 n$。算法的时间复杂度为 $O(\log_2 n)$。

【例 5】 循环次数间接依赖规模 n。

```
x = 1;
for(i = 1; i <= n; i = i + 1)
for(j = 1; j <= i; j = j + 1)
   for(k = 1; k <= j; k = k + 1)
         x = x + 1;
```

该算法段中频度最大的语句是最内层的循环体"x=x+1;"，内层循环的执行次数虽然与问题规模 n 没有直接关系，但是与外层循环的变量取值有关，而最外层循环的次数直接与 n 有关，因此可以从内向外逐层计算语句"x=x+1;"的执行次数：

$$\sum_{i=1}^{n}\sum_{j=1}^{i}\sum_{k=1}^{j}1=\sum_{i=1}^{n}\sum_{j=1}^{i}j=\sum_{i=1}^{n}i(i+1)/2=[n(n+1)(2n+1)/6+n(n+1)/2]/2$$

则该算法段的时间复杂度为 $T(n)=O(n^3/6)=O(n^3)$。

2. 算法的时间复杂度还与输入实例的初始状态有关

大部分算法的时间复杂度不仅依赖于问题的规模，还与输入实例的初始状态有关。也就是说算法中对要处理的数据是不等价的，选择控制结构中不同的数据会进行不同的处理。这类算法的时间复杂度的分析就比较复杂，一般分最好情况（处理最少的情况）、最坏情况（处理最多的情况）和平均情况分别进行讨论。

【例 6】 在一组数据中查找给定值 k 的算法如下（数据存储在数组 $a[0..n-1]$中）：

```
(1) i = n - 1;
(2) while(i >= 0 and  a[i]<> k)
(3)     i = i - 1;
(4) return i;
```

此算法中把循环语句(2)中的比较操作"a[i]<> k"作为讨论算法复杂度的主要操作。这是因为，虽然算法是针对一般数组，但实际的查找操作一定是针对结构体数组进行的，这时比较操作远比“a[i]<> k;”操作复杂。

此算法的频度不仅与问题规模 n 有关,还与输入实例中 a 的各元素取值及 k 的取值有关:

① 若 a 中没有与 k 相等的元素,则语句(2)的频度 $f(n)=n$,这是最坏情况。

② 若 a 的最后一个元素等于 k,则语句(2)的频度 $f(n)$是常数 1,这是最好情况。

在求成功查找的平均情况时,一般地,假设查找每个元素的概率 P 是相同的,则算法的平均复杂度为:

$$\sum_{i=n-1}^{0} P_i(n-i)=\frac{1}{n}(1+2+3+\cdots+n)=\frac{n+1}{2}=O(n)$$

当对于查找每个元素的概率 P 不相同时,其算法复杂度一般只能做近似分析。

【思考】 对于本例,若查找第 i 个数据的概率是已知的或可估计的,请构造更好的存储方式,并设计相应算法,以提高算法效率。

2.2.2 递归算法分析

1. 进一步认识递归

【思考】 递归在大一程序设计课程,在大二的“数据结构”课程都学习了,思考你学到的知识点。

1) 递归的执行过程

在程序设计语言的学习中已经了解了递归算法的执行过程,为了更好地学习递归算法,应结合数据结构,深入地了解递归算法的执行过程,以便对其进行分析。

为此通过一个简单的例子来说明。

【例 7】 求 $n!$。

这是一个简单的“累乘”问题,用递归算法也能解决它,由中学知识知道以下基本常识:

```
n! = n×(n-1)!  n>1
0! = 1,1! = 1      n = 0,1
```

因此,递归算法如下:

```
fact(int n)
  {if  (n = 0 or n = 1)
     return(1);
   else
    return(n * fact(n - 1));
  }
```

递归算法在运行中不断调用自身,有的读者反映不好理解。其实以参数的不同,把每次调用看成调用不同的算法模块,这样就好理解其执行过程了。

以 $n=3$ 为例,看一下以上算法是怎样执行的?运行过程如下:

fact(3)——fact(2)——fact(1)——fact(2)——fact(3)

递归 → 回溯 →

递归调用是一个降低规模的过程,当规模降为 1,即递归到 fact(1)时,满足停止条件停止递归,开始回溯(返回调用算法)并计算,从 fact(1)=1 返回 fact(2);计算 2 * fact(1)=2

返回 fact(3)；计算 3 * fact(2)=6，结束递归。和一般算法调用一样，算法的起始模块通常也是终止模块。

通过参数值将“同一个模块”的“不同次运行”进行区分后，递归函数的执行过程还是很好理解的，读者要学会这种办法帮助自己理解抽象的递归算法。

【思考】 *求 n！的递归程序和累乘程序运行过程的异同点有哪些？*

2）递归的实现机理

学过“计算机原理”或“操作系统”课程的读者明白，每一次递归调用，都用一个特殊的数据结构“栈”记录当前算法的执行状态，特别地设置地址栈，用来记录当前算法的执行位置，以备回溯时正常返回。递归模块中的形式参数和局部变量虽然是定义为简单变量，每次递归调用得到的值都是不同的，它们也是由“栈”来存储的。

3）递归调用的几种形式

以上例题是最简单的递归调用形式，一般递归调用有以下几种形式（其中 a_1、a_2、b_1、b_2、k_1、k_2 为常数）：

直接简单递归调用　$f(n)$　$\{\cdots a_1 * f((n-k_1)/b_1)\cdots\}$

直接复杂递归调用　$f(n)$　$\{\cdots a_1 * f((n-k_1)/b_1);\ a_2 * f((n-k_2)/b_2)\cdots\}$

间接递归调用　$f(n)$　$\{\cdots a_1 * g((n-k_1)/b_1)\cdots\}$

$g(n)$　$\{\cdots a_2 * f((n-k_2)/b_2)\cdots\}$

其中，后两类递归不但复杂，且时间、空间消耗大，因此本科阶段只就直接简单递归调用进行学习。

2．递归算法效率分析方法

递归算法的分析方法比较多，这里只介绍比较好理解且常用方法——迭代法。

迭代法的基本步骤是先将递归算法简化为对应的递归方程，然后通过反复迭代，将递归方程的右端变换成一个级数，最后求级数的和，再估计和的渐近阶；或者，不求级数的和而直接估计级数的渐近阶，从而达到对递归方程解的渐近阶的估计。

用迭代方法估计递归算法的解，就是充分利用递归算法中的递归关系，通过一定的代数运算和数学分析的级数知识，得到问题的复杂度。

递归方程具体就是利用递归算法中的递归关系写出递归方程，迭代地展开右端，使之成为一个非递归的和式，然后通过对和式的估计来达到对方程左端即方程的解的估计。

以求 n！为例，算法的递归方程为：

$$T(n)=T(n-1)+O(1)$$

其中 $O(1)$ 为一次乘法操作，迭代求解过程如下：

$$\begin{aligned}T(n)&=T(n-2)+O(1)+O(1)\\&=T(n-3)+O(1)+O(1)+O(1)\\&\ \ \vdots\\&=O(1)+\cdots+O(1)+O(1)+O(1)\\&=n\times O(1)\\&=O(n)\end{aligned}$$

这是一个简单的例子，下面看一个较复杂的例子。

抽象地考虑以下递归方程，且假设 $n=2^k$，则迭代求解过程如下：

$$\begin{aligned}
T(n) &= 2T\left(\frac{n}{2}\right)+2 \\
&= 2\left(2T\left(\frac{n}{2^2}\right)+2\right)+2 \\
&= 4T\left(\frac{n}{2^2}\right)+4+2 \\
&= 4\left(2T\left(\frac{n}{2^3}\right)+2\right)+4+2 \\
&= 2^3T\left(\frac{n}{2^3}\right)+8+4+2 \\
&\ \ \vdots \\
&= 2^{k-1}\cdot T\left(\frac{n}{2^{k-1}}\right)+\sum_{i=1}^{k-1}2^i \\
&= 2^{k-1}+(2^k-2) \\
&= \frac{3}{2}\cdot 2^k-2 \\
&= \frac{3}{2}\cdot n-2 \\
&= O(n)
\end{aligned}$$

虽然以上两个例子的时间复杂性都是线性的，但并不等于所有递归算法的时间复杂性都是线性的。再看一个例子，以下递归方程是第 4 章将介绍的二分算法典型的递归方程。同样假设 $n=2^k$：

$$\begin{aligned}
T(n) &= 2T(n/2)+O(n)=2T(n/4)+2O(n/2)+O(n) \\
&\ \ \vdots \\
&= O(n)+O(n)+\cdots+O(n)+O(n)+O(n) \\
&= k\times O(n) \\
&= O(k\times n) \\
&= O(n\log_2 n)
\end{aligned}$$

一般地，当递归方程为 $T(n)=aT(n/c)+O(n)$ 时，$T(n)$ 的解为：

① $O(n)$，$a<c$ 且 $c>1$。

② $O(n\log_c n)$，$a=c$ 且 $c>1$。

③ $O(n^{\log_c a})$，$a>c$ 且 $c>1$。

请自己证明。

上面介绍的 3 种递归调用形式，较常用的是第一种形式，第二种形式也时有出现，而第三种形式(间接递归调用)使用得较少，且算法分析较复杂，这里不进行讨论。下面就第二种递归调用形式举一个例子。递归方程为：

$$T(n)=T(n/3)+T(2n/3)+n$$

为了好理解，先画出递归过程相应的递归树，如图 2-2 所示。

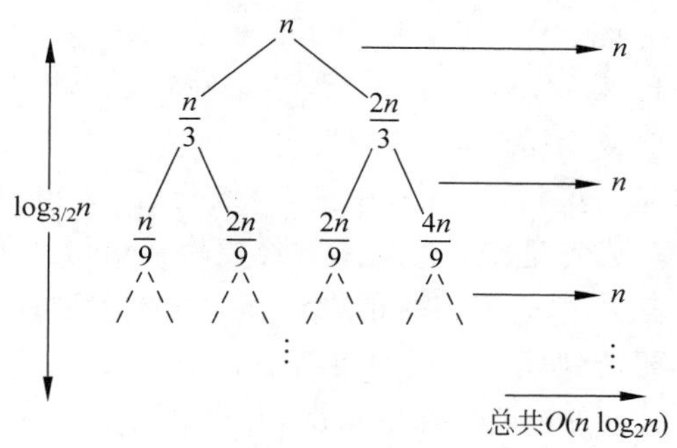

图 2-2　迭代法递归树

累计递归树各层的非递归项的值，每一层的和都等于 n，从根到叶的最长路径是：

$$n \rightarrow \frac{2}{3}n \rightarrow \left(\frac{2}{3}\right)^2 n \rightarrow \cdots \rightarrow 1$$

设最长路径的长度为 k，则应该有：

$$\left(\frac{2}{3}\right)^k n = 1$$

得

$$k = \log_{3/2} n$$

于是

$$T(n) \leqslant \sum_{i=0}^{k} n = (k+1)n = n(\log_{3/2} n + 1)$$

即

$$T(n) = O(n\log_2 n)$$

由以上的例子表明，对于第二种递归调用形式，借助于递归树，用迭代法进行算法分析是简单而易行的。

2.3　提高算法质量

虽然在前两节中主要针对算法的时间效率和空间效率进行了分析，但是要提醒大家，设计算法时，不要一味地追求算法的时间效率和空间效率，而应当在满足正确性、可靠性、健壮性、可读性等质量因素的前提下，设法提高算法的效率。

先请大家说明下面一组操作的功能：

```
a = a + b;   b = a - b;   a = a - b;
```

相信如果不做认真的分析、理解，就很难明白它们的功能与以下一组操作是等价的：

```
t = a;   a = b;   b = t;
```

也就是说，两组操作的功能都是“交换变量 a，b 中的数据”。虽然第一组操作节省了一个存储空间，但失去了可读性。

【思考】　为什么正确性、可靠性、健壮性、可读性等质量因素比时空效率更重要？

下面给出一些关于算法质量方面原则上的建议：

1）保证正确性、可靠性、健壮性、可读性

(1）当心那些在视觉上不易分辨的操作符发生书写错误。把符号“<=”与“<”,“>=”与“>”混淆,很容易发生“多或少循环1次”的失误。

(2）为了保证算法实现的正确性,算法中的变量(指针、数组)在被引用前,一定要有确切的含义,或者是被赋过值,或者是作为形式参数经模块接口得到传递的信息。

(3）要注意算法中的表达式,它们有可能在计算时发生上溢或下溢,或作为数组的下标值出现越界的情况……不要留到算法实现时再考虑相关的问题。

(4）写算法时就要考虑各种可能出错的情况,并设计处理错误的相关算法(这一点在许多《数据结构》课本中做得非常好,大家要学习借鉴)。

(5）编写算法时区别问题的循环条件和停止条件,不要误用。

(6）注意算法中循环体或条件体的位置,不要误把循环体内的操作写在循环体外或者出现相反的错误。有的初学者在使用“缩进格式”表示了操作的嵌套关系后,忽略了语句块的符号“{}”,这将为算法实现留下隐患。

2）提高效率

(1）以提高算法的全局效率为主,提高局部效率为辅。

(2）在优化算法的效率时,应当先找出限制效率的“瓶颈”,不要在无关紧要之处优化。

(3）多数情况下,时间效率和空间效率可能是对立的,此时应当分析哪个更重要,做出适当的折中。例如可以多花费一些内存来提高算法的时间性能。

(4）可以考虑先选取合适的数据结构,再优化算法。

(5）递归算法结构清晰简洁,它能使一个蕴含递归关系且结构复杂的算法简洁精练,增加可读性。但递归过程的实现决定了递归算法的效率往往很低,费时和费内存空间。在解决问题时,如果能使用递推法解决的,应考虑用递推法,其效率更高些。

(6）注意多用数学知识,可以大大提高算法效率,详细的内容在第3章中介绍。

(7）另外,还有一些细节上的问题也想引起大家注意,如乘、除运算的效率比加、减法运算低。例如：$2*y$ 与 $y+y$ 等价,但后一个运算更快；而 $y=a*x*x*x+b*x*x+c*x+d$ 要比 $y=((a*x+b)*x+c)*x+d$ 的效率低。又如：在循环体中若频繁使用同一个数组元素 $A[i]$时,应该在进行赋值操作 $m=A[i]$,之后对 $A[i]$的引用就用 m 代替,这样就避免了系统计算数组元素地址的过程。

有关提高效率的细节这里就不多列举了,根据前期学习的编译原理、计算机原理、操作系统等课程知识,相信大家就知道应该从哪些方面着手了。有的读者也许对这些细节不以为然,但是在处理数据量较大的问题时,这些细节就不能轻视了。

这里只是一些启发式的建议,第3章将要介绍一些具体的技巧,能较大程度地提高算法的效率。

【思考】 请读者总结更多的提高算法可读性和效率的方法。

2.4 问题复杂度及分类

2.3节讨论了解决问题具体算法的时间复杂度和空间复杂度,本节讨论问题的复杂度,也称为计算复杂性。计算复杂性理论是计算机科学的分支学科,使用数学方法对计算中所需的各种资源的耗费做定量的分析，并研究各类问题之间在计算复杂程度上的相互关系和基本性质，是算法分析的理论基础。

所谓计算复杂性，通俗地讲，就是用计算机求解问题的难易程度。其度量标准：一是计算所需的步数或指令条数(即时间复杂度)，二是计算所需的存储单元数量(即空间复杂度)。它不是对一个具体问题去研究计算复杂性，而是要解决一类问题需要花多少演算时间(步骤)，可按复杂性把问题分成不同的类，即复杂性类(complexity class)。

强调一下问题的复杂性和算法的复杂性的区别：只就时间复杂性说，算法的复杂性是指解决问题的一个具体的算法的复杂性，这是算法的性质；问题的复杂性是指问题本身的复杂程度。计算复杂性研究的是后者。

2.4.1 问题时间复杂度的上界和下界

算法的复杂度计算已是粗略估算，问题的复杂性计算更不易精确，因此一般用上界和下界来估计问题所需某资源的复杂程度，这个上界和下界与算法复杂度一样是问题规模的界限函数。如果找到解某问题的算法，其资源的复杂度为 $u(n)$，则 $u(n)$是问题本身复杂度的一个上界。如果对任何算法，其复杂度都必然大于 $l(n)$，则 $l(n)$是问题复杂度的一个下界。

为了更准确地理解问题复杂度的上界和下界，引入 5 个形式化符号：O、Ω、θ、o 和 ω。分别定义如下。

定义 1：如果存在两个正常数 c 和 $n0$，对于所有的 $n \geqslant n0$，有 $|f(n)| \leqslant c|g(n)|$，则记作 $f(n)=O(g(n))$。

定义 2：如果存在两个正常数 c 和 $n0$，对于所有的 $n \geqslant n0$，有 $|f(n)| \geqslant c|g(n)|$，则记作 $f(n)=\Omega(g(n))$。

定义 1 说明了解决问题算法所需的时间总量 $f(n)$的上界，用数学符号 O 表示。定义 2 说明了算法所需的时间总量 $f(n)$的下界，用数学符号 Ω 表示。

应该指出，记号 O 在问题时间复杂度和算法时间复杂度的定义中，含义是有差别的：算法时间复杂度用它评估算法的复杂性，得到的只是当规模充分大时的一个上界。这个上界的阶越低，评估越精确，算法的分析结果就越有价值。知道问题的复杂度下界，可以帮助找到或确认最优的算法。

定义 3：当 $f(N)=O(g(N))$且 $f(N)=\Omega(g(N))$时，则记 $f(N)=\theta(g(N))$，也就是说 $f(N)$与 $g(N)$同阶。

定义 4：如果对于任意给定的 $\varepsilon \geqslant 0$，都存在非负整数 $N0$，使得当 $N \geqslant N0$ 时有 $f(N) \leqslant \varepsilon(g(N))$，则称函数 $f(N)$当 N 充分大时，比 $g(N)$低阶，记为 $f(N)=o(g(N))$。

例如：$4N\log N+7=o(n^2)$。

定义 5：若 $g(N)=o(f(N))$，即当 N 充分大时，$f(N)$的阶比 $g(N)$高，则记 $f(N)=\omega(g(N))$。

可以看到 o 对于 O 有如 ω 对于 Ω。

2.4.2 NP 完全问题

NP 完全性问题属于“计算复杂性”研究的课题，是对问题复杂性的分类研究。如果一个判定性问题的复杂度是该问题的一个实例的规模 n 的多项式函数，则这种可以在多项式时间内解决的判定性问题属于P类问题。P类问题就是所有复杂度为多项式时间的问题的集合。通俗地称所有复杂度为多项式时间的问题为易解的问题类,否则为难解的问题。

【思考】 *求n!是一个难解的问题吗?*

有些问题很难找到多项式时间的算法(或许根本不存在)。例如"找出无向图中哈密尔顿回路"问题。但是如果给了该问题的一个答案,可以在多项式时间内判断这个答案是否正确。例如说对于哈密尔顿回路问题,给一个任意的回路,很容易判断它是否是哈密尔顿回路(只要看是不是所有的顶点都在回路中就可以了)。这种可以在多项式时间内验证一个解是否正确的问题称为NP问题,亦称为易验证问题类。

简单地说,存在多项式时间的算法的一类问题,称为P类问题;而像汉诺塔问题、推销员旅行问题等问题,至今没有找到多项式时间算法解的一类问题,称为NP类问题。

复杂性理论中最具理论意义的当数NP完全性问题(NPC问题)。所谓"NP完全性"(NP-completeness)问题是这样一个问题:由于"P=NP是否成立"这个问题难以解决,从NP类的问题中分出复杂性最高的一个子类,把它叫作NP完全类。已经证明,任取NP类中的一个问题,再任取NP完全类中的一个问题,则一定存在一个具有多项式时间复杂性的算法,可以把前者转变成后者。这就表明,只要能证明NP完全类中有一个问题是属于P类的,也就证明了NP类中的所有问题都是P类的,即证明了P=NP。即要么每个NP完全问题都存在多项式时间的算法(即通常所指的有效算法);要么所有NP完全问题都不存在多项式时间的算法。尽管目前还不能证明其中任一个结果的正确性,但算法理论界普遍认为第二种可能性更接近事实。

目前已知的NP完全问题就有2000多个,在图论中的许多组合优化问题是NP完全问题,其中有许多是非常重要的问题,如货郎问题、调度问题、最大团问题、最大独立集问题、Steiner树问题、背包问题、装箱问题等,在其他领域也都提出了一些非常有理论意义和应用价值的NP完全问题,这些问题的解决对科学研究和国民经济的发展都有着非常重要的作用。遇到这类问题时,通常从以下几方面来考虑,并寻求解决办法。

(1) 特殊情形:仔细分析所遇到的NP完全问题,研究具体实例的特殊性,考虑是否必须在最一般的意义下来解此问题。也许可利用具体实例的特殊性,在特殊条件下解此问题。许多NP完全问题在特殊情形下可以找到多项式时间算法。例如求图G的最大团问题(典型描述,给定一个图G,要求G的最大团,团是指G的一个完全子图,该子图不包含在任何其他的完全子图当中。最大团指其中包含顶点最多的团)是NP完全问题,而在图G是平面图的情形下,该问题是多项式时间可解的。

(2) 动态规划和分支限界方法:对于许多NP完全问题来说,用动态规划和分支限界方法常可得到较高的解题效率。

(3) 概率分析:对于许多NP完全问题,其困难实例出现的概率很小,因此对这类NP完全问题常可设计出平均性能很好的算法。

(4) 近似算法:通常可以设计出解NP完全问题的多项式时间近似算法,以近似解来代替最优解。

(5) 启发式算法:在用别的方法都不能奏效时,也可以采用启发式算法来解NP完全问题。这类方法根据具体问题的启发式搜索策略来求问题的解,在实际使用时可能很有效,但有时很难说清它的道理。

【思考】 *分析问题复杂度的意义是什么?*

第②篇　基　础　篇

本篇内容：

第3章 算法基本工具和优化技巧

算法设计的基础工作是把人脑思维出的解决问题的方法、步骤，规范化地描述成“机械化的操作”。这就好像自动化生产，其实质就是把人类生产中较规范的大量重复工作交给机器去完成。所以有人称计算机带来了“机械”思维的时代。

从已学过的计算机知识中可以了解到，计算机或者说程序设计语言为算法提供的“机械化的操作”其实是很少的。主要有计算、输入和输出操作，流程控制操作（即选择、循环和递归），以及提供了这些操作对象的不同存储模式：变量、数组、结构体（记录）和文件。而软件功能之丰富，使用之方便，却是越来越让人感叹，这都是人类设计出来的算法的功劳。相信读者能够体会到学习算法设计的必要性。

本章就是要讲解怎么样充分利用这些基本的“机械化的操作”设计高质量的算法，在程序设计与算法设计之间起承上启下的作用。

3.1 循环与递归

事实上，在一般情况下只有处理大量的数据才借助于计算机，所以算法设计中很重要的工作就是把对数据的处理归结成较规范的可重复的“机械化的操作”交给计算机去完成。即将重复处理大量数据的步骤抽象成“循环”或“递归”的模式，设计出可以针对不同规模解决问题的算法。

不同于机器生产产品的“机械化的重复操作”，计算机进行数据处理不可能是完全相同操作的重复。所以必须要设计出表现形式不变，但能实现动态处理数据的“机械化的重复操作”。也就是说，在重复操作中，“循环条件”“循环体”都必须是“不变式”，而数据处理对象却是变化的，算法是在渐进地完成处理数据的操作。

循环模式算法设计中，一个重要的工作就是从已建立好的数学模型中构造出“不变式”的“循环条件”“循环体”。“不变式”主要是依靠变量或数组元素表示的，因为变量名或数组元素是“不变”的，而变量或数组元素中的数据是不断变化的，从而数据处理是动态的、渐进的。

本节通过实例介绍循环不变式和递归不变式的构造过程，简单地说明循环、递归设计的基本方法及应该考虑的因素。

【思考】 请读者回忆“高级语言程序设计”和“数据结构”课程中，设计“循环条件不变式”“循环体不变式”的方法和技巧。

循环设计

3.1.1 循环设计要点

循环设计要点很多,下面就以下三点进行讨论。

1. 设计中要注意算法的效率

累加、累乘是学习程序设计语言中接触最多的程序,它就是通过数学模型 $S_n=S_{n-1}+A_n$,$T_n=T_{n-1}\times A_n$,构造出"循环不变"的累加式 $S=S+A$ 和累乘式 $T=T\times A$。下面看一个累加、累乘算法的设计过程。

【例 1】 求 $1/1!-1/3!+1/5!-1/7!+\cdots+(-1)^{n+1}/(2n-1)!$。

问题分析:此问题中既有累加又有累乘,准确地说累加的对象是累乘的结果。

数学模型 1:$S_n=S_{n-1}+(-1)^{n+1}/(2n-1)!$。

【思考】 "循环条件"和"循环体"不变式如何表示?

算法设计 1:多数初学者会直接利用题目中累加项通式,构造出循环体不变式为 $S=S+(-1)^{n+1}/(2n-1)!$,再通过二重循环计算 $(-1)^{n+1}/(2n-1)!$ 来完成算法。

算法 1 如下:

```
main( )
{int i,n,j,sign = 1;
float s,t = 1;
  input(n);
  s = 1;
for(i = 2; i <= n; i = i + 1)
  {t = 1;                                    // 求 2i - 1 的阶乘
  for(j = 1; j <= 2 * i - 1; j = j + 1)
      t = t * j;
  sign = 1;                                  // 求( - 1)^(i+1)
  for(j = 1; j <= i + 1; j = j + 1)
      sign = sign * ( - 1);
  s = s + sign/t;
  }
 print("Sum = ",s);
}
```

算法分析 1:以上算法是完全正确的,但算法的效率太低。其原因是,当前一次循环已求出 7!,当这次要想求 9! 时,没必要再从 1 累乘到 9,只需要充分利用前一次的结果,用 7!×8×9 即可得到 9!,模型为 $A_n=A_{n-1}\times 1/((2\times n-2)\times(2\times n-1))$。另外,运算 sign=sign×(−1)总共也进行了 $n\times(n-1)/2$ 次乘法,这也是没有必要的。下面进行改进。

数学模型 2:$S_n=S_{n-1}+(-1)^{n+1}A_n$;$A_n=A_{n-1}\times 1/((2\times n-2)\times(2\times n-1))$。

算法设计 2:利用以上数学模型容易构造累加、累乘不变式,对 $(-1)^{n+1}$ 可以用一个变量 sign 记录其值,每循环执行一次"sign=−sign;"就可以模拟一次符号的变化过程。这样,只需要一重循环就能解决问题。

算法 2 如下:

```
main( )
{int i,n,sign;
 float s,t = 1;
```

```
input(n);
 s = 1;
 sign = 1;
for(i = 2; i <= n; i = i + 1)              或         for(i = 1; i <= n - 1; i = i + 1)
   {sign = - sign;                                    { sign = - sign;
   t = t * (2 * i - 2) * (2 * i - 1);                 t = t * 2 * i * (2 * i + 1)};
   s = s + sign/t; }                                  s = s + sign/t;
print("Sum = ", s);
}
```

算法说明：构造循环不变式时，一定要注意循环变量的意义，如当 i 不是项数序号时(右边的循环中)，有关 t 的累乘式与 i 是项数序号时不能相同。

【注意】 对算法 2 中由“或”左右展示的不同表达方式应该清楚，算法只能是设计，而不能是简单的记忆。

算法分析 2：这个算法的时间复杂度为 $O(n)$。

由此例，构造循环不变式时，一定要考虑算法的效率。

2. “自顶向下”的设计方法

对于简单的算法，可以像本节例 1 一样直接进行算法设计，对于比较难一些的算法，则可以用“自顶向下”的设计方法，特别是有嵌套循环的情况。

自顶向下的方法是从全局走向局部、从概略走向详尽的设计方法。自顶向下是系统分解和细化的过程，也是算法设计的方法。

【例 2】 一个数如果恰好等于它的因子之和(包括 1，但不包括这个数本身)，这个数就称为“完数”。

例如，28 的因子为 1，2，4，7，14，而 28＝1＋2＋4＋7＋14。因此 28 是“完数”。编写算法找出 1000 之内的所有完数，并按下面格式输出其因子：28 it's factors are 1，2，4，7，14。

问题分析：这个问题中不是要质因数，所以找到因数后就无须将其从数据中“除掉”。每个因数只记一次，如 8 的因数为 1，2，4 而不是 1，2，2，2，4(注：本题限定因数不包括这个数本身)。

算法设计：“自顶向下”的算法设计方法，就是先概要地设计算法的第一层(即顶层)，然后步步深入，逐层细分，逐步求精，直到整个问题可用程序设计语言明确地描述出来为止。

自顶向下设计的步骤：首先对问题进行仔细分析，写出程序运行的主要过程和任务；然后从大的功能方面把一个问题的解决过程分为几个子问题，每个子问题形成一个模块。这样，可以使设计过程中的每一时刻都只需要考虑很少的问题。

本题的设计过程如下。

1）顶层算法

```
for(i = 2; i <= n; i = i + 1)
  {判断 i 是否"完数";
   是"完数"则按格式输出; }
```

2）判断 i 是否“完数”的算法

```
for(j = 2; j < i; j = j + 1)
    找 i 的因子,并累加;
如果累加值等于 i,i 是"完数"则输出;
```

3）进一步细化——判断 i 是否“完数”的算法

```
s = 1
for(j = 2; j < i; j = j + 1)
    if (i mod j = 0) (j 是 i 的因数)  s = s + j;
if  (s = i)    i 是"完数";
```

4）考虑输出格式——判断 i 是否“完数”的算法

考虑到要按格式输出结果，应该开辟数组存储数据 i 的所有因子，并记录其因子的个数，因此算法细化如下：

```
定义数组 a,变量 s = 1,k = 0;
for(j = 2; j < i; j = j + 1)
   if (i mod j = 0) (j 是 i 的因素)
      {s = s + j; a[k] = j; k = k + 1; }
if    (s = i)
   {按格式输出结果}
```

综合以上逐层设计结果，得到以下算法：

```
main( )
{int i,k,j,s,a[20];
for(i = 1; i <= 1000; i = i + 1)
  {s = 1;
   k = 0;
  for(j = 2; j < i; j = j + 1)
   if (i mod j) = 0)
     {s = s + j;
      a[k] = j;
      k = k + 1; }
  if(i = s)
      {print(s,"it's  factors  are: ",1);
       for(j = 0;j < k;j = j + 1)
          print(",",a[j]);
      }
  }
}
```

由例题可以看出自顶向下设计的特点：先整体后局部，先抽象后具体。

【思考】 “自顶向下”通俗地说就是“由粗到细”，可以使设计更简便，思路更清楚，请仔细体会。

下面再看一个例子。

【例 3】 求一个矩阵的鞍点，即在行上最小而在列上最大的点。

算法设计：针对 $n \times n$ 矩阵进行设计，操作逐行进行，行列下标起始为 0。“自顶向下”的设计如下。

1）顶层算法

```
for(i = 0; i < n; i = i + 1)
  {找第 i 行上最小的元素 t 及所在列 minj;
   检验 t 是否为第 minj 列的最大值,是,则输出这个鞍点; }
```

2）找第 i 行上最小的元素 t 及所在列 minj

```
t = a[i][0]; minj = 0;
```

```
for(j = 1; j < n; j = j + 1)
  if(a[i][j]< t)
      {t = a[i][j];
       minj = j; }
```

3）检验 t 是否为第 minj 列的最大值，如是，则输出这个鞍点

```
for(k = 0; k < n; k = k + 1)
   if(a[k][minj]> t) break;
if(k < n)     continue;
print("the result is a[",i,"][",minj,"] = ",t);
```

综合以上设计结果，得到以下算法：

```
  readmtr(int a[][10],int n)
      {int  i,j;
        print("input n * n matric: ");
        for(i = 0; i < n; i = i + 1)
         for(j = 0; j < n; j = j + 1)
           input(a[i][j]);
     }
    printmtr(int a[][10],int n)
     {int i,j
      for(i = 0; i < n; i = i + 1)
       {for(j = 0; j < n; j = j + 1)
           print(a[i][j]);
       print("换行符")
       }
     }
main( )
       {int a[10][10];
       int i,j,k,minj,t,n = 10,kz = 0;
       readmtr(a,n);
       printmtr(a,n);
       for(i = 0; i < n; i = i + 1)
          {t = a[i][0];
           minj = 0;
           for(j = 1; j < n; j = j + 1)
               if(a[i][j]< t)
                 {t = a[i][j];
                 minj = j; }
           for(k = 0; k < n; k = k + 1)
               if(a[k][minj]> t)  break;
           if(k < n) continue;
           print("the result is a[",i,"][",minj,"] = ",t);
           kz = 1;
           break;
           }
       if(kz = 0) print("Non solution!");
       }
```

算法说明：

(1) 算法中 minj 代表当前行中最小值的列下标，循环变量 i，j 分别代表行、列下标。循环变量 k 也代表行下标，在循环“for(k=1; k<=n; k=k+1)”中只针对 minj 列进行比较。

(2) 考虑到会有无解的情况,设置标志量 kz,kz=0 代表无解,找到一个解后,kz 被赋值为 1,就不再继续找鞍点的工作。请读者考虑是否有多解的可能性,若有,请改写算法,找出矩阵中所有的鞍点。

【注意】 "程序语言"课程讲授过二维数组逐行逐列操作,若已认真理解并掌握,这里就不会感到困难了。学习不能拈轻怕重,要循序渐进。

3. 由具体到抽象设计循环结构

对于不太熟悉的问题,其数学模型或"机械化操作步骤"不易抽象,下面看一个由具体到抽象设计循环细节的例题。

【例 4】 编写算法:打印具有下面规律的图形。

```
 1
 5  2
 8  6  3
10  9  7  4
```

问题分析:无论从题意理解,还是从算法的通用性来考虑,算法设计不能只针对图中的 4×4 二维数组进行。下面以任意阶的二维数组 $n\times n$ 讨论。为分析方便,数组的起始下标定为 1。

存储设计:对这样的二维表,一般用二维数组存储。

算法设计:对二维表的操作一般是按行或列进行的,但此图形中数据的排列规律却是按对角线排列的。因此设计的要点就是在二者间找关系。下面根据数据排列的特点,将对角线称为"层",循环按数据特点逐层进行,层内又有多个数据,算法需要二重循环。

【思考】 当然也可以以行、列作为循环变量,找出数据排列与循环变量的关系,请读者尝试。

容易发现图形中自然数在矩阵中排列的规律,题目中 1、2、3、4 所在位置称为第 1 层(主对角线),例图中 5、6、7 所在位置称为第二层……。一般地,第一层有 n 个元素,第二层有 $n-1$ 个元素……

基于以上数据变化规律,以层号作为外层循环,循环变量为 i(范围为 $1\sim n$);以层内元素从左上到右下的序号作为内循环,循环变量为 j(范围为 $1\sim n+1-i$)。这样循环的执行过程正好与"摆放"自然数的顺序相同。用一个变量 k 模拟要"摆放"的数据,下面的问题就是怎样将数据存储到对应的数组元素。

数组元素的存取,只能是按行、列号操作的。所以下面用由具体到抽象设计循环的"归纳法",找出数组元素的行号、列号与层号 i 及层内序号 j 的关系。

(1) 每层内元素的列号都与其所在层内的序号 j 是相同的。因为每层的序号都是从第一列开始向右下进行。

(2) 元素的行与其所在的层号及在层内的序号均有关系,具体如下:

第一层行号 $1\sim n$,行号与 j 相同;

第二层行号 $2\sim n$,行号比 j 大 1;

第三层行号 $3\sim n$,行号比 j 大 2;

……

行号起点随层号 i 增加而增加,层内其他各行的行号又随层内序号 j 增加而增加,由于编号起始为 1，i 层第 j 个数据的行下标为 $i-1+j$。

综合以上分析，i 层第 j 个数据对应的数组元素是 $a[i-1+j][j]$。

算法如下：

```
main( )
{int i,j,a[100][100],n,k;
 input(n);
 k = 1;
for(i = 1; i <= n; i = i + 1)
  for(j = 1; j <= n + 1 - i; j = j + 1)
   {a[i - 1 + j][j] = k;
    k = k + 1; }
for(i = 1; i <= n; i = i + 1)
  {print("换行符");
   for(j = 1; j <= i; j = j + 1)
      print(a[i][j]);
  }
}
```

算法说明：仅就层内元素个数而言，内层循环变量 j 的变化过程也可以为 $i \sim n$，但这样不利于与列下标对应。

由此例注意，要以问题的特点为依据进行算法设计，循环变量的意义不是固定不变的。其范围及引用等细节，由具体的实例进行归纳，可以比较容易地得到抽象的表达式。

【注意】 由此例可以看出为什么数学上会有很多"猜想"，要证明一个猜想很难，但通过实例总结归纳规律并不难，这是算法设计的基本方法之一。

3.1.2　递归设计要点

3.1.1 节中，为了处理重复性的操作，采用的办法是构造循环。本节介绍另一种方法，采用递归的办法来实现重复性的操作。在程序设计语言中，已经学习了递归的概念，递归(recursion)是一个过程或函数在其定义或说明中又直接或间接调用自身的一种方法。

递归算法设计，就是把一个大型复杂的问题层层转化为一个与原问题相似的规模较小的问题，在逐步求解小问题后，再返回(回溯)得到大问题的解。递归算法只需少量的步骤就可描述出解题过程所需要的多次重复计算，大大地减少了算法的代码量。

【思考】 无论是"数据结构"课程学习递归算法的原理，还是第 2 章学习递归算法分析，一个明确的事实是递归算法的时间效率、空间效率都是比较低的，那为什么要学习递归设计呢？

递归算法设计的关键在于找出递归关系(方程)和递归终止(边界)条件。递归关系就是使问题向边界条件转化的规则。递归关系必须能使问题越来越简单，规模越来越小。递归边界条件就是所描述问题的最简单的、可解的情况，它本身不再使用递归的定义。

因此，用递归算法解题，通常有 3 个步骤。

(1) 分析问题、寻找递归关系：找出大规模问题与小规模问题的关系，这样通过递归使问题的规模逐渐变小。

(2) 设置边界、控制递归：找出停止条件，即算法可解的最小规模问题。

(3) 设计函数、确定参数：和其他算法模块一样设计函数体中的操作及相关参数。

下面是一个经典的递归例题。

【例 5】 汉诺塔问题：古代有一个梵塔，塔内有 3 个基座 A、B、C，开始时 A 基座上有 64 个盘子，盘子大小不等，大的在下、小的在上。有一个老和尚想把这 64 个盘子从 A 座移到 B 座，但每次只允许移动一个盘子，且在移动过程中，3 个基座上的盘子都始终保持大盘在下、小盘在上。移动过程中可以利用 C 基座做辅助。请编程打印出移动过程。

问题分析：此问题又称为"世界末日问题"，因为以最高效的移动(无不必要的移动)方法，以每秒移动一次的速度，64 个盘子也需要近 5800 亿年。当然不必真地去解 64 阶汉诺塔问题，一般只对任意 n 阶的汉诺塔问题进行讨论。

算法设计：用人类的大脑直接去解 3、4 或 5 阶的汉诺塔问题(当然是以最高效的移动方法)还可以，但更高阶的问题就难以完成了，更不用说是把问题的解法抽象成循环的机械操作了。所以此问题用递归算法来解合理，即使有非递归算法，也是模仿递归算法的执行过程而得到的。下面用递归法解此题，约定盘子自上而下盘子的编号为 $1,2,3,\cdots,n$。

首先，看一下 2 阶汉诺塔问题的解，不难理解以下移动过程(括号中是基座现有盘子的号)：

初始状态为	A(1,2)	B( )	C( )
第一步后	A(2)	B( )	C(1)
第二步后	A( )	B(2)	C(1)
第三步后	A( )	B(1,2)	C( )

如何找出大规模问题与小规模问题的关系，从而设计出递归算法呢？在已经会做两个盘子的汉诺塔问题后，这个关系就不难找到了。把 n 个盘子抽象地看作"两个盘子"，上面"一个"由 $1\sim n-1$ 号组成，下面一个就是 n 号盘子。移动过程如下。

第一步：先把上面"一个"盘子以 A 基座为起点借助 B 基座移到 C 基座。

第二步：把下面一个盘子从 A 基座移到 B 基座。

第三步：再把 C 基座上的"一个"盘子借助 A 基座移到 B 基座。

【注意】 把 n 阶汉诺塔问题记作 hanoi(n,a,b,c)，这里 a、b、c 并不总代表 A、B、C 3 个基座，其意义为：第二个参数 a 代表每一次移动的起始基座，第三个参数 b 代表每一次移动的终点基座，第四个参数 c 代表每一次移动的辅助基座。由上述约定，n 阶的汉诺塔问题记作 hanoi(n,a,b,c)，a、b、c 初值分别为"A""B""C"，以后的操作等价于以下 3 步。

第一步：hanoi($n-1,a,c,b$)；

第二步：把下面"一个"盘子从 A 基座移到 B 基座；

第三步：hanoi($n-1,c,b,a$)。

至此找出了大规模问题与小规模问题的递归关系。操作过程如下：

(1) 将 A 杆上面的 $n-1$ 个盘子，借助 B 杆，移到 C 杆上，如图 3-1(a)所示；

(2) 将 A 杆上剩余的一个 n 号盘子移到 B 杆上，如图 3-1(b)所示；

(3) 将 C 杆上的 $n-1$ 个盘子，借助 A 杆，移到 B 杆上，如图 3-1(c)所示。

有读者可能想到把 2 阶或 1 阶的汉诺塔问题当作停止条件，即问题可解的最小规模。其实没有必要，只要把 0 阶的汉诺塔问题当作停止条件即可，这时什么都不需要做。

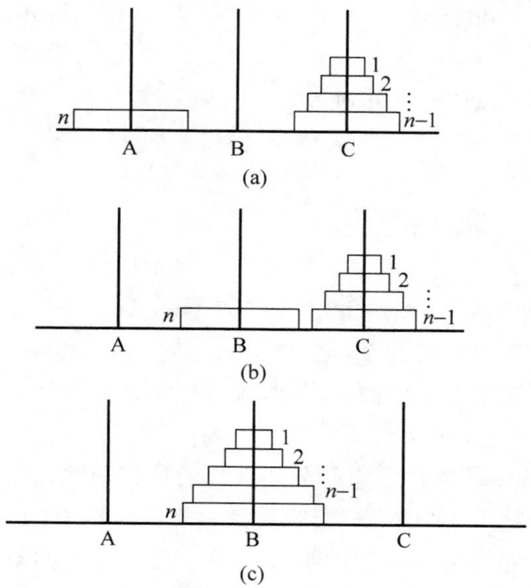

图 3-1　汉诺塔问题求解算法图示

【注意】　设计递归算法时要学会抽象，不要过度思考运行过程，也就是说找到 n 阶问题与 $n-1$ 阶问题的关系后，设计好递归调用关系就好，不用继续思考 $n-1$ 阶问题又如何解决，当然 $n-1$ 阶问题自然调用 $n-2$ 阶……，运行过程由操作系统控制，设计者要学会抽象。

【思考】　请读者结合算法理解"参数的意义由位置决定，而不是由变量名决定"这句话。

```
main( )
{int n;
 input(n);
 hanoi (n,"A","B","C");
}
  hanoi (int n,char a,char b,char c)
  {  if(n>0)
      {hanoi(n-1,a,c,b);
      输出" Move dish",n."from pile",a," to"b);
      hanoi(n-1,c,b,a); }
  }
```

递归算法执行中有递归调用的过程和回溯的过程（当然二者是不可分的），递归法就是通过递归调用把问题从大规模归结到小规模，当最小规模得到解决后又把小规模的结果回溯，从而推出大规模的解。

【思考】　用循环实现此问题，递归设计要比循环设计简单得多。如果将前面一些用循环机制实现的问题用递归机制实现，结果如何？

下面再看一个比较复杂的递归算法设计。

【例 6】　整数的分划问题。

对于一个正整数 n 的分划，就是把 n 表示成一系列正整数之和的表达式。注意，分划与顺序无关,例如 6=5+1 和 6=1+5 被认为是同一种分划。另外,这个整数 n 本身也算是一种分划。

例如,对于正整数 $n=6$,它可以分划为:

6		
5+1		
4+2	4+1+1	
3+3	3+2+1	3+1+1+1
2+2+2	2+2+1+1	2+1+1+1+1
1+1+1+1+1+1		

现在的问题是,对于给定的正整数 n,要求编写算法计算出其分划的数目 $P(n)$。

【思考】 这个算法有什么现实意义?

模型建立:这里的目标是要建立递归分划数目的递归公式。

从上面 $n=6$ 的实际例子可以看出,很难找到大规模问题 $P(n)$ 与小规模问题 $P(n-d)$ $(d=1,2,3,\cdots)$的关系。根据 $n=6$ 的实例发现"第一行及以后的数据不超过 6,第二行及以后的数据不超过 5,……,第六行的数据不超过 1"。因此,定义一个函数 $Q(n,m)$,表示整数 n 的"任何加数都不超过 m"的分划的数目,n 的所有分划数目 $P(n)$ 就应该表示为 $Q(n,n)$。

一般地,$Q(n,m)$有以下递归关系:

(1) $Q(n,n)=1+Q(n,n-1)$

等式右边的"1"表示 n 只包含一个被加数等于 n 本身的分划;则其余的分划表示 n 的所有其他分划,即最大加数 $m\leqslant n-1$ 的分划。

(2) $Q(n,m)=Q(n,m-1)+Q(n-m,m) \qquad (m<n)$

等式右边的第一部分表示被加数中不包含 m 的分划的数目;第二部分表示被加数中包含(注意不是小于)m 的分划的数目,因为如果确定了一个分划的被加数中包含 m,则剩下的部分就是对 $n-m$ 进行不超过 m 的分划。

到此找到了大规模问题与小规模问题的递归关系,下面是递归的停止条件:

(1) $Q(n,1)=1$,表示当最大的被加数是 1 时,该整数 n 只有一种分划,即 n 个 1 相加;

(2) $Q(1,m)=1$,表示整数 $n=1$ 只有一个分划,不管最大被加数的上限 m 是多大。

算法设计:由以上模型不难写出算法。考虑算法的健壮性,如果 $n<m$,则 $Q(n,m)$是无意义的,因为 n 的分划不可能包含大于 n 的被加数 m,此时令 $Q(n,m)=Q(n,n)$;同样当 $n<1$ 或 $m<1$ 时,$Q(n,m)$也是无意义的。

【思考】 这个整数的分划方法能推广到实数吗?

算法如下:

```
main( )
{int n;
 input( n );
 if(n<1)
    Error("输入参数错误");
 Divinteger(n, n);
}
Divinteger(int n, int m)
```

```
{ if(n = 1 or m = 1)
      return 1;
  else if(n < m)
      return Divinteger(n, n);
  else if(n = m)
      return 1 + Divinteger(n,n - 1);
  else
      return Divinteger(n,m - 1) + Divinteger(n - m,m);
}
```

算法说明：由于算法中，多次进行递归调用，正整数分划的数目随着 n 的增加增长得非常快，大约是以指数级增长，所以此算法不适合对较大的整数进行分划。感兴趣的读者可以在学习完回溯算法后，完成解决此问题的高效算法。

由以上例子可以看出，虽然递归算法与循环设计的思想不同，但由具体实例从“具体到抽象”归纳算法设计的方法是一样的。

【思考】 与求阶乘的递归程序比较，这个例题的递归解法是否可以称为“二维递归”？将本例与本节中例 5 的递归程序进行比较。

3.1.3 递归与循环的比较

循环与递归 1

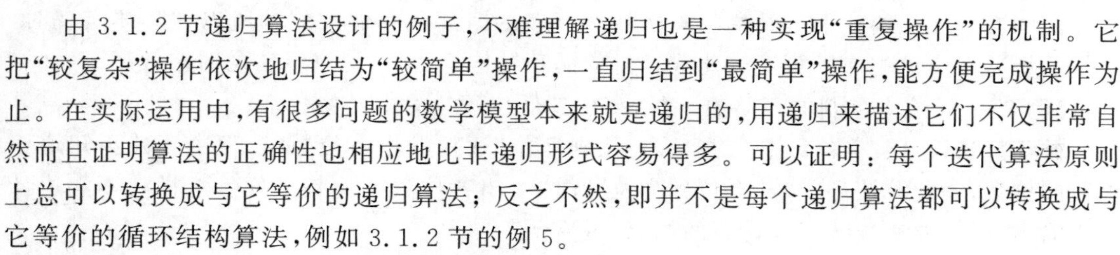

由 3.1.2 节递归算法设计的例子，不难理解递归也是一种实现“重复操作”的机制。它把“较复杂”操作依次地归结为“较简单”操作，一直归结到“最简单”操作，能方便完成操作为止。在实际运用中，有很多问题的数学模型本来就是递归的，用递归来描述它们不仅非常自然而且证明算法的正确性也相应地比非递归形式容易得多。可以证明：每个迭代算法原则上总可以转换成与它等价的递归算法；反之不然，即并不是每个递归算法都可以转换成与它等价的循环结构算法，例如 3.1.2 节的例 5。

下面通过几个具体的例子来说明循环和递归的差异和优劣。

【例 7】 任给十进制的正整数，请从低位到高位逐位输出各位数字。

循环算法设计：从题目中并不能获知正整数的位数，再看题目的要求，算法应该从低位到高位逐位求出各位数字并输出，详细设计如下。

(1) 求个位数字的算式为 $n \bmod 10$。

(2) 为了保证循环体为“不变式”，求十位数字的算式仍旧为 $n \bmod 10$，这就要通过算式 $n=n\backslash 10$，将 n 的十位数变成个位数。

循环算法如下：

```
main( )
{int n;
 input(n);
  while(n >= 10)
    { print(n mod 10);
      n = n\10; }
 print(n);
}
```

递归算法设计：

(1) 同上，算法从低位到高位逐位求出各位数字并输出，求个位数字的算式为 $n \bmod 10$，下一步则是递归地求 $n\backslash 10$ 的个位数字。

(2) 当 $n<10$ 时,n 为一位数停止递归。

递归算法如下:

```
main( )
{int n;
 input(n);
 f(n);
}
f(int n)
{if(n<10)
  print(n);
 else
  { print(n mod 10);
  f(n\10); }
}
```

算法分析:循环算法与递归算法无论是时间效率还是空间效率都是前者高。递归算法在运行时,函数递归调用时,需要保存现场,并开辟新的运行资源;返回时,又要回收资源;这都是需要耗费时间的。递归算法的参数 n 表面上是一个变量,实际是一个栈。

【结论 1】 递归工具确实使一些复杂的问题处理起来简单明了;但是,就效率而言,递归算法的实现往往要比循环结构的算法耗费更多的时间和存储空间。所以在具体实现时,方便的情况下应该把递归算法转化成等价的循环结构算法,以提高算法的时空效率。

【例 8】 任给十进制的正整数,请从高位到低位逐位输出各位数字。

循环算法设计:本题目中要求"从高位到低位"逐位输出各位数字,但由于并不知道正整数的位数,因此算法还是"从低位到高位"逐位求出各位数字比较方便。这样就不能边计算边输出,而需要用数组保存计算的结果,最后倒着输出。

循环算法如下:

```
main( )
{int n,j,i=0,a[16];
 input(n);
  while(n>=10)
   { a[i]=n mod 10;
     i=i+1;
      n=n\10; }
 a[i]=n;
 for(j=i; j>=0; j=j-1)
       print(a[j]);
 }
```

递归算法设计:与本节中例 7 不同,递归算法是先递归地求 $n\backslash 10$ 的个位数字,然后求个位数字 n 的个位数字并输出。这样输出操作是在回溯时完成的。递归停止条件与例 7 相同,为 $n<10$。

递归算法如下:

```
main( )
{int n;
 input(n);
 f(n);
```

```
}
f(int n)
{if(n<10)
  print(n);
 else
  { f(n\10);
  print(n mod 10); }
}
```

算法分析：递归算法与循环相比较，它们的空间效率是相等的。虽然时间效率有所差别，但递归程序更简单，可读性好。

【思考】 将以上两个算法中的10都用变量 m 代替(当然要做相应的变量说明)，以上算法就可以将输入的十进制数 n 转换为 m 进制的数输出，分别思考 m 小于10和大于10的情况。

下面又是一个有明显需要回溯时完成操作的例题。

【例9】 任何一个正整数都可以用2的幂次方表示。

例如：$137=2^7+2^3+2^0$，同时约定几次方用括号来表示，即 a^b 可表示为 $a(b)$，由此可知，137可表示为：2(7)+2(3)+2(0)，进一步：7=2(2)+2+2(0)(2^1 用2表示) 3=2+2(0)。所以最后137可表示为：

2(2(2)+2+2(0))+2(2+2(0))+2(0)。

又如：$1315=2^{10}+2^8+2^5+2+1$，所以1315最后可表示为：

2(2(2+2(0))+2)+2(2(2+2(0)))+2(2(2)+2(0))+2+2(0)。

输入：正整数($n\leqslant 20\,000$)。

输出：符合约定的 n 的0,2表示(在表示中不能有空格)。

算法设计1：

(1) 对复杂问题的操作不要希望一蹴而就，不妨先实现 $137=2^7+2^3+2^0$ 的表示，然后讨论更复杂的表现形式。

(2) 由于不知道数据的位数，加上对数据还是从低位到高位的操作比较简单，而输出显然是由高位到低位进行的，这时就要考虑用递归机制实现算法了。

实现要点：

(1) 比较本节中例7和例8的算法，可知输出操作应该在递归之后。

(2) 为了记录递归的深度，也就是2的指数，递归函数的参数应该有两个，一个是当前操作数 n，另一个用来记录递归的深度。

(3) 递归的停止条件本来可以是0，当 $n==0$ 时，不做任何操作。但由于第一个输出项没有"+"号，其余输出项都有"+"号，所以将递归的停止条件定为1。

算法1如下：

```
main( )
{int n;
 input(n);
 if (n>=1)
   try(n,0);
 else
   print("data error");
}
```

```
try(int n,int r)
{if(n=1)
 print("2(",r,")");
 else
   {try(n/2,r+1);
    if(n%2==1)
      print("+2(",r,")");
   }
}
```

算法设计 2：下面处理指数 r 的“2 的幂次方”表示。函数 try(n,0)就是求 n 的“2 的幂次方”表示，所以，递归调用 try(r,0)就可以解决问题。当然，当 $r \leqslant 2$ 时直接按格式输出就可以了。

算法 2 如下：

```
main( )
{int n;
 input(n);
if (n>=1)
try(n,0);
else
  print("data error");
}
try(int n,int r)
{if(n==1)
  switch(r)
  {case 0: print("2(0)"); break;
  case 1: print("2"); break;
  case 2: print("2(2)"); break;
  default: print("2("); try(r,0); print(")");
  }
 else
  {try(n/2,r+1);
    if(n%2==1)
      switch(r)
        {case 0: print("+2(0)"); break;
        case 1: print("+2"); break;
        case 2: print("+2(2)"); break;
        default: print("+2("); try(r,0); print(")");
      }
    }
}
```

【思考】 读者可以尝试用循环控制加数组存储的算法来解决此问题，相信会对下面结论有更深的体会。

【结论 2】 由于递归算法的实现包括递归和回溯两步，当问题需要“后进先出”的操作时，还是用递归算法更有效。如数据结构课程中树的前、中、后序遍历、图的深度优先等算法都是如此。所以不能仅仅从效率上评价两种控制重复操作机制的好坏。

事实上，无论把递归作为一种算法的策略还是一种实现机制，对设计算法都有很大的帮助。看下面的例子。

循环与递归 2

【例 10】 找出 n 个自然数$(1,2,3,\cdots,n)$中取 r 个数的组合。例如，当 $n=5,r=3$ 时，所有组合为：

```
1   2   3
1   2   4
1   2   5
1   3   4
1   3   5
1   4   5
2   3   4
2   3   5
2   4   5
3   4   5
```

total=10 {组合的总数}

循环算法设计：分析以上 $n=5,r=3$ 的组合实例，5 个数中取 3 个数的 10 组组合，其中每组中的 3 个数有两个特点：互不相同；前面的数小于后面的数。因此，当 $r=3$ 时，可用三重循环模拟每个组合中 3 个数，当满足以上讨论的两个特点时，就得到一组组合。

循环算法如下：

```
main1( )
{int n = 5, i, j, k, t;
 t = 0;
 for(i = 1; i < = n; i = i + 1)
    for(j = 1; j < = n; j = j + 1)
       for(k = 1; k < = n; k = k + 1)
          if ((i < j) and (j < k))
             {t = t + 1;
               print(i, j, k); }
print('total = ', t);
}
```

或者

```
main2( )
{int n = 5, r = 3, i, j, k, t;
 t = 0;
   for(i = 1; i < = n - r + 1; i = i + 1)
      for(j = i + 1; j < = n - r + 2; j = j + 1)
         for(k = j + 1; k < = n - r + 3; k = k + 1)
            {t = t + 1;
              print(i, j, k); }
 print("total = ", t);
 }
```

循环算法分析：两个算法中，前者穷举了所有可能情形，从中选出符合条件的解，后者则直接按组合中 3 个数据的特点，确定了相应的循环范围。后者效率更高，但是这两个算法的复杂度均为 $O(n^3)$。显然，当 n 较大时算法的效率是比较低的。

递归算法设计：其实效率问题还是次要的，当要求一个算法能针对不同的 r 都能给出问题的结果时，由于没有控制循环重数的机制，因此用循环机制解决此问题不具有一般性。

而用递归法就不存在以上问题了。

在循环算法设计中,对 $n=5$ 的实例,每个组合中的数据从小到大排列或从大到小排列一样可以设计出相应的算法。但用递归思想进行设计时,每个组合中的数据从大到小排列却是必需的,因为递归算法设计是要找出大规模问题与小规模问题之间的关系。

$n=5,r=3$ 时,从大到小排列的组合数为:

```
5    4    3
5    4    2
5    4    1
5    3    2
5    3    1
5    2    1
4    3    2
4    3    1
4    2    1
3    2    1
```

total=10 {组合的总数}

分析以上数据,组合数规律如下:

(1) 固定第一个数 5,其后就是求解 $n=4,r=2$ 的组合数,共 6 个组合。

(2) 固定第一个数 4,其后就是求解 $n=3,r=2$ 的组合数,共 3 个组合。

(3) 固定第一个数 3,其后就是求解 $n=2,r=2$ 的组合数,共 1 个组合。

这就找到了"5 个数中 3 个数的组合"与"4 个数中 2 个数的组合、3 个数中 2 个数的组合、2 个数中 2 个数的组合"的递归关系。

一般地,递归算法的两个步骤为:

(1) n 个数中 r 个数组合递推到"$n-1$ 个数中 $r-1$ 个数的组合,$n-2$ 个数中 $r-1$ 个数的组合,……,$r-1$ 个数中 $r-1$ 个数的组合",共 $n-r+1$ 次递归。

(2) 递归的停止条件是 $r=1$。

数据结构设计:本算法的主要操作就是输出,每当递归到 $r=1$ 时就有一组新的组合产生,就应该输出它们和一个换行符。但注意 $n=5,r=3$ 的例子中的递归规律,先固定 5,然后要进行多次递归。也就是说,数字 5 要多次输出,所以要用数组存储先确定的一个组合中的数据,以备每一次递归到 $r=1$ 时输出。因为每次向下递归都要用到数组,所以将数组设置为全局变量。

递归算法如下:

```
int a[100];
comb(int m,int k)
{ int i,j;
for (i = m; i > = k; i = i - 1)
{ a[k] = i;
  if (k > 1)
    comb(i - 1,k - 1);
  else
    { for (j = a[0]; j > 0; j = j - 1)
```

```
        print(a[j]);
      print("换行符");
    }
  }
}
main3( )
  {int n,r;
   print("n,r = ");
   input(n,r);
   if(r > n)
     print("Input n,r error!");
   else
     {a[0] = r;
     comb(n,r); }                    // 调用递归过程
  }
```

递归算法分析：递归算法的递归深度是 r，每个算法要递归 $m-k+1$ 次，所以时间复杂度是 $O(r\times n)$。由这个例题可以看出递归的层次是可以控制的，而循环嵌套的层次只能是固定的。

【结论 3】 递归是一种强有力的算法设计工具。递归是一种比循环更强、更好用的实现"重复操作"的机制。因为递归不需要编程者自己构造"循环不变式"，而只需要找出递归关系和最小问题的解。递归在很多算法策略中得以运用，如分治策略、动态规划、图的搜索等算法策略。

综合以上讨论，结论如表 3-1 所示。

表 3-1　递归与非递归的比较

指　标	递　归	非 递 归
程序可读性	易	难
代码量大小	小	大
时间	长	短
占用空间	大	小
适用范围	广	窄
设计难度	易	难

由此可见，在强调软件维护优先于软件效率的今天，除了像求阶层和斐波那契数列那样的尾递归程序(就是递归调用在程序末尾，可以不设置栈用循环机制实现)，其他需要设置栈才能转换为非递归程序的递归程序就没有转换非递归的必要。

3.2 算法与数据结构

现代计算机可以解决的问题种类繁多，计算机解决问题的实质是对"数据"进行加工处理，这里的数据意义是非常广泛的，包括数值、字符串、表格、图形、图像、声音等。而算法也可以定义为算法是对数据运算的描述。

计算机处理的问题类型，粗略地可以分成数值计算问题和非数值性问题。前者主要涉及的运算对象是简单的整型、实型或布尔型数据。程序设计者的主要精力集中于算法设计

的技巧,数据结构的选择也比较重要。

随着计算机应用领域的扩大和软、硬件的发展,“非数值性问题”显得越来越重要。据统计,当今处理非数值性问题占用了 90%以上的机器时间,这类问题涉及的数据结构较为复杂,数据元素之间的相互关系往往无法用数学方程式加以描述。因此,解决此类问题的关键不仅是问题分析、数学建模和算法设计,还必须设计出合适的数据结构,才能有效地解决问题。

算法设计的实质是对实际问题要处理的数据选择一种恰当的存储结构,并在选定的存储结构上设计一个好的算法,实现对数据的处理。算法中的操作是以确定的存储结构为前提的,所以,在算法设计中选择好数据结构是非常重要的,选择了数据结构,算法才随之确定。好的算法在很大程度上取决于问题中数据所采用的数据结构。

一般来说,一个实际问题可以建立不同的数据结构。评价这些数据结构,可以从两个基本方面入手:是否准确、完整地刻画了问题的基本特征,是否易于数据存储和对数据处理的实现。

具体可以考虑以下几个问题:

(1) 逻辑结构要能准确表示数据的 3 个层次:数据项、数据元素、数据元素的关系;

(2) 逻辑结构要便于存储实现;

(3) 存储实现方式的选择,要特别考虑数据的规模;

(4) 数据结构一定要方便处理功能的实现;

(5) 数据结构还要利于提高算法的时空性能。

常用的存储结构可以分为连续存储和链式存储。连续存储的空间,如程序设计语言提供的数组,是一个连续的整体,数组名是这个整体的标识,要想使用数组中的某个元素,是通过下标来标识的,而下标可以是变量,这样结合 for 循环,能方便地存储和访问大量数据。且下标可以体现数据间的有“位置”关系的信息。链式存储方式是把逻辑上相邻的结点存储在物理上可能不相邻或相邻的存储单元里,结点间的逻辑关系由附加的指针字段表示。其优点是可以充分利用所有存储单元,不会出现碎片现象;缺点是不能随机地存储、访问其中的结点。

连续存储又分为静态分配和动态分配两种,静态连续存储就是程序设计语言提供的构造类数据类型——数组(顺序表),需要先说明其大小(数组元素的个数)和数组元素的基本类型然后才能使用。数组的存储空间在编译时就有了逻辑空间,程序装入内存时,就分配了存储空间。所以,若要改变程序中静态数组的大小,必须将程序重新编译才能实现,很不方便,而一个程序或算法要有一定的通用性,可以解决不同规模的同一类型的问题,因此,现在多数的程序设计语言同时也提供了动态存储功能。

动态连续存储就是通过程序设计语言提供的动态存储功能,申请得到的一组指定大小的连续的存储空间。它是在程序运行时才申请内存空间的,可以通过程序交互功能,了解问题的规模后,再确定动态数组的大小。

对连续存储(以静态连续存储方式的顺序表为例)和链式离散存储各有优缺点,比较如下。

1) 基于存储的考虑

顺序表的存储空间是静态分配的,在程序执行之前必须明确规定它的存储规模,也就是说事先对“MAXSIZE”要有合适的设定，过大则造成浪费，过小则造成溢出。可见对线性表的长度或存储规模难以估计时，不宜采用顺序表；链表不用事先估计存储规模，但链表的存储密度较低，存储密度是指一个结点中数据元素所占的存储单元和整个结点所占的存储单元之比。显然链式存储结构的存储密度是小于1的。

2）基于运算的考虑

在顺序表中按序号访问 a_i 的时间性能 $O(1)$ 时，而链表中按序号访问的时间性能 $O(n)$，所以如果经常做的运算是按序号访问数据元素，显然顺序表优于链表；而在顺序表中做插入、删除时平均移动表中一半的元素，当数据元素的信息量较大且表较长时，这一点是不应忽视的；在链表中作插入、删除，虽然也要找插入位置，但操作主要是比较操作，从这个角度考虑显然后者优于前者。

3）基于环境的考虑

顺序表容易实现，任何高级语言中都有数组类型，链表的操作是基于指针（或引用等机制）的，相对而言前者简单些，这也是用户考虑的一个因素。

总之，两种存储结构各有长短，选择哪一种由具体的问题决定。通常“较稳定”的线性表选择顺序存储，而频繁做插入删除的即动态性较强的线性表宜选择链式存储。

具体到现实的软件中，数据在操作前是存储在外存中，所以对于软件的不同模块可采用不同的存储方式将它们存储在内存中，如查询、统计等模块选择顺序存储，而插入、删除等模块选择链式存储。

链式存储结构还可以应用于较复杂的数据结构中，如树、图等。这些结构中的结点间有多种逻辑关系，用连续存储不足以表示结点间的关系，一般都采用链式存储结构。

由于链表的操作基于指针（或引用等）数据类型，对应算法的可读性较差，所以本书在可能的情况下以连续存储作为存储方式。

下面介绍信息存储中的一些技巧。

3.2.1　原始信息与处理结果的对应存储

解决一个问题时，往往存在多方面的信息。就算法而言，一般有输入信息、输出信息和信息加工处理过程中的中间信息。那么哪些信息需要用数组进行存储，数组元素下标与信息如何对应等问题，在很大程度上影响着算法的编写效率和运行效率。

下面的例子恰当地选择了用数组存储的信息，并把题目中的有关信息作为下标使用，使算法的实现过程大大简化。

【例 11】　某校决定由全校学生选举自己的学生会主席。有5个候选人，编号分别为1、2、3、4、5，选举其中一人为学生会主席，每个学生一张选票，只能填写一人。请编程完成统计选票的工作。

算法设计：

(1) 虽然选票发放的数量一般是已知的，但收回的数量通常是无法预知的，所以，算法应该采用随机循环，设计停止标志为“－1”。

(2) 统计过程一般为：先为5个候选人各自设置5个计数器S1、S2、S3、S4、S5，然后根据录入数据，通过多分支语句或嵌套条件语句决定为某个计数器累加1。这样做效率很低。

把5个计数器用一个具有5个元素的数组代替,选票中候选人的编号 xp 正好作下标,这样执行 A(xp)=A(xp)+1 就可方便地将选票结果累加到相应的计数器中。也就是说数组用于存储统计结果,而其下标正好是输入的原始信息。

(3) 考虑到算法的健壮性,要排除对1~5之外的数据进行统计。

综上算法如下:

```
main( )
{ int i,xp,a[6] = {0,0,0,0,0,0};
  print("input data until input - 1");
  input(xp);
  while(xp <> - 1)
     {if (xp > = 1 and xp < = 5)
         a[xp] = a[xp] + 1;
      else
      print(xp,"input error!");
      input(xp);
     }
  for (i = 1; i < = 5; i = i + 1)
     print(i,"number get",a[i],"votes");
}
```

此题目中选举的原始信息正好可作为数组下标利用,在实际应用中的多数数据可能没有这样好的规律,不过经算术变化后也可较好地利用这一技巧。

【例12】 编程统计身高(单位为厘米)。统计分150~154、155~159、160~164、165~169、170~174、175~179、低于150和高于179,共8档次进行。

算法设计:输入的身高可能为50~250,若用输入的身高数据直接作为数组下标进行统计,即使是用PASCAL语言可设置上、下标的下界,也要开辟200多个空间,而统计是分8个档次进行的,这样是完全没有必要的。

由于多数统计区间的大小都固定为5,这样用"身高/5-29"做下标,则只需要开辟8个元素的数组,对应8个统计档次,即可完成统计工作。算法如下:

```
main( )
{ int i,sg,a[8] = {0,0,0,0,0,0,0,0};
  print("input height data until input  - 1");
  input(sg);
  while (sg <> - 1)
     {if (sg > 179)
        a[7] = a[7] + 1;
      else
        if (sg < 150)
           a[0] = a[0] + 1;
         else
           a[sg/5-29] = a[sg/5-29] + 1;
      input(sg);
     }
  for (i = 0; i < = 7; i = i + 1)
     print(i + 1,"field the number of people: ",a[i]);
}
```

算法说明:算法中除了利用数学运算 t=sg/5-29 标识了7类统计区间外,还与数组下标对应,减少不必要的条件判断,提高了算法效率。

下面这个例题给出两种算法，它们都利用数组作为存储结构，但存储的对象不同，因此算法的功效和复杂程度也大不相同。

【例 13】 一次考试共考了语文、代数和外语 3 科。某小组共有 9 人，考后各科及格名单如表 3-2 所示，请编写算法找出 3 科全及格的学生的名单(学号)。

表 3-2　各科目及格名单

科目	及格学生学号
语文	1,9,6,8,4,3,7
代数	5,2,9,1,3,7
外语	8,1,6,7,3,5,4,9

算法设计 1：从语文名单中逐一抽出及格学生学号，先在代数名单中查找，若有该学号，说明代数也及格了，再在外语名单中继续查找，看该学号是否外语也及格了，若仍在，说明该学号学生 3 科全及格，否则至少有一科不及格的。语文名单中就没有的学号，不可能 3 科全及格，所以，语文名单处理完后算法就可以结束了。

这其实就是枚举尝试。用 a、b、c 三个数组分别存放语文、代数、外语及格名单，尝试范围为三重循环：

```
i 循环,    初值 0,    终值 6,    步长 1
j 循环,    初值 0,    终值 5,    步长 1
k 循环,    初值 0,    终值 7,    步长 1
```

定解条件：

```
a[i] = b[j] = c[k]
```

共尝试 $7\times6\times8=336$ 次。

算法 1 如下：

```
main( )
 {int a[7],b[6],c[8],i,j,k,v,flag;
  for(i = 0; i <= 6; i = i + 1)
    input(a[i]);
  for(i = 0; i <= 5; i = i + 1)
    input(b[i]);
  for(i = 0; i <= 7; i = i + 1)
    input(c[i]);
  for(i = 0; i <= 6; i = i + 1)
    {v = a[i];
     for(j = 0; j <= 5; j = j + 1)
       if (b[j] = v)
         for(k = 0; k <= 7; k = k + 1)
           if(c[k] = v)
             {print(v);
              break; }
    }
}
```

算法设计 2：分析 3 科及格名单，有 9 名学生，开辟 9 个元素的数组 a，作为各学号考生及格科目的计数器。将 3 科及格名单通过键盘录入，无须用数组存储，只要同时用数组 a 累加对应学号的及格科目个数即可。最后，凡计数器值为 3 的，就是全及格的学生，否则，至少有一科不及格。

基于以上设计，算法 2 主要包括以下两步：

(1) 用下标计数器累加各学号学生及格科数；

(2) 尝试、输出部分。

累加部分为一重循环,初值为1,终值为3科及格的总人数,包括重复部分。计7+6+8=21,步长为1。

尝试部分的尝试范围为一重循环,初值为1,终值为9,步长为1。定解条件:$a[i]=3$。

算法2如下:

```
main( )
{int a[10] = {0,0,0,0,0,0,0,0,0,0},i,xh;
for(i = 1; i < = 21; i = i + 1)
   {input(xh);
   a[xh] = a[xh] + 1; }
for(xh = 1; xh < = 9; xh = xh + 1)
   if(a[xh] = 3)
     print(xh);
}
```

算法分析:该例题的两种算法中,由于数组存储的信息不同,算法的操作方法和复杂度也各不相同。算法2简单扼要且效率较高。

从这个例题读者应该进一步认识到:算法与数据结构(数据的存储方式)是密切相关的。

【注意】 本节介绍的选择存储方式很有限,好的存储方式不仅算法设计简单,还可以大大提高算法的效率,在以后算法设计中还会得到应用。

3.2.2 数组使信息有序化

当题目中的数据缺乏规律时,很难把重复的工作抽象成循环不变式来完成,但先用数组存储这些信息后,它们就变得有序了,问题也就迎刃而解了。

【例14】 编写算法将数字编号"翻译"成英文编号。

例如:将编号35706"翻译"成英文编号three-five-seven-zero-six。

算法设计1:

(1) 编号一般位数较多,可按长整型输入和存储。

(2) 将英文的"zero～nine"存储在数组中,对应下标为0～9。这样无数值规律可循的单词,通过下标就可以方便地进行存取、访问了。

(3) 通过求余、取整运算,可以取到编号的各个位数字。用这个数字作下标,正好能找到对应的英文数字。

(4) 考虑输出翻译结果是从高位到低位进行的,而取各位数字,比较简单的方法是从低位开始通过求余和整除运算逐步完成的。所以还要开辟另外一个数组,用来存储从低位到高位翻译好的结果,并同时设置变量记录编号的位数,最后倒着从高位到低位输出结果。

算法1如下:

```
main( )
{ int i,a[10],ind;
  long num1,num2;
  char eng[10][6] = {"zero","one","two","three "," four"," five","six","seven","eight","nine"};
  print("Input a num");
  input(num1);
  num2 = num1;
```

```
    ind = 0;
    while (num2 <> 0)
    {a[ind] = num2 mod 10;
     ind = ind + 1;
     num2 = num2/10; }
    print(num1,"English_exp: ",eng[a[ind-1]]);
    for(i = ind - 2; i >= 0; i = i - 1)
      print(" - ",eng[a[i]]);
}
```

算法说明 1：为了方便地取编号的各位数字，数字存入数组是从低位到高位存储的，所以输出时要倒着进行。考虑输出格式，在循环之前先输出最高位，其余的内容在循环体中输出。

【思考】 以上算法当输入的数据 num1=0 时，是不能正常运行的。如何修改？

算法设计 2：编号按字符串类型输入，更符合实际需求。因为：

(1) 用数值类型是无法正确存储以 0 开头的编号，如编号“00001”若按数值类型存储，只能存储为 1。

(2) 按字符串处理编号可以方便地从左到右(从高位到低位)进行，与输出过程相符合，不需要开辟数组存储翻译结果。

(3) 无须通过算术运算取编号的各位数字。

实现要点：由字符串中取出的“数字”编号是字符型，根据字符'0'的 ASCII 码值为 48，则“字符－48”就是字符所对应的数字值，用它作下标就可完成翻译工作了。

算法 2 如下：

```
main( )
 {int i = 0,n;
  char num[40];
  char eng[10][6] = {"zero","one","two","three "," four"," five","six","seven","eight","nine"};
  print("Input a number: ");
  input(num);
  n = strlen(num);      // 取字符串长度
  if(n = 0)
    print("input error!");
  else
    {print(num,"English_exp: ",eng[num[0] - 48]);
     for(i = 1; i <= n - 1; i = i + 1)
       print(" - ",eng[num[i] - 48]);
    }
}
```

算法说明 2：不同的程序设计语言对于字符串的操作差别比较大，算法中以 C 语言为例，给出算法，若用其他语言实现，可以用对应的函数(如取字符的 ASCII 码函数等)完成相应的操作。

把数值类型数据按字符串存储的技巧，在后面一些较复杂的问题中还会用到，如在 3.2.4 节中高精度数据计算问题等。

【例 15】 一个顾客买了价值 x 元的商品(不考虑角、分)，并将 y 元的钱交给售货员。编写算法：在各种币值的钱都很充分的情况下，使售货员能用张数最少的钱币找给顾客。

问题分析：无论买商品的价值 x 是多少，找给他的钱最多需要以下 6 种币值，即 50，20，10，5，2，1。

算法设计：

(1) 为了能达到找给顾客钱的张数最少的目的，应该先尽量多地取大面额的币种，由大面额到小面额币种逐渐进行。

(2) 6 种面额是没有等差规律的一组数据，为了能构造出循环不变式，将 6 种币值存储在数组 B 中。这样，6 种币值就可表示为 $B[i]$，$i=1,2,3,4,5,6$。为了能达到尽量多地找大面额币种的目的，6 种币值应该由大到小存储。

(3) 为统计 6 种面额的数量，还应设置有 6 个元素的累加器数组 S。

综上算法如下：

```
main( )
{int i,j,x,y,z,a,b[7] = {0,50,20,10,5,2,1},s[7];
 input(x,y);
 z = y - x;
 for(i = 1; i <= 6; i = i + 1)
    {a = z\b[i];
     s[i] = a;
     z = z-a * b[i]; }
 print(y," - "x," = ",z: );
 for(i = 1; i <= 6; i = i + 1)
       if (s[i]<> 0)
          print(b[i]," ----",s[i]);
 }
```

算法说明：

(1) 每求出一种面额所需的张数后，一定要把这部分金额减去，即"y=y−a * b[j]；"，否则将会重复计算。

(2) 算法无论要找的钱 z 是多大，都从 50 元开始统计，所以在输出时要注意合理性，不要输出无用的张数为 0 的信息。

算法分析：问题的规模是常量，时间复杂度肯定为 $O(1)$。

【注意】 这个例题不符合当前流行的支付方式，但这里学习的是算法设计思想，请读者不要认为有用时才学习，有时即便你感受不到例题的应用意义，也要认真学习和体会才能有收获。

3.2.3 数组记录状态信息

有的问题会限定现有数据每个数据只能被使用一次，怎样区分一个数据"使用过"还是没有"使用过"？学过 PASCAL 语言的读者一定会想到，将已用过的数据存储在定义好的集合类型变量中，以后处理数据时，判断数据是否重复使用，就看它是否包含于该集合即可。

而 C 语言无集合类型，要想判断数据是否重复使用，一个朴素的想法是：用数组存储已使用过的数据，然后每处理一个新数据就与前面的数据逐一比较看是否重复。这样做，当数据量比较大时，判断是否重复的工作效率就会越来越低。

这里介绍一种方法，就是开辟一个状态数组，专门记录数据使用情况。并且将数据信息与状态数组下标对应(好像数据结构课程中介绍的散列存储一样)，就能较好地完成判断是否重复使用的操作。看下面的例子。

【例 16】 求 x,使 x^2 为一个各位数字互不相同的 9 位数。

算法设计:只能用枚举法尝试完成此题。由 x^2 为一个 9 位数,估算 x 应为 10 000～32 000。

(1) 设置 10 个元素的状态数组 p,记录数字 0～9 在 x^2 中出现的情况。数组元素都赋初值为 1,表示数字 0～9 没有被使用过。

(2) 对尝试的每一个数 x,求 $x \times x$,并取其各个位数字,数字作为数组的下标,若对应元素为 1,则该数字第一次出现,将对应的元素赋为 0,表示该数字已出现一次;否则,若对应元素为 0,则说明有重复数字,结束这次尝试。

(3) 容易理解当状态数组 p 中有 9 个元素为 0 时,就找到了问题的解。但这样判定有解,需要扫描一遍数组 p。为避免这个步骤,设置一个计数器 k,在取 $x \times x$ 各个位数字的过程中记录不同的数字的个数,当 $k=9$ 时就找到了问题的解。

综上算法如下:

```
main( )
{long x,y1,y2;
 int p[10],2,i,t,k,num = 0;
 for (x = 10 000; x < 32 000; x = x + 1)
  { for(i = 0; i <= 9; i = i + 1)
      p[i] = 1;
    y1 = x * x;
    y2 = y1;
    k = 0;
    for(i = 1; i <= 9; i = i + 1)
      {t = y2 mod 10;
       y2 = y2/10;
       if(p[t] = 1)
        {k = k + 1;
         p[t] = 0; }
      else
        break;
      }
    if(k = 9)
        {num = num + 1;
         print ("No.",num,": n = ",x,"n2 = ",y1); }
    }
}
```

算法说明:

(1) 要注意数据类型的选取。

(2) for 循环语句的第二部分是循环条件。根据需要,可以是和循环变量有关或无关的逻辑表达式。

【例 17】 游戏问题:

12 个小朋友手拉手站成一个圆圈,从某一个小朋友开始报数,报到 7 的那个小朋友退到圈外,然后他的下一位重新报“1”。这样继续下去,直到最后只剩下一个小朋友。求解这个小朋友原来站在什么位置上。

算法设计:这个问题初看起来很复杂,又是手拉手,又是站成圈,报数到 7 时退出圈……似乎很难入手。仔细分析,首先应该解决的是如何表示哪些小朋友还站在圈内,开辟12个元素的数组,记录12个小朋友的状态,开始时将12个元素的数组值均赋为1,表示大家都在圈内。这样小朋友报数就用累加数组元素的值来模拟,累加到7时,该元素所代表的小朋友退到圈外,将相应元素的值改赋为0,这样再累加到该元素时和不会改变,从而模拟了已出圈外的状态。

为了算法的通用性,算法允许对游戏的总人数、报数的起点、退出圈外的报数点任意输入。其中 n 表示做游戏的总人数,k 表示开始报数人的编号及状态数组的下标变量,m 表示退出圈外人的报数点,即报 m 的人出队,p 表示已退出圈外的人数。

算法如下:

```
main( )
{int a[100],i,k,p,m;
 print("input numbers of game: ");
 input(n);
 print("input serial number of game start: ");
 input(k);
 print("input number of out_ring: ");
 input(m);
 for(i = 1; i <= n; i = i + 1)
   a[i] = 1;
 p = 0;
 k = k - 1;
 print("wash out: ");
 while (p < n - 1)
 { x = 0;
   while (x < m)
       {k = k + 1;
        if(k > n)
         k = 1;
        x = x + a[k]; }
   print(k);
   a[k] = 0;
   p = p + 1;
 }
 for(i = 1; i <= n; i = i + 1)
    if (a[i] = 1)
      print("i = ",i);
}
```

算法说明:

(1) 算法中当变量 $k>n$ 时,赋 $k=1$,表示 n 号报完数就该1号报数。模拟了将 n 个人连成了一个"圈"的情况(3.3.1节算术运算的妙用中还介绍了其他技巧,请参考)。

(2) x 表示正在"报"的数,$x=m$ 时输出退出圈外人的下标 k,将 $a[k]$ 赋值为0。

(3) $p=n-1$ 时游戏结束。

(4) 最后检测还在圈上 $a[i]=1$ 的人,输出其下标值即编号(原来位置)。

【思考】 请将算法修改为:

(1) 可选择顺时针或逆时针方向报数。

(2) 随机产生游戏的总人数、报数的起点、退出圈外的报数点。

3.2.4 高精度数据存储及运算

计算机存储数据是按数据类型分配存储空间的。在微型机上一般为整型提供与机器字长相同的空间大小，16 位机分配 2 字节的存储空间，32 位机分配 4 字节的存储空间（有同学一定说我的 64 位机中整型分配的也是 4 字节，那是因为 C 或者 C++编译系统将 64 位机模拟成 32 位机了），虽然现在工作站或小型机等机型上都有更高精度的数值类型，但这些机型价格很高，只有大型科研机构才有可能拥有，一般不易接触。当需要在个人计算机上对超过程序语言整型的多位数（简称为“高精度数据”）进行操作时，只能借助于数组才能精确存储、计算。

在用数组存储高精度数据时，由计算的方便性决定将数据是由低到高还是由高到低存储到数组中；可以每位占一个数组元素空间，也可几位数字占一个数组元素空间。若需从键盘输入要处理的高精度数据，一般用字符型数组存储，这样无须对高精度数据进行分段输入。当然这样存储后，需要有类型转换的操作，不同语言转换的操作差别虽然较大，但都是利用数字字符的 ASCII 码进行的。其他的技巧和注意事项通过下面的例子来说明。本节只针对高精度大整数的计算进行讨论，对高精度实数的计算可以仿照进行。

为了好理解，先讨论一个高精度数据与一个长整数精度范围内的数（一般数）的乘法。

【例 18】 高精度数据×长整数。

算法设计：

(1) 用字符型数组存储从键盘输入的高精度数据，这样无须对高精度数据进行分段输入。

(2) 乘法是按由低位到高位运算的，且常常需要向高位进位，所以高精度数据应该由低位到高位存储在数组 a 中，每个元素存储一位数字。

(3) 每一位仅运算一次，所以乘法的结果也可以存储在数组 a 中。

实现要点：

(1) 要完成高精度数据从字符型数组存储方式到数值数组存储方式的转换。“数字字符－48”就转换为数值数字，不过字符型数组是由高位到低位存储，而数值数组是由低位到高位存储，用两个下标控制就可方便地完成转换操作。

(2) 一个高精度数据与一个自然数的乘法的运算过程，用一重循环来实现，循环变量 i 代表当前参与运算的数组下标，d 用于存储进位。

算法如下：

```
main( )
{long b,c,d;
int a[256],i,j,n;
char s1[256];
print("Input a great number\n");
input(s1);
print("Input a long integer number\n");
input(c);
n = strlen(s1);                    // 求字符串长度
d = 0;
for (i = 0,j = n - 1; i < n; i++ ,j-- )
  {b=(s1[j]-48) * c+d;
```

```
    a[i]=b mod 10;
    d=b/10; }
  while (d<>0)
   {a[n]=d mod 10;
    d=d/10;
    n=n+1; }
  for (i=n-1; i>=0; i-- )
    print(a[i]);
  }
```

算法说明：

(1) 算法中没有独立进行从字符型数组存储方式到数值数组存储方式的转换，而是和运算过程一起进行的。

(2) 有的读者可能注意到了，程序中的乘法并非是像手工运算时那样，乘数、被乘数都按位进行的，程序中高精度数据确实是按位运算，而另一个乘数 c 是整体直接与高精度数据的每一位做乘法运算的。

(3) 由上分析，变量 d 存储的进位可能是较大的(在长整型范围之内)，因此运算完乘法后，不能直接将 d 的值存入结果数组 a 的一个整型存储单元中，而需要将 d 逐位存入结果数组不同的存储单元中，除非将数组定义为长整型，但那样太浪费存储空间。

【例 19】 编程求当 $n\leqslant100$ 时，$n!$ 的准确值。

问题分析： 问题要求对输入的正整数 n，计算 $n!$ 的准确值，而 $n!$ 的增长速度高于指数增长的速度，所以这是一个高精度计算问题。请看两个例子。

9！=362 880

100!	= 93	326 215	443 944	152 681	699 263
856 266	700 490	715 968	264 381	621 468	592 963
895 217	599 993	229 915	608 914	463 976	156 578
286 253	697 920	827 223	758 251	185 210	916 864
000 000	000 000	000 000	000 000		

【思考】 虽然前面的提示强调“有时即使你感受不到例题的应用意义，也要认真学习和体会才能有收获”，但这里还是请大家思考求阶乘的应用意义！

算法设计： 累乘的结果是由低位到高位存储在数组 a 中；由于计算结果位数可能很多，若存储结果的数组中每个存储空间只存储一位数字需要的存储空间太多，且对每一位进行累乘次数也太多。所以将数组定义为长整型，每个元素存储 6 位数字。

一个高精度数据与一个自然数的累乘运算用二重循环来实现，其中一个循环变量 i 代表要累乘的数据，循环变量 j 代表当前累乘结果的数组下标。数据 b 存储计算的中间结果，d 存储超过 6 位数后的进位，数组 a 存储每次累乘的结果，每个元素存储 6 位数字。

算法如下：

```
main( )
{long a[256],b,d;
 int  m,n,i,j,r;
 input(n);
 m = log(n) * n/6 + 2;
 a[1] = 1;
```

```
    for(i = 2; i <= m; i = i + 1)
      a[i] = 0;
    d = 0;
    for(i = 2; i <= n; i = i + 1)
    {for (j = 1; j <= m; j = j + 1)
       {b = a[j] * i + d;
        a[j] = b mod 1 000 000;
        d = b/1 000 000; }
    if(d <> 0)
      a[j] = d;
    }
    for (i = m; i >= 1; i = i - 1)
        if(a[i] = 0)
           continue;
        else
           {r = i;
           break; }
    print(n,"!= ");
    print(a[r]," ");
    for(i = r - 1; i >= 1; i = i - 1)
       {if (a[i]> 99 999)
          {print(a[i]," ");
          continue; }
       if (a[i]> 9999)
          {print("0",a[i]," ");
          continue; }
       if (a[i]> 999)
          {print("00",a[i]," ");
          continue; }
       if (a[i]> 99)
          {print("000",a[i]," ");
          continue; }
       if (a[i]> 9)
          {print("0000",a[i]," ");
          continue; }
          print("00000",a[i]," ");
       }//for
}
```

算法说明：

(1) 算法中“m＝log(n) * n/6＋2；”是对 n! 位数的粗略估计。这样做算法简单，但效率较低，因为有许多不必要的乘 0 运算。其实，也可以在算法的计算过程中实时记录当前积所占数组元素的个数 m。其初值为 1，每次有进位时 m 增加 1。也就是将算法的第三个 for 循环(内层)中的 if 语句改为：

```
if(d <> 0)
    {a[j] = d;
     m = m + 1; }
```

这样就提高了算法的效率。

(2) 输出时,首先计算结果的准确位数 r,然后输出最高位数据,在输出其他存储单元的数据时要特别注意,若计算结果是 123 000 001,则 $a[2]$中存储的是 123,而 $a[1]$中存储的不是 000001,而是 1。所以在输出时,通过多个条件语句才能保证输出的正确性。

【注意】 输出设计也是算法实现或者说软件质量重要的指标。

3.2.5 构造趣味矩阵

现实中的很多二维表格需要用二维数组存储,所以二维数组的应用也是很广泛的。关于二维数组的基础应用程序设计课程中已经做了介绍,这里就不重复了。

趣味矩阵是为了训练学生的观察和分析能力而设计的一种智巧类问题,有些趣味矩阵或图形可以通过程序设计语言提供的字符串函数和定位输出函数来实现,但还有一些趣味矩阵的规律是无法通过字符串函数模拟的。发现趣味方阵中字符或数据的规律一般是很容易的,但要按规律直接在计算机显示或打印出它们却不是那么容易;因为无论是屏幕显示还是打印机输出,比较方便的操作都是从上到下,从左到右进行。

解决问题的办法是:根据趣味矩阵中的数据规律,设计算法把要输出的数据先存储到一个二维数组中,最后按行输出该数组中的元素。这类练习,对大家熟练掌握二维数组的操作很有帮助。

先复习一些有关二维表和二维数组的基本常识:

(1) 当对二维表按行进行操作时,应该"外层循环控制行;内层循环控制列";反之若要对二维表按列进行操作时,应该"外层循环控制列;内层循环控制行"。

(2) 二维表和二维数组的显示输出,只能按行从上到下连续进行,每行各列则只能从左到右连续输出。所以,只能用"外层循环控制行;内层循环控制列"。

(3) 用 i 代表行下标,以 j 代表列下标(除特别声明以后都遵守此约定),则对 $n\times n$ 矩阵有以下常识:

主对角线元素 $i=j$;

副对角线元素下标下界为 1 时 $i+j=n+1$,下标下界为 0 时 $i+j=n-1$;

主上三角◥元素 $i\leqslant j$;

主下三角◣元素 $i\geqslant j$;

次上三角◤元素:下标下界为 1 时 $i+j\leqslant n+1$,下标下界为 0 时 $i+j\leqslant n-1$;

次下三角◢元素:下标下界为 1 时 $i+j\geqslant n+1$,下标下界为 0 时 $i+j\geqslant n-1$。

下面通过例子学习和掌握趣味矩阵的构造。

【例 20】 编程打印有如下规律的 $n\times n$ 方阵。

使左对角线和右对角线上的元素为 0,它们上方的元素为 1,左边的元素为 2,下方元素为 3,右边元素为 4,下图是一个符合条件的五阶矩阵。

```
0  1  1  1  0
2  0  1  0  4
2  2  0  4  4
2  0  3  0  4
0  3  3  3  0
```

算法设计：根据数据分布的特点，利用以上关于二维数组的基本常识，只考虑可读性的情况。

算法如下：

```
main( )
{int i,j,a[100][100],n;
 input(n);
 for(i = 1; i <= n; i = i + 1)
  for(j = 1; j <= n; j = j + 1)
     {if (i = j or i + j = n + 1) a [i][j] = 0;
      if (i + j < n + 1 and i < j) a [i][j] = 1;
      if (i + j < n + 1 and i > j) a [i][j] = 2;
      if (i + j > n + 1 and i > j) a [i][j] = 3;
      if (i + j > n + 1 and i < j) a [i][j] = 4;
      }
for(i = 1; i <= n; i = i + 1)
  {print("换行符");
   for(j = 1; j <= n; j = j + 1)
     print(a[i][j]);
  }
}
```

算法分析：为了算法的可读性，以上算法没有考虑算法效率，对每一对(i,j)都要进行5次判断，若用嵌套if语句则可以改善。

【例21】 螺旋阵：任意给定 n 值，按如下螺旋的方式输出方阵。

$n=3$　　输出：
```
1  8  7
2  9  6
3  4  5
```

$n=4$　　输出：
```
1  12  11  10
2  13  16   9
3  14  15   8
4   5   6   7
```

算法设计1：此例可以按照"摆放"数据的过程，逐层(圈)分别处理每圈的左侧、下方、右侧、上方的数据。以 $n=4$ 为例详细设计如下：

把"1～12"看作一层(一圈)，"13～16"看作二层……以层作为外层循环，下标变量为 i。由以上两个例子，$n=3$、4均为两层，用 $n\backslash 2$ 表示下取整，$(n+1)/2$ 表示对 $n/2$ 上取整。所以下标变量 i 的范围为 $1\sim(n+1)/2$。

i 层内"摆放"数据的4个过程为(四角元素分别归4个边)：

① i 列(左侧)，从 i 行到 $n-i$ 行　　($n=4$,$i=1$ 时"摆放1,2,3")。

② $n+1-i$ 行(下方)，从 i 列到 $n-i$ 列　　($n=4$,$i=1$ 时"摆放4,5,6")。

③ $n+1-i$ 列(右侧)，从 $n+1-i$ 行到 $i+1$ 行　　($n=4$,$i=1$ 时"摆放7,8,9")。

④ i 行(上方)，从 $n+1-i$ 列到 $i+1$ 列　　($n=4$,$i=1$ 时"摆放10,11,12")。

4个过程通过4个循环实现，用 j 表示 i 层内每边中行或列的下标。

算法1如下：

```
main( )
{int i,j,a[100][100],n,k;
 input(n);
 k = 1;
  for(i = 1; i <= n/2; i = i + 1)
   {for(j = i; j <= n - i; j = j + 1)          // 左侧
      {a [j][i] = k;
       k = k + 1; }
    for(j = i; j <= n - i; j = j + 1)          // 下方
      {a [n + 1 - i][j] = k;
       k = k + 1; }
    for(j = n - i + 1; j >= i + 1; j = j - 1)  // 右侧
      {a[j][n + 1 - i] = k;
       k = k + 1; }
    for(j = n - i + 1; j >= i + 1; j = j - 1)  // 上方
      {a[i][j] = k;
       k = k + 1; }
   }
 if (n mod 2 = 1)
   {i = (n + 1)/2;
    a[i][i] = n * n; }
 for(i = 1; i <= n; i = i + 1)
   {print("换行符");
    for(j = 1; j <= n; j = j + 1)
     print(a[i][j]);
 }
}
```

算法 1 说明：

(1) 当 n 为奇数时，中间一层只有一个数据，需要特殊处理，这就是算法中 if 语句的功能。

(2) 算法中没有考虑输出数据的位数，输出效果并不好，用程序设计实现算法时要考虑这方面的问题。

算法设计 2：下面通过设置变量标识一圈中不同方位的处理差别，并通过算术运算将 4 个方位的处理归结成一个循环完成。这是一个比较复杂的构造循环“不变式”的过程，读者注意学习、体会其中的方法和技巧。

这里还是模拟手工“摆放”数据的过程将 1 到 $n\times n$ 依次存入数组 $a[n][n]$中，在螺旋方阵的元素被放入时，关键是要确定一圈中行、列下标 i 和 j 的变化过程和范围。约定让四角数据分别属于先处理的行或列，如：$n=4$ 时“4”属于第 1 列，“7”属于第 4 行……用 k 记录行或列处理的元素个数，以下为存放最外一圈的情况。

$j=1$　　$i=i+1$　　$1\sim n$　　$k=n$　　//左侧

$i=n$　　$j=j+1$　　$2\sim n$　　$k=n-1$　　//下方

$j=n$　　$i=i-1$　　$n-1\sim 1$　　$k=n-1$　　//右侧

$i=1$　　$j=j-1$　　$n-1\sim 2$　　$k=n-2$　　//上方

从上面 i、j 的变化可以发现这样的规律：往圈内“摆放”数据时，在处理某圈的前半圈(左侧和下方)时，下标 i、j 的变化是一致的，都加 1；在处理某圈的后半圈(右侧和上方)时，下标 i、j 的变化也是一致的，都在减 1。不同的是变化的范围不一致。

为了用统一的表达式表示循环变量的范围，引入变量 k，k 表示在某一方向上数据的个数，k 的初值是 n，每当数据存放到左下角时，k 就减 1，又存放到右上角时，k 又减 1，此时的 k 值又恰好是下一圈左侧的数据个数。

同样，在向下（左侧）和向上（右侧）"摆放"数据时，为了将行下标 i 的变化用统一的表达式表示；同时在向右（下方）向左（上方）"摆放"数据时，也将列下标 j 的变化用统一的表达式表示。引入符号变量 t，t 的初值为 1，表示处理前半圈，在左侧行下标 i 向下变大，在下方列下标 j 向右变大；t 就变为 -1，表示处理后半圈，在右侧行下标 i 向上变小，在上方列下标 j 向左变小。于是一圈内下标的变化情况如下：

$j=1$　　$i=i+t$　　$1\sim n$　　$k=n$

$i=n$　　$j=j+t$　　$2\sim n$　　前半圈共 $2\times k-1$ 个

$t=-t$　　　　　　$k=k-1$

$j=n$　　$i=i+t$　　$n-1\sim 1$

$i=1$　　$j=j+t$　　$n-1\sim 2$　　后半圈共 $2\times k-1$ 个

$t=-t$　　　　　　$k=k-1$

再看下一圈，同样前半圈共 $2\times k-1$ 个数据，执行 $k=k-1$ 后，后半圈也是共 $2\times k-1$ 个数据，是很好的循环不变式。关于行列下标的循环不变式，看完算法设计结果再进行解释。

用 x 模拟"摆放"的数据；用 $y(1\sim 2\times k-1)$ 作循环变量，模拟半圈内数据的处理的过程。

算法 2 如下：

```
main( )
{int i,j,k,n,a[100][100],b[2],x,y;
     input(n);
     b[0] = 0;
     b[1] = 1;
     k = n;
     t = 1;
     x = 1;
    while (x <= n * n)
      {for (y = 1; y <= 2 * k - 1; y = y + 1)        // t = 1 时处理左下角,t = -1 时处理右上角
          { b[y/(k + 1)] = b[y/(k + 1)] + t;
            a[b[0]][b[1]] = x;
            x = x + 1; }
       k = k - 1;
       t = - t;
      }
for(i = 1; i <= n; i = i + 1)
  {print("换行符");
   for(j = 1; j <= n; j = j + 1)
     print(a[i][j]);
  }
}
```

算法 2 说明：在"算法设计"中没有介绍数组 b，这里说明它的用途。由算法中的"a[b[0]][b[1]]=x；"语句可以体会到，数组元素 $b[0]$表示存储矩阵的数组 a 的行下标，数组元素 $b[1]$是数组 a 的列下标。那么为什么不用习惯的 i、j 分别作为行、列的下标变量呢？使用数组元素作下标变量的必要性是什么？表达式"b[y/(k+1)]=b[y/(k+1)]+t；"的意义

又是什么？下面逐步解释。

“算法设计”中已说明，y 用作循环变量，模拟半圈内数据的处理的过程。变化范围是 $1\sim2\times k-1$。而每个在半圈里：

(1) 当 $y=1\sim k$ 时，表达式 $y/(k+1)$ 的值始终为 0，这样列下标 $b[1]$ 不会变化，而行下标 $b[0]$ 通过表达式 $b[y/(k+1)]=b[y/(k+1)]+t$；在变化(加 1 或减 1，由 t 决定)。

(2) 当 $y=k+1\sim2\times k-1$ 时，表达式 $y/(k+1)$ 的值始终为 1，这样行下标 $b[0]$ 不会变化，而列下标 $b[1]$ 通过表达式 $b[y/(k+1)]=b[y/(k+1)]+t$；在变化(加 1 或减 1，由 t 决定)。

这是 3.2.2 节介绍的利用一维数组“构造循环”技巧的又一个实例，当然也离不开用算术运算对数组下标进行构造。

综上所述，引入变量 t,k 和数组 b 后，通过算术运算将一圈中的上下左右 4 种不同的变化情况，归结构造成了一个循环“不变式”。

【例 22】 魔方阵是我国古代发明的一种数字游戏：n 阶魔方是指这样一种方阵，它的每一行、每一列以及对角线上的各数之和为一个相同的常数，这个常数是 $n\times(n^2+1)/2$，此常数被称为魔方阵常数。由于偶次阶魔方阵($n=$偶数)求解起来比较困难，这里只考虑 n 为奇数的情况。

以下就是一个 $n=3$ 的魔方阵：

```
6  1  8
7  5  3
2  9  4
```

它的各行、各列及对角线上的元素之和为 15。

问题分析：如果采用穷举方法，对数据的各种分布进行判断是否满足魔方阵条件，那么当 n 比较大时，即使用计算机也需要用很长时间才能找出解来。

算法设计：有趣的是如果将 $1,2,\cdots,n^2$ 按某种规则依次填入方阵中，得到的恰好是奇次魔方阵，这个规则可以描述如下。

(1) 将 1 填在方阵第一行的中间，即$(1,(n+1)/2)$的位置。

(2) 下一个数填在上一个数的主对角线的上方，若上一个数的位置是(i,j)，下一个数应填在(i_1,j_1)，其中 $i_1=i-1$、$j_1=j-1$。

(3) 若应填写的位置下标出界，则出界的值用 n 来替代，即若 $i-1=0$，则取 $i_1=n$，若 $j-1=0$，则取 $j_1=n$。

(4) 若应填的位置虽然没有出界，但是已经填有数据，则应填在上一个数的下面(行减 1，列不变)，即取 $i_1=i-1,j_1=j$。

(5) 这样循环填数，直到把 $n\times n$ 个数全部填入方阵中，最后得到的是一个 n 阶魔方阵。

算法如下：

```
main( )
{int i,j,i1,j1,x,n,a[100][100];
print("input an odd number: ");
input(n);
if (n mod 2 = 0)
  {print("input error!");
```

```
        return; }
    for(i = 1; i < = n; i = i + 1)
        for(j = 1; j < = n; j = j + 1)
          a[i][j] = 0;
    i = 1;
    j = int((n + 1)/2);
    x = 1;
    while (x < = n * n)
       {a[i][j] = x;
       x = x + 1;
       i1 = i;
       j1 = j;
       i = i - 1;
       j = j - 1;
       if (i = 0) i = n;
       if (j = 0) j = n;
       if (a[i][j]<> 0)
         { i = i1 + 1;
           j = j1; }
       }
    for(i = 1; i < = n; i = i + 1)
      {print("换行符");
       for(j = 1; j < = n; j = j + 1)
        print(a[i][j]);
      }
    }
```

算法说明：若当前位置已经填有数，则应填在上一个数的下面，所以需要用变量记录上一个数据填入的位置，算法中 $i1$，$j1$ 的功能就是记录上一个数据填入的位置。

算法分析：算法的时间复杂度为 $O(n^2)$。

【思考】 此算法完全依赖数学家发现的魔方阵数据规律，在大数据时代，很多数据处理方法依赖数学基础，所以应该重视数学的学习和应用。

3.2.6　一维与二维的选择

至此可以发现，一维数组在算法设计中发挥了较强的作用，那么二维数组是否仅能存储与二维表有关的信息呢？回答是否定的，根据数据信息的特点，二维数组同样可以在算法设计和实现中起到重要的作用。

下面例题的原始数据表面看是一维信息，与二维数组无关，但使用二维数组存储有关信息后，更容易设计算法。

【例 23】 统计问题：找链环数字对的出现频率。

输入 $n(2\leqslant n\leqslant 100)$ 个数字(即 0～9 的数据)，然后统计出这组数中相邻两数字组成的链环数字对出现的次数。如：当既有(0,3)又有(3,0)出现时，称它们为链环数字对，算法要统计输出它们各自的出现次数。例如：

输入：$n=20$ {表示要输入数的数目}

0　1　5　9　8　7　2　2　2　3　2　7　8　7　8　7　9　6　5　9

输出：(7,8)=2 (8,7)=3 {指(7,8)，(8,7)数字对出现次数分别为 2 次、3 次}

(7,2)=1 (2,7)=1

(2,2)=2

(2,3)=1 (3,2)=1

数据结构设计：由于，事先不知道存在哪些链环数字对，只能为所有可能的数字对设置计数器，可能的数字对有如下几种。

(0,0)(0,1)…(0,9)

(1,0)(1,1)…(1,9)

⋮

(9,0)(9,1)…(9,9)

共有100个数字对，需要100个计数器。

这时若用100个元素的一维数组作为计数器，很难将数组下标与数字对进行对应。而用10×10的二维数组a(行、列下标均为0～9)作为计数器，i行j列存储数据正好对应数字对(i,j)出现的次数。

由于每个时刻只需处理两个原始数据，且不必重复处理这些数据，所以原始数据不需要用数组进行存储。

算法设计：有了以上的存储结构，算法就很简单了，每输入一个原始数据(第一次输入两个)，用其作为下标对数组a的相应元素累加1。这样在数据输入的同时就能统计出问题的结果。

算法如下：

```
main( )
    {int a[10][10],m,i,j,k1,k0;
     for(i = 0; i <= 9; i = i + 1)
       for(j = 0; j <= 9; j = j + 1)
          a[i][j] = 0;
    print("How many is numbers");
     input(n);
    print("Please input these numbers: ");
     input(k0);
    for (i = 2; i <= n; i = i + 1)
     {input(k1);
      a[k0][k1] = a[k0][k1] + 1;
      k0 = k1;
      }
    for (i = 0; i <= 9; i = i + 1)
      for (j = 0; j <= 9; j = j + 1)
        if (a[i][j]<> 0 and a[j][i]<> 0);
          print("(",i,j,") = ",a[i][j],",(",j,i,") = ",a[j][i]);
}
```

算法分析：算法的时间效率是很高的，只是空间上有些浪费，因为问题中不出现的数字对也设置了计数器空间。

下面这个例题的数据也没有二维的属性，算法中使用二维数组存储原始信息，并在其上进行了操作，使算法的效率更高(减少了统计、计算和判断过程)。

【例24】 有$3n$个花盆，红色、蓝色和黄色的各n个。开始时排列的顺序是混乱的，如黄、红、蓝、黄、黄、蓝、黄、红、红、黄、蓝、红、黄、红、黄、蓝、蓝、红、红、红、黄、蓝、蓝、黄、黄、黄、红、红、蓝、蓝、蓝。

请编写一程序：将各花盆按红、黄、蓝、红、黄、蓝……的顺序排列，而且要求花盆之间的交换次数最少。

问题分析：本题是按约定排序的问题，目标是将红花盆送到序号为 $3i-2$ 的元素，也就是 1,4,7,10,…，将黄花盆送到序号为 $3i-1$ 的元素，也就是 2,5,8,…，将蓝花盆送到序号为 $3i(i=1,2,\cdots,n)$ 的元素，也就是 3,6,9,…，并有特殊要求：花盆之间交换次数最少。

现用数字 1 表示红花盆，2 表示黄花盆，3 表示蓝花盆。

交换两个变量 A、B 的值可以表示成 $D=A$，$A=B$，$B=D$（D 是中间变量）。若 3 个变量 A、B、C 作循环式交换，则可示意成 $D=A$，$A=B$，$B=C$，$C=D$。因此，直接交换两个花盆的运算为 3 次，那么 3 个花盆作循环式交换运算为 4 次。

所以为了满足题目的要求，必须保证：

(1) 原序号为 $3i-2$ 的红花盆、为 $3i-1$ 的黄花盆、为 $3i$ 的蓝花盆（$i=1,2,\cdots,n$）均保持原位置不变。

(2) 尽量进行两个花盆之间的直接交换，如：应放红花盆处的黄花盆，应尽量与放黄花盆的红花盆直接交换。

(3) 最后才进行必要的 3 个花盆作循环式交换工作，如：将红花盆处放的黄花盆、黄花盆处的蓝花盆、蓝花盆处的红花盆作循环式交换。

算法设计：为了知道红、黄花盆直接交换的次数，红、蓝花盆直接交换的次数，黄、蓝花盆直接交换的次数，以及循环交换的次数，可预先统计出该放红花盆处的黄、蓝花盆个数 $R1$、$R2$，该放黄花盆处的红、蓝花盆个数 $S1$、$S2$，以及该放蓝花盆处的红、黄花盆个数 $T1$、$T2$。

红花盆和黄花盆的直接交换次数 $n1=\min(R1,S1)$；

红花盆和蓝花盆的直接交换次数 $n2=\min(R2,T1)$；

黄花盆和蓝花盆的直接交换次数 $n3=\min(S2,T2)$。

若 $R1>S1$，则此时红花盆处还有黄花盆，显然此时黄花盆处必然有蓝花盆……因此循环交换次数为 $N4=R1-S1$。

实现要点：实现中并不用专门统计交换次数，而是将 $3n$ 个数据存储在 $n\times3$ 的二维数组空间中，这样第一列应放红花盆、第二列应放黄花盆、第三列应放蓝花盆。程序主要由直接交换和循环交换两部分组成。

直接交换由二重循环完成，定解条件为（i、j 代表需要交换花盆的行数）：

```
if (a[i][1] = 2 && a[j][2] = 1)        // 红、黄花盆直接交换
if (a[i][1] = 3 && a[j][3] = 1)        // 红、蓝花盆直接交换
if (a[i][1] = 3 && a[j][3] = 2)        // 黄、蓝花盆直接交换
```

循环交换由三重循环完成，定解条件为（i、j、k 代表需要交换花盆的行数）：

```
if (a[i][1] = 2 && a[j][2] = 3 && a[k][3] = 1)
      {v = [i][1]; a[i][1] = a[k][3]; a[k][3] = a[j][2]; a[j][2] = v; }
if (a[i][1] = 3 && a[j][2] = 1 && a[k][3] = 2)
      {v = a[i][1]; a[i][1] = a[j][2]; a[j][2] = a[k][3]; a[k][3] = v}
```

算法如下：

```
main( )
{int n,a[100][4],i,j,k,t,m = 0;
 input(n);
 for(i = 1; i <= n; i++ )
```

```
      for(j=1; j<=3; j++)
        input (a[i][j]);
   for(i=1; i<=n; i++)
     {if (a[i][1]=2)
       for(j=1; j<=n; j++)
         if (a[j][2]=1)
           {t=a[i][1];
            a[i][1]=a[j][2];
            a[j][2]=t;
            m=m+3;
            break; }
     if (a[i][1]=3)
       for(j=1; j<=n; j++)
          if (a[j][3]=1)
            {t=a[i][1];
             a[i][1]=a[j][3];
             a[j][3]=t;
             m=m+3;
             break; }
     if (a[i][2]=3)
       for(j=1; j<=n; j++)
          if (a[j][3]=2)
            {t=a[i][2];
             a[i][2]=a[j][3];
             a[j][3]=t;
             m=m+3;
             break; }
     }
   for(i=1; i<=n; i++)
     {if (a[i][1]=2)
       for(j=1; j<=n; j++)
         if (a[j][2]=3)
          for(k=1; k<=n; k++)
            if (a[j][3]=1)
              {t=a[i][1];
               a[i][1]=a[j][2];
               a[j][2]=a[k][3];
               a[k][3]=t;
               m=m+4;
               break; }
     if (a[i][1]=3)
       for(j=1; j<=n; j++)
         if (a[j][2]=1)
          for(k=1; k<=n; k++)
           if (a[j][3]=2)
             {t=a[i][1];
              a[i][1]=a[j][2];
              a[j][2]=a[k][3];
              a[k][3]=t;
              m=m+4;
              break; }
     }
   print ("move=",m);
   for(i=1; i<=n; i++)
```

```
    { print ("换行符");
      for(j=1; j<=3; j++)
        print (a[i][j]);
    }
}
```

【思考】 当前的各类程序设计语言都支持三维以上的多维数组存储方式，请读者思考多维数组可能的用途。本书4.5.1节的例题中用到了三维数组。

3.3 优化算法的基本技巧

3.3.1 算术运算的妙用

有关算术运算的妙用，在前面的许多例题中已有体现。例如：3.2.1节的例12，通过算术运算把数据信息归类后与下标对应。又如3.2.5节中例21的算法2，通过算术运算构造循环不变式。

总之，通过恰当的算术运算可以很好地提高编程效率，以及相关算法的运行效率。值得认真总结学习。

【例25】 一次考试，共考了5门课。统计50个学生中至少有3门课成绩高于90分的人数。

问题分析：一个学生5门课的成绩分别记为$a1$、$a2$、$a3$、$a4$、$a5$，要表示有3门课成绩高于90分，有$C_5^3=10$组逻辑表达式，每组逻辑表达式中有3个关系表达式。无论书写还是运行，效率都极低。但通过算术运算就能很简便地解决这类问题。

算法设计：

(1) 对每个同学，先计算其成绩高于90分的课程数目，若超过3，则累加到满足条件的人数中。

(2) 用二重循环实现以上过程，外层循环模拟50个同学，内层循环模拟5门课程。

算法如下：

```
main( )
{ int a[5],i,j,s,num = 0;
  for (i = 1; i <= 50; i = i + 1)
   {s = 0;
    for(j = 0; j <= 4; j = j + 1)
     {input(a[j]);
      if(a[j]> = 90)
       s = s + 1;
     }
     if(s > = 3)
       num = num + 1;
    }
  print("The number is",num);
}
```

算法说明：因为当成绩≥90时，C语言规定关系表达式“成绩>=90”的值为1，所以计算某人成绩高于90分的课程数目，还可以简单地实现如下。

```
s = 0;
for(j = 0; j <= 4; j = j + 1)
    {input(a[j]);
     s = s + (a[j]>= 90);
    }
```

又当已知各门课的成绩最高不超过179分时(一门课程成绩最多可能包含一个90),还可以用语句“s=s+a[j]\90;”代替语句“s=s+(a[j]>=90);”,这样适合更多语言实现。

这个算法通过加法运算避免了复杂的逻辑表达式。下面的例子通过简单的算术运算,模拟了状态变化,很好地避免了条件判断。

【例26】 开灯问题:有从1到n依次编号的n个同学和n盏灯。1号同学将所有的灯都关掉;2号同学将编号为2的倍数的灯都打开;3号同学则将编号为3的倍数的灯做相反处理(该号灯如打开的,则关掉;如关闭的,则打开);以后的同学都将自己编号的倍数的灯,做相反处理。问经n个同学操作后,哪些灯是打开的?

问题分析:

(1) 前面已经学过用数组表示多个对象的某种状态,这里就定义有n个元素的a数组,它的每个下标变量$a[i]$视为一灯,i表示其编号。$a[i]=1$表示第i盏灯处于打开状态,$a[i]=0$表示第i盏灯处于关闭状态。

(2) 那么如何实现将第i盏灯做相反处理的开关灯操作呢?大家马上想到的是用条件语句if表示:当$a[i]$为1时,$a[i]$被重新赋为0;当$a[i]$为0时,$a[i]$被重新赋为1。这里要介绍的是,通过算术运算$a[i]=1-a[i]$,就能很好地模拟“开关”灯的操作。把这种形式的赋值语句形象地称为“乒乓开关”,大家在以后的算法设计中可以借鉴。

算法如下:

```
main( )
{int n,a[1000],i,k;
 print("input a number");
  input(n);
 for(i = 1; i <= n; i = i + 1)
    a[i] = 0;
 for(i = 2; i <= n; i = i + 1)
    {k = 1;
     while (i * k <= n)
        {a[i * k] = 1 - a[i * k];
         k = k + 1; }
    }
 for(i = 1; i <= n; i = i + 1)
    if (a[i] = 1) print(i);
}
```

算法说明: 算法中第二个for循环i枚举的不是灯的编号,而是编号为i的同学,其内层循环中,就对包含i因数的灯,也就是编号为“i * k”的灯,改变其状态。算法中还用计算省去了用if语句判断编号能被哪些数整除的过程。

【思考】 算术运算$a[i]=1-a[i]$又称为开关运算,无须判断当前值,直接模拟开关操作,效率高。应该记住这类技巧。有同学有疑问:仅提高效率,考研又不评价效率,有必要记住吗?掌握这类技巧的原因如下:其一,对于纸质的考研试题,确实多数不评价效率,但现在已经有很多学校考研加试上机考试;其二,学习算法不应该仅为了应试。

【例 27】　图 3-2 所示的圆圈中，把相隔一个数据的两个数（如图 3-2 中的 1 和 10，3 和 5，3 和 6）称作“一对数”，编写算法求出乘积最大的一对数和乘积最小的一对数。输出格式如下：

```
max = ? * ? = ?
min = ? * ? = ?
```

其中“?”表示找到的满足条件的数和乘积。

1
17　16
8　10
12　16
5　1
9　9
3　15
8　12
6

图 3-2　数字圆圈

算法设计：

(1) 题目中的数据有前后“位置”关系，因此必须用数组来存储。设数组定义为a[num]，则有 a[0]～a[num－1]共 num 个元素。

(2) 用 i 代表下标，题目就是顺序将 a[i－1]与 a[i＋1]相乘，求出乘积的最大值和最小值即可。

(3) 关键问题是要使 i＝num－1 时，保证 i＋1 的“值”是 0；当 i＝0 时，保证 i－1 的“值”是 num－1，即怎样将线性的数组当成圆圈操作呢？不难看出，把数组当成圆圈操作通过求余运算很容易实现，例如：

当 i＝num－1 时，(i＋1) mod num 等于 0；

当 i＝0 时，(num＋i－1) mod num 等于 num－1。

这样的表达式，当 i 为其他值时，也是同样适用的。

通过求余运算，就“避免了”判别数组起点与终点的操作，其实在“数据结构”课程中的循环队列就是利用这种技巧实现的。

(4) 用变量 max 记录当前最大的乘积，m、n 为对应的两个乘数；变量 min 记录当前最小的乘积，s、t 为对应的两个乘数。

算法如下：

```
main( )
{int max = 1,min = 32767,a[100],num,i,k,m,n,s,t;
 print("input a number");
input(num);
 for(i = 0; i < num; i = i + 1)
   input(a[i]);
 for(i = 0; i < num; i = i + 1)
   { p = (num + i - 1) mod num;
     q = (i + 1) mod num;
     k = a[p] * a[q];
     if (k > max)
      {max = k;
       m = a[p];
       n = a[q]; }
     if (k < min)
        {min = k;
         s = a[p];
         t = a[q]; }
   }
print("max = " m," * ",n," = ",max);
print("min = " s," * ",t," = ",min);
}
```

【思考】 请总结一下求余运算 mod 的作用。并写出判断两个数 a、b 为一奇一偶最简单的表达式。

3.3.2 标志量的妙用

在学习了程序设计语言后，已知道用逻辑表达式可以表示不同情况，从而通过选择语句实现在不同情况下，进行不同的操作。前面曾介绍了通过算术运算或数组实现简化逻辑表达式或减少条件判断的技巧。这里介绍的标志量方法是另一种表示不同情况或状态的实用方法，下面通过例子来理解标志量的“标志”功效。

【例 28】 冒泡排序算法的改进。

问题分析：冒泡排序算法的基本思想就是相邻数据比较，若逆序则交换，经过 $n-1$ 趟比较交换后，逐渐将小数据冒到数组的前部，大的数据则沉到数组的后部，从而完成排序工作。

现在假设原有的数据本来就是从小到大有序的，则原有算法仍要做 $n-1$ 趟比较操作，事实上一趟比较下来，若发现没有进行过交换，就说明数据已经全部有序，无须进行其后的比较操作了。

当然数据原本有序的概率并不高，但经过少于 $n-1$ 趟比较交换操作后，数据就已经有序的概率却非常高。因此，为提高效率可以对冒泡排序算法进行改进，当发现某趟没有交换后就停止下一趟的比较操作。

人类可以用眼睛“宏观”地发现一组数据是否有序的状态；但算法只能通过逐一比较才能明确数据是否处于有序状态，这用逻辑表达式是不可能实现的。这时就考虑用标志量来记录每趟交换数据的情况，如 flag=0 表示没有进行过交换，一旦有数据进行交换则置 flag 为 1，表示已进行过交换。当一趟比较交换完成后，若 flag 为 0，则无须进行下一趟操作，若 flag 为 1，继续进行下一趟操作。

改进后的算法如下：

```
main( )
{ int i,j,t,n,a[100],flag;
  print("input data number(<100): ");
  input(n);
  print("input data: ");
  for(i=0; i<n; i=i+1)
      input(a[i]);
  flag=1;
  for(i=1; i<=n-1 and flag=1; i=i+1)
        {flag=0;
         for(j=n-1; j>=i; j=j-1)
             if(a[j]<a[j-1])
               { t=a[j];
                 a[j]=a[j-1];
                 a[j-1]=t;
                 flag=1; }
         }
  for(i=0; i<n; i=i+1)
        print(a[i]);
}
```

算法说明：

(1) 排序前"for(i=1; i<=n-1 and flag=1; i=i+1)"for 循环之前的 flag=1；是为了保证循环的开始。

(2) 内层循环外的 flag=0；是假设这趟比较中没有交换，一旦发生交换操作在内层循环中就置 flag=1；，标志将继续进行下一趟操作。

【思考】 请结合这个例题思考在什么情况下需要使用标志量。

【例 29】 编程判定从键盘输入 n 个数据互不相等。

算法设计：在一维数组应用中，也有关于不重复使用数据的讨论，但只是针对指定的有一定规律的数据而进行的。这里要判定 n 个数，是无任何限定的数据。

若用逻辑表达式表示需要：

$$(n-1)+(n-2)+(n-3)+\cdots+1$$

(1 号与 2～n 号不同)(2 号与 3～n 号不同)(3 号与 4～n 号不同)……
共 $n\times(n-1)/2$ 个关系表达式。当 $n=2$ 时有 1 个关系表达式；当 $n=5$ 则有 10 个关系表达式，虽然表达式的书写具有一定的规律性，可以自动生成字符串表达式，但算法的运行效率却得不到保证。下面，通过引入标志量记录数据是否有重复的情况，避免了复杂的逻辑表达式。

算法如下：

```
main( )
 {int a[100],i,j,t,n;
  input(n);
  for (i = 1; i < = n; i = i + 1)
    input(a[i]);
  t = 1;
  for (i = 1; i < = n - 1; i = i + 1)
    for (j = i + 1; j < = n; j = j + 1)
       if (a[i] = a[j])
        {t = 0;
         break; }
  if (t = 1)
    print("Non repeat");
  else
    print("repeat");
}
```

算法说明：算法中通过二重循环，交叉比较所有数据，用标志变量 $t=0$ 标识已有重复数据。若循环结束，t 仍为 1，说明数据没有重复，互不相同。

【例 30】 输入 3 个数值，判断以它们为边长是否能构成三角形。如能构成，则判断是否属于特殊三角形，并判断是哪种特殊三角形(等边、等腰或直角)。

问题分析：这个题目表面看起来非常简单，但要做到合理输出并不容易。这里先讨论一下可能的输出情况。

(1) 不构成三角形。

(2) 构成等边三角形。

(3) 构成等腰三角形。

(4) 构成直角三角形。

(5) 构成一般三角形。

其中情况(3)、(4)可能同时输出,而其他几种若同时输出就不合理了。

情况(1)与其他情况互斥容易分支。

情况(5)是在三角形不属于(2)、(3)、(4)3 种情况时的输出。

关键是(4)与(2)、(3)不是简单的互斥关系,所以仅用多分支 if 或嵌套 if 就无法进行合理输出。下面通过标志量实现合理的输出。

算法设计:算法中需要避免情况(5)与情况(2)、(3)、(4)之一同时输出。设置一标志变量 flag,当数据能构成三角形时就置 flag=0 表示情况(5),一旦测试出数据属于情况(2)、(3)、(4)中的一种情况时,就置 flag=1 表示构成了特殊三角形,最后就不必输出“构成一般三角形”了;若 flag 最后仍保持 0,则输出“构成一般三角形”。

算法如下:

```
main( )
  { int a,b,c,flag;
  print("Input 3 number: ");
  input(a,b,c);
  if(a>=b+c or b>=a+c or c>=a+b)
      print("don't form a triangle");
  else
      {flag=0;
      if (a*a=b*b+c*c or b*b=a*a+c*c or c*c=a*a+b*b)
        {print("form a right-angle triangle");
          flag=1; }
      if(a=b and b=c)
        {print("form a equilateral triangle");
          flag=1; }
      else if(a=b or b=c or c=a)
           {print("form a equal haunch triangle");
            flag=1; }
      if(flag=0)
          print("form a triangle");
      }
  }
```

算法说明:从算法中可以看出,分析中所讨论的不易分支表现在后几个 if 语句之间不是简单的“否则”关系。所以通过标志量来“标志”是否是特殊三角形,算法得到了合理输出。

下面再看一个例子。

【例 31】 编写算法,求任意 3 个数的最小公倍数。

问题分析:看完题目,一定有读者回忆起,小学时用短除法求 3 个整数的最小公倍数的方法,下面就用算法来模拟这个过程。

算法设计:

(1) 用短除法求 3 个已知数的最小公倍数的过程就是求它们的因数之积,这个因数可能是 3 个数共有的、两个数共有或一个数独有的 3 种情况。

(2) 在手工完成这个问题时,大脑可以判断 3 个数含有哪些因数以及属于哪种情况。用算法实现就只能利用尝试法了。尝试的范围应该是 2、3 个数中最大数之间的因数。

无论因数属于以下 3 种情况之一,都只算作一个因数,累乘一次。

① 若某个数是 3 个数的共有的因数,如 2 是 2,14,6 中所有数的因数;

② 若某个数是其中两个数的因数,如 2 是 2,5,6 中两个数的因数;

③ 若某个数是其中某一个数的因数,如 2 是 2,5,9 中一个数的因数。

以上 3 种情况例子中,因数 2 都只累乘一次。

(3) 再看例子 2,4,8 中 2 是所有数的因数,为避免因数重复计算,一定要用 2 整除这 3 个数得到 1,2,4。注意到 2 仍是(1,2,4)的因数,所以在尝试某数是否是 3 个数的因数时,不是用条件语句 if,而是要用循环语句 while,以保证将 3 个数中所含的某个因数能全部被找出,直到 3 个数都不含这个数做因数时循环结束。

(4) 由于某数 i 是已知 3 个数的因数有多种情况,以上讨论了 3 大类,后两类又能细分出更多小的类别。如是其中两个数共有的因数时,可能是第一、三个数的因数,或是第一、二个数的因数,或是第二、二个数的因数。总之,很难用一个简单的逻辑表达式来表示各种复杂的情况。

不过,借助 3.3.1 节"算术运算的妙用"中介绍的方法,用表达式:

```
k = (x1 mod i = 0) + (x2 mod i = 0) + (x3 mod i = 0)
```

的值,可以区分某数 i 是否为已知 3 个数的因数,$k=0$ 表示 i 不是 3 个数的因数,$k>0$ 表示 i 是 3 个数的因数。

为避免因数重复计算,每次都需要除掉 3 个整数中已找到的因数(即用因数去除含有它的整数)。而以上逻辑表达式无法识别 i 具体是哪一个数的因数,要对哪个数进行整除 i 的运算。下面采用标志量的方法来解决这里的问题。

算法如下:

```
max(int x,int y,int z)
{ if(x > y and x > z) return(x);
  else if (y > x and y > z)return(y);
        else return(z);
}
main( )
{   int x1,x2,x3,t = 1,i,flag,x0;
    print("Input 3 number: ");
    input(x1,x2,x3);
    x0 = max(x1,x2,x3);
    for (i = 2; i <= x0; i = i + 1)
     {flag = 1;
      while(flag = 1)
        { flag = 0;
         if (x1 mod i = 0)
           {x1 = x1/i;
           flag = 1; }
         if(x2 mod i = 0)
           {x2 = x2/i;
           flag = 1; }
         if(x3 mod i = 0)
           {x3 = x3/i;
           flag = 1; }
         if (flag = 1)
           t = t * i;
        }//while 结束符
```

```
        x0 = max(x1,x2,x3);
    }//for 结束符
    print("The result is ",t);
}
```

算法说明：在 while 循环体外将 flag 置为 1，是为了能进入循环。一进入循环马上将其置为 0，表示假设 i 不是 3 个数的因数，以下用 3 个条件语句测试：发现 i 是某个数的因数，则用因数去除对应整数，并将 flag 置为 1，表示 i 是某个数的因数；循环体最后测试 flag 的值，若为 1 则累乘 i 因数；否则，i 不是任意一个数的因数。

为了提高运行效率，需要进一步找出除掉因数后 3 个数的最大值，以决定是否继续进行 for 循环。

【思考】 其实求最大公约数的方法很多，这里介绍的也不是最好的方法，只是想启发大家一个简单的道理：不要认为算法很神秘，“解决问题的方法就在你的大脑里”，只是需要将其转化为“机械”操作的算法而已。

3.3.3 信息数字化

学到这里，已经处理了许多数值计算方面的问题。计算机算法还能帮助做什么？从学到的计算机基础知识知道，计算机能存储和处理各种多媒体信息，如图形、图像、声音等，当然前提条件是将这些信息进行数字化。本书已声明不研究专业性强的算法，所以对多媒体信息的数字化及其压缩存储、处理等相关的算法，请读者阅读别的参考资料。下面就一些表面上看是非数值的问题，但经过数字化后，就可方便进行算法设计的问题做简单介绍。

【例 32】 警察局抓了 a,b,c,d 4 名偷窃嫌疑犯，其中只有 1 人是小偷。审问中，

a 说：我不是小偷。

b 说：c 是小偷。

c 说：小偷肯定是 d。

d 说：c 在冤枉人。

现在已经知道 4 人中 3 人说的是真话，1 人说的是假话，问到底谁是小偷？

问题分析：将 a,b,c,d 4 人进行编号，号码分别为 1,2,3,4，则问题可用枚举尝试法来解决。

算法设计：用变量 x 存放小偷的编号，则 x 的取值范围从 1 取到 4，就假设了他们中的某人是小偷的所有情况。4 人所说的话就可以分别写成如下所示。

a 说的话：x <> 1 或 not(x=1)。

b 说的话：x=3。

c 说的话：x=4。

d 说的话：x <> 4 或 not(x=4)。

再利用 3.3.1 节“算术运算的妙用”中学习到的技巧，在 x 的枚举过程中，当这 4 个逻辑式的值相加等于 3 时，即可以表示“4 人中 3 人说的是真话，1 人说的是假话”。

算法如下：

```
main( )
{ int x;
    for (x = 1; x <= 4; x = x + 1)
```

```
  if((x<>1)+(x=3)+(x=4)+(x<>4)=3)
    print(chr(64+x),"is a thief .");
}
```

运行结果：

```
c is a thief .
```

算法说明：为了算法的方便运行，对人名进行了数字化，但结果的形式还要符合题目的描述，所以输出时，用程序设计语言提供的库函数 chr( )将数字转化为对应的字母。这个算法可以方便地改写成 PASCAL 或 BASIC 算法，就 C 语言而言算法还可直接写成如下形式。

```
main( )
{int x;
 for (x='a'; x<='d'; x=x+1)
      if (((x!='a')+(x='c')+(x='d')+(x!='d'))=3)
             print(x," is a thief .");
}
```

【注意】 想必大家在学习 C 语言时，并不理解关系表达式为真时为什么值为 1，这里体会到了吧！所以还是那句话："不要认为有用时才学习，有时可能你感受不到例题(或程序语言机制)的应用意义，也要认真学习和体会才能有收获。"

【例 33】 3 位老师对某次数学竞赛进行了预测。他们的预测如下。

甲说：学生 a 得第一名，学生 b 得第三名。

乙说：学生 c 得第一名，学生 d 得第四名。

丙说：学生 d 得第二名，学生 a 得第三名。

竞赛结果表明，他们都说对了一半，说错了一半，并且无并列名次，试编程输出 a,b,c,d 各自的名次。

问题分析：用数 1,2,3,4 分别代表学生 a,b,c,d 获得的名次，问题就可以利用三重循环把所有的情况枚举出来。

算法设计：

(1) 用 a,b,c,d 代表 4 个同学，其存储的值代表他们的名次。

设置第一层计数循环 a 的范围从 1 到 4；

设置第二层计数循环 b 的范围从 1 到 4；

设置内计数循环 c 的范围从 1 到 4；

由于无并列名次，名次的和为 1+2+3+4=10，由此可计算出 d 的名次值为 10−a−b−c。

(2) 问题的已知内容，可以表示成以下几个条件式：

① (a=1)+(b=3)=1
② (c=1)+(d=4)=1
③ (d=2)+(a=3)=1

若 3 个条件均满足，则输出结果，若不满足，继续循环搜索，直至循环正常结束。

算法如下：

```
main( )
{int  a,b,c,d;
 for(a=1; a<=4; a=a+1)
```

```
    for(b = 1; b <= 4; b = b + 1)
      if (a <> b)
       for(c = 1; c <= 4; c = c + 1)
          if (c <> a and c <> b)
             {d = 10 - a - b - c;
              if (d <> a and d <> b and d <> c)
                        if (((a = 1) + (b = 3)) = 1 and ((c = 1) + (d = 4)) = 1 and ((d = 2) + (a = 3)) = 1)
                                       print("a,b,c,d = ",a,b,c,d);
             }
  }
```

运行结果：

```
a = 4,b = 3,c = 1,d = 2
```

【例 34】 填写运算符。

输入任意 5 个数 $x1,x2,x3,x4,x5$ 每两个相邻数之间填上一个运算符。在填入 4 个运算符"＋、－、＊、/"后，使得表达式值为一个指定值 y(y 由键盘输入)。求出所有满足条件的表达式。

问题分析：看了题目之后，发现难以找到好的解法，不妨在每两个相邻数之间尝试所有的运算符，从中找出问题的答案。

算法设计：

(1) 枚举尝试法解题：先填 4 个"＋"。检验条件表达式 $x1+x2+x3+x4+x5=y$，如果不成立，则将第四个运算符改为"－"，以后改"＊"、改"/"。轮完一遍，把第三个运算符改为"－"，第四个运算符按"＋、－、＊、/"顺序再轮一遍……如此下去，直至第一个运算符，由"＋"至"/"轮完为止。

每两个相邻数之间 4 个运算符均按"＋、－、＊、/"尝试一遍，则要组织四重循环。

(2) 若当前运算符是"/"，则注意考虑运算符右端的数必须非零，因为零不可以作为除数。

(3) 现在接着考虑"＋、－、＊、/"应如何表示，才能方便算法对表达式的求值？

为了便于循环，在算法中，把"＋、－、＊、/"数字化作 1,2,3,4。5 个数据间需 4 个运算符，这次不用 4 个普通变量，而是用一个有 4 个元素数组 $i[1]\cdots i[4]$ 来代表它们，道理在算法说明中解释。例如 $i[3]=4$ 表示第三个运算符为"/"。

(4) 如何在运算时保证"先乘除/后加减"的优先顺序？

模拟计算：为了解决运算的优先级问题，设置如下变量。

f——符号标志。减法运算时，置 f＝－1，否则 f＝1；

q——若当前运算符为＋(－)时，q 存储运算符的左项值；若当前运算符为＊(/)时，q 存储两数乘(除)后结果；

p——累加器。每填一个＋(－)算符，就累加上一次运算的结果 f＊q，表达式为 p＝p＋f＊q。

在每次尝试填入 4 个算符前，设置 f＝1、q＝第 1 项的值，p＝0，然后由左至右计算表达式的值。当分析至第四个算符时，f 是第四次运算符的符号标志，q 是第五项值，p 是前 3 次运算的累加值。此时只要检验 p＋f＊q＝y 是否成立。若成立，则为一个解方案；否则重新循环搜索新的一组算符。

算法如下：

```
main( )
{int j,k,f,i[5],total;
 float n[6],p,q;
 char c[5] = {",'+','-','*','/'};
 print("input five number");
 for(j = 1; j <= 5; j = j + 1)
     input(n[j]);
 print(" input result: ");
input(n[0]);
total = 0;
for (i[1] = 1; i[1]<= 4; i[1] = i[1] + 1)
 if ((i[1]< 4) or (n[2]<> 0))
  for (i[2] = 1; i[2]<= 4; i[2] = i[2] + 1)
   if((i[2]< 4) or (n[3]<> 0))
    for (i[3] = 1; i[3]<= 4; i[3] = i[3] + 1)
     if ((i[3]< 4) or (n[4]<> 0))
       for (i[4] = 1; i[4]<= 4; i[4] = i[4] + 1)
        if((i[4]< 4) or (n[5]<> 0))
          {p = 0; q = n[1]; f = 1;
           for (k = 1; k <= 4; k = k + 1)
              switch (i[k])
               {case 1:    p = p + f * q; f = 1; q = n[k + 1]; break;
                case 2:    p = p + f * q; f = -1; q = n[k + 1]; break;
                case 3:    q = q * n[k + 1]; break;
                case 4:    q = q/n[k + 1]; }
           if (p + f * q = n[0])
              {total = total + 1;
               print ("total",total,": ");
               for (k = 1; k <= 4; k = k + 1)
                   print (n[k],c[i[k]]);
               print (n[5]," = ",n[0]);
               }
           }
   if (total = 0)
      print("Non solution");
}
```

算法说明：

（1）算法中 4 个 for 循环后的 4 个 if 语句，是为了保证不进行除数为 0 的运算。

（2）在枚举 4 个运算符时，用一个数组的 4 个元素 $i[1]$、$i[2]$、$i[3]$、$i[4]$代表 4 个运算符，相信大部分读者已清楚这样做的道理。因为，若用 4 个普通变量代表 4 个运算符，则运算过程需使用 4 个 switch 语句，每个 switch 语句中 4 个 case 语句；而用一个数组存储 4 个运算符，算法就可以通过 4 次循环完成运算过程了。这又一次运用了数组构造循环“不变式”的技巧。

【思考】 *请读者仔细体会此算法中应用了前几节的哪些技巧？记住并践行学而时习之才能进步。*

【例 35】 有 10 箱产品，每箱有 1000 件，正品每件 100 克。其中有几箱是次品，每件次品比正品轻 10 克，问能否用秤只称一次，就找出哪几箱是次品。

问题分析：从表面上看，问题中的已知条件都是数据，无须数字化。但事实上要较好地解决此问题，不但需要信息数字化方法，而且需要一点数字化的技巧。

(1) 先把问题难度降低,假设只有一箱是次品,这个问题容易找到解决方法:先将箱子编码1,2,…,10。再从1号箱取1件产品,2号箱取2件产品,3号箱取3件产品……10号箱取10件产品。称它们的重量,若比标准重量轻10克则1号箱为次品;比标准重量轻20克,则2号箱为次品;比标准重量轻30克,则3号箱为次品……比标准重量轻100克,则10号箱为次品。

设取出产品重量为w,则次品的箱号为$((1+2+3+\cdots+10)\times 100-w)/10$。

(2) 注意如若不止一箱次品时,以上的方法就行不通了,例如:若称出的重量比标准重量轻30克时,可能1,2号两箱是次品,也可能3号一箱是次品。

不过以上方法的基本思想还是可以利用的,即根据取出每箱产品数量的差异和取出产品的总重量与标准重量误差,来分析推算次品的箱号。

数字化过程:同样,先将箱子编码1,2,…,10。用枚举方法分析问题,由小到大讨论。

从1号箱取1件产品,若最后总重量比标准重量轻10克,则1号箱为次品。

从2号箱取2件产品,若最后总重量比标准重量轻20克,则2号箱为次品。

从3号箱取3件产品,若最后总重量比标准重量轻30克,无法识别哪些箱是次品。但从3号箱取4件产品,若最后总重量比标准重量轻30克,则1号、2号箱为次品;轻40克,肯定3号箱为次品。

再看4号箱,

① 取5件产品,若最后总重量比标准重量轻50克,无法识别哪些是次品,可能是1号箱、3号箱(分别取1件、4件)或5号箱为次品。

② 取6件产品,若最后总重量比标准重量轻60克,无法识别哪些是次品,可能是2号箱、3号箱(分别取2件、4件)或5号箱为次品。

③ 取7件产品,若最后总重量比标准重量轻70克,也无法识别哪些是次品,可能是1号箱、2号箱、3号箱(分别取1件、2件、4件)或5号箱为次品。

④ 取8件产品,则最后总重量比标准重量轻80克,则可以肯定4号箱为次品。

无须继续枚举就可看出,1,2,…,10号箱取产品的件数分别为$2^0,2^1,2^2,2^3,2^4,2^5,2^6,2^7,2^8,2^9$,即1,2,4,8,16,32,64,128,256,512件。

[注:当箱子数量较大时每箱取出的产品数量呈指数增长,数目太大时,有可能箱子中没有那么多产品,所以此算法并不现实。实际当中,若允许多次称量时可先采用开始介绍的只有一箱次品的方法编号,取产品,最后称量。分析出可能有次品的箱子,再在其中进一步进行编号、取产品、称量工作。这里就不深入讨论了。]

(3) 根据以上方法,取出产品称量。

轻10克1号箱为次品。

轻20克2号箱为次品。

轻30克1,2号箱为次品。

轻40克3号箱为次品。

轻50克1,3号箱为次品。

轻60克2,3号箱为次品。

轻70克1,2,3号箱为次品。

轻80克4号箱为次品。

轻 90 克 1,4 号箱为次品。

……

算法设计：怎样用算式或算法来识别误差与次品箱号的关系呢？首先计算标准总重量，存储在变量 $w1$ 中。输入称取的实际总重量，存储在变量 $w2$ 中。然后计算出比标准重量轻多少，仍存储在变量 $w1$ 中。

当 $w/10=2^k$ 时，则 $k+1$ 号箱为唯一的一箱次品。

当 $w/10>2^k$ 时，k 取最大时记为 $k1$，$k1+1$ 号箱为次品箱。

继续讨论 $w/10-2^{k1}>2^k$ 时，k 取最大时记为 $k2$，$k2+1$ 号箱为次品箱。

……

直到取等号 $w/10-2^{ki-1}=2^{ki}$ 时，$ki+1$ 号箱为次品箱，此时不再有次品。

【注意】 从具体到抽象的方法虽然效率低但很实用，且能够感受到数学的重要性。

算法 1 如下：

```
main( )
{ int i,k,n,t;
  long w1,w2;
  print("Input the number of boxes: ");
  input(n);
  t = 1;
  for (i = 1; i <= n; i = i + 1)
    {print(i,"box take",t,"units.");
     w1 = w1 + t;
     t = t * 2;
     }
  w1 = w1 * 100;
  print("normal weight ",w1);
  print(" Input reality weight");
  input(w2);
  w1 = (w1 - w2)/10;
  while (w1 <> 0)
        {k = 0;
        t = 1;
        while (w1 - t > 0)
              {t = t * 2;
              k = k + 1; }
              print(k,"box is bad ");
              w1 = w1 - t/2;
        }
}
```

算法说明：算法中的最后一个内层 while 循环及其后语句，是用于计算最接近当前重量 $w1$ 的 2^k，k 号箱就是次品箱。这个过程可以通过使用程序设计语言提供的库函数来完成吗？回答是肯定的。

算法 2 如下：

```
main( )
{ int i,k,n,t;
  long w1,w2;
  print("Input the number of boxes: ");
input(n);
```

```
    t = 1;
    for (i = 1; i <= n; i = i + 1)
       {print(i,"box take",t,"letter.");
        w1 = w1 + t;
        t = t * 2;
        }
    w1 = w1 * 100;
    print("\n normal weight ",w1);
    print("Input reality weight");
    input(w2);
    w1 = (w1 - w2)/10;
    while(w1 <> 0)
       {k = log(w1)/log(2);        // 以 2 为底取对数
        print(k + 1,"is bad");
        w1 = w1 - pow(2,k);        // pow(2,k)的功能是求 2 的 k 次方
        }
    }
```

算法分析:算法 2 利用数学知识节省了设计时间,比算法 1 简单,好理解;但算法 2 由于要进行函数调用,效率比算法 1 稍低。

【例 36】 编写算法对输入的一个整数,判断它能否被 3,5,7 整除,并输出以下信息之一:

能同时被 3,5,7 整除;

能被其中两个数(要指出哪两个)整除;

能被其中一个数(要指出哪一个)整除;

不能被 3,5,7 任一个整除。

算法设计:要用逻辑表达式表示第一、四两种情况很简单,但要准确表示第二、三两种情况就比较复杂了。若用 3.3.1 节"算术运算的妙用"中"算术运算"的技巧就能避免复杂的逻辑表达式了,如下面的算法 1。但算法 1 只能输出输入能被 3,5,7 中几个数整除的数据,而不能指出输入数据具体能被 3,5,7 中哪几个数整除。而结合"信息数字化"技巧能较好地解决此问题,如下面的算法 2。

算法 1 如下:

```
main( )
{long n;
 int k;
 print("Please enter a number: ");
 input(n);
 k = (n mod 3 = 0) + (n mod 5 = 0) + (n mod 7 = 0)
 switch (k)
   {case 3: print("All"); break;
    case 2: print("two"); break;
    case 1: print("one"); break;
    case 0: print("none"); break; }
}
```

算法 2 如下:

```
main( )
{long n;
 int k;
 print("Please enter a number: ");
```

```
input(n);
k = (n mod 3 = 0) + (n mod 5 = 0) * 2 + (n mod 7 = 0) * 4
switch (k)
    {  case  7: print("All"); break;
       case  6: print("5 and 7"); break;
       case  5: print("3 and 7"); break;
       case  4: print("7"); break;
       case  3: print("3 and 5"); break;
       case  2: print("5"); break;
       case  1: print("3"); break;
       case  0: print("none"); break; }
}
```

算法说明：算法中 k 表示整除的情况值。算法 1 中，k 的范围是 0～3 可以表示 4 种情况，而算法 2 中，为 k 赋值的表达式是"(n mod 3＝0)＋(n mod 5＝0) * 2＋(n mod 7＝0) * 4"，k 的范围是 0～7，可以表示 8 种情况。

算法 2 中，既运用算术运算的技巧，又较好地运用了"数字化"标识信息的技巧。所以变量 k 的信息含量更高，从而输出的结果更具体。

【思考】 相信由上一个例题，大家能理解表达式

```
k = (n mod 3 = 0) + (n mod 5 = 0) * 2 + (n mod 7 = 0) * 4
```

中，3 个条件表达式的系数为什么分别是 1，2，4。正是这 3 个系数使 3 个条件具有了不同的信息量，标志了 8 种不同的情况。

3.4　优化算法的数学模型

本节介绍一些数学模型在算法设计中的应用。通过选择恰当的数学模型，可以使算法的效率更高、占用空间更合理或使算法更简洁。

1. 认识数学模型和数学建模

数学模型

说到数学建模，有好多人感到不知所云，下面看一个很简单的例子。

已知有 5 个数，求前 4 个数与第 5 个数分别相乘后的最大数。给出两个算法分别如下：

```
max1(int a, int b, int c, int d, int e)
  {int x;
  a = a * e;
  b = b * e;
  c = c * e;
  d = d * e;
  if (a > b)
      x = a;
  else
      x = b;
  if (c > x)
      x = c;
  if (d > x)
      x = d;
  print(x);
  }
```

```
max2(int a, int b, int c, int d, int e)
{int x;
if (a > b)
   x = a;
else
   x = b;
if (c > x)
   x = c;
if (d > x)
   x = d;
x = x * e;
print(x);
}
```

算法分析：表 3-3 给出了两个算法基本操作的次数。

表 3-3　算法操作次数比较

算　法	乘　法	赋　值	条件判断
max1	4	7	3
max2	1	4	3

两个算法的思路是一样的。4 个数据取最大值，先选出前两个数据中较大的存储在变量 x 中，然后和后两个数据进行比较，发现大的数据就将其存储在 x 中，则最后 x 存储的就是 4 个数据中最大的数据。效率之所以不同是由于两个算法基于的数学模型是不同的。

算法 max1 可以说没有用数学知识，按题目描述先求积，再求解 4 个积的最大值。而算法 max2，利用数学上的一个简单常识，两个数乘以相同的数，原来大数的积就大，原来小数的积就小。基于这样的数学模型，算法 max2 先求出 4 个数的最大值，然后再求积。由于使用了不同的数学模型，一个算法先求积再求最大值，另一个算法先求最大值再求积，导致后一个算法的效率明显要高于前一个算法。

由上面的例子可以看出，要想对问题建立数学模型，必须掌握必要的数学知识。所谓"掌握"，在本节中更多的是指"巩固和复习"已学过的知识和术语，如：多数学生明白质数的概念，但说到素数就不知所云，其实它们是同一个概念；对于因数、质因数、最大公约数和最小公倍数概念，都是小学的知识，可以说无人不知无人不晓，但用这些概念去建立模型的能力就比较匮乏了。本节先介绍一些数学建模基本概念，然后在小节中通过一些例子了解数学建模在算法设计的重要性。

什么是数学模型？数学模型(mathematical model)是利用数学语言(符号、式子与图像)模拟现实的模型。把现实模型抽象、简化为某种数学结构是数学模型的基本特征。它或者能解释特定现象的现实状态，或者能预测到对象的未来状况，或者能提供处理对象的最优决策或控制。

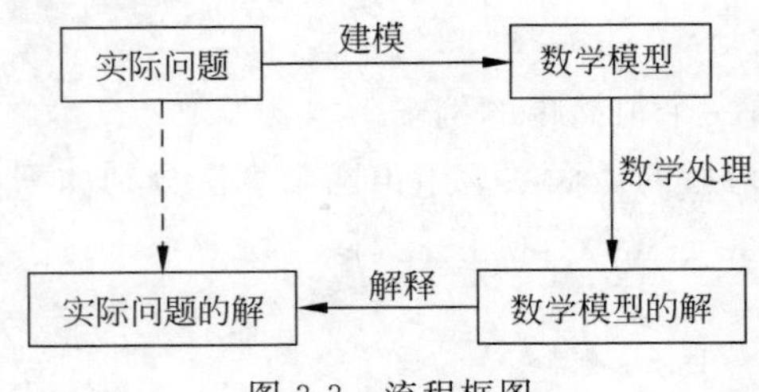

图 3-3　流程框图

数学建模就是把现实世界中的实际问题加以提炼，构造出数学模型，求出模型的解，验证模型的合理性，并用该数学模型所提供的解答来解释现实问题，把数学知识的这一应用过程称为数学建模。流程框图如图 3-3 所示。

数学建模是一个专门的学科，数学建模中还有很多复杂的数学知识，如模糊数学、线性规划、非线性规划、随机规划、概率与数理统计、最优化理论、图论和组合数学，这些知识都有专门书籍供大家深入学习。

2. 数学建模的基本方法

通用而简单的数学建模方法，主要是归纳法。从分析问题的几种简单的、特殊的情况中，发现一般规律或做出某种猜想，从而找到解决问题的途径。这种研究问题方法叫作归纳法。归纳法是从简单到复杂，由个别到一般的一种研究方法，也就是俗称的"找规律"。

在分析问题时，一般是从问题的初始情况开始，人工地枚举问题的发展情况，从而找到到达目标的方法。但也有的问题是要倒过来进行的，在固定问题规模的情况下，倒着考虑最后一步是怎么样得到的，从而发现解决问题的方法。

在算法设计中建立数学模型，还需要具备一定的数学、物理等领域的知识。下面就看一些与数学建模相关的算法设计问题。

3.4.1　杨辉三角形的应用

有些数学知识，是大家所熟知的，但知识间彼此的关系却不太明了。例如，n 次二项式和杨辉三角形虽然都是熟悉的概念，若不知道二者关系，可能会设计出效率较低的算法。看下面的例子。

【例 37】 求 n 次二项式各项的系数，已知二项式的展开式为：

$$(a+b)^n=C_n^0a^n+C_n^1a^{n-1}b+C_n^2a^{n-2}b^2+\cdots+C_n^nb^n$$

模型建立：若只利用组合数学的知识，直接建模。

$$C_n^k=\frac{n!}{k!\,(n-k)!}\qquad k=0,1,2,3,\cdots,n$$

用这个公式去计算，$n+1$ 个系数，将需要进行很多次累乘，当 n 比较大时，算法将因时间效率太低，而不被接受。即使考虑到了前后系数之间的数值关系：

$$C_n^{k+1}=C_n^k\cdot\frac{n-k}{k+1}$$

算法中也会有大量的乘法和除法运算，效率也是比较低的。

有一个数学常识：各阶多项式的系数，呈杨辉三角形的规律，具体如下。

$(a+b)^0$	1				
$(a+b)^1$	1	1			
$(a+b)^2$	1	2	1		
$(a+b)^3$	1	3	3	1	
$(a+b)^4$	1	4	6	4	1
$(a+b)^5$	…				

以这个知识为基础，求 n 次二项式的系数的数学模型就是求 n 阶杨辉三角形，这时算法中只需做一些简单的加法运算，效率就很高了。具体算法设计如下。

算法设计要点：这些系数间有明显的规律，即除了首尾两项系数为 1 外，当 $n>1$ 时，$(a+b)^n$ 的中间各项系数是 $(a+b)^{n-1}$ 的相应两项系数之和，如果把 $(a+b)^n$ 的 $n+1$ 的系数列为数组 c，则除了 $c(1)$，$c(n+1)$ 恒为 1 外，设 $(a+b)^n$ 的系数为 $c(i)$，$(a+b)^{n-1}$ 的系数设为 $c'(i)$。则有如下代码。

```
c(i) = c′(i) + c′(i-1)
```

而当 $n=1$ 时，只有两个系数 $c(1)$ 和 $c(2)$（值都为 1）。不难看出，对任何 n，$(a+b)^n$ 的二项式系数可由 $(a+b)^{n-1}$ 的系数求得，直到 $n=1$ 时，两个系数有确定值，故可写成递归子算法。

算法如下：

```
coeff(int a[ ],int n)
{if(n=1)
  {a[1]=1;
   a[2]=1; }
 else
```

```
    {coeff(a,n-1)
     a[n+1]=1
     for (i=n; i>=2; i=i-1)
      a[i]=a[i]+a[i-1];
     a[1]=1;
    }
}
main( )
{int a[100],i,n;
 input(n);
 for(i=1; i<=n; i=i+1)
    input(a[i]);
 coeff(a,n);
 for(i=1; i<=n; i=i+1)
 print(a[i]);
}
```

算法分析：算法的主要操作为加法，复杂度为 $O(n^2)$。

【**思考**】 用非递归方法，二维数组也可以完成该算法，请读者自己尝试。

3.4.2 最大公约数的应用

建立数学模型需要具备一定的抽象能力，抽象能力不仅仅要靠天生的感悟，还需要从具体的实例中，归纳总结出问题规律性的、本质性的东西。也就是说认识问题应该是从具体到抽象，不可能有空中楼阁。看下面的例子。

【**例 38**】 数组中有 n 个数据，要将它们顺序循环向后移 k 位，即前面的元素向后移 k 位，后面的元素则循环向前移 k 位，例如：0,1,2,3,4 循环移 3 位后为 2,3,4,0,1。考虑到 n 会很大，不允许用 $2\times n$ 以上个空间来完成此题。

问题分析 1：若题目中没有关于存储空间的限制，则可以方便地开辟两个一维数组，一个存储原始数据，另一个存储移动后的数据。由于在"循环"后移的过程中，开始的元素确实是从前向后移，但数组中后 k 个元素实际是在从后向前移，由数学知识，通过求余运算就可以解决"循环"后移的问题。

算法 1 如下：

```
main( )
{int a[100],b[100],i,n,k;
 input(n,k);
 for(i=0; i<n; i=i+1)
    input(a[i]);
 for(i=0; i<n; i=i+1)
    b[(k+i) mod n]=a[i];
 for(i=0; i<n; i=i+1)
    print(b[i]);
}
```

这个算法的时间效率是 $O(n)$，空间效率也是 $O(n)$。

问题分析 2：在算法有空间限制的情况下，一种简单的方法是：

(1) 将最后一个存储空间的数据，存储在临时存储空间中；

(2) 其余数据逐个向后移动一位。

这样操作一次所有数据移动一位，共操作 k 次就能完成问题的要求。

算法 2 如下：

```
main( )
{  int a[100],b[100],i,j,n,k,temp;
   input(n,k);
   for(i = 0; i < n; i = i + 1)
      input(a[i]);
   for(i = 0; i < k; i = i + 1)
      {temp = a[n - 1];
       for(j = n - 1; j > 0; j = j - 1)
          a[j] = a[j - 1];
       a[0] = temp;
      }
   for(i = 0; i < n; i = i + 1)
      print(b[i]);
}
```

若要考虑到有 $k>n$ 的可能性，这样的移动会出现重复操作，可以在输入数据后，执行 $k=k \bmod n$；操作，可以保证不出现重复移动的情况。这时算法的移动(赋值)次数为 $k*n$。当 n 较大时，算法的效率比较低。

问题分析 3：能不能只利用一个临时存储空间，把每一个数据一次移动到位呢？抽象地考虑这个问题有点难，用具体的数据来讨论。

(1) 一组循环移动的情况。

通过计算可以确定某个元素移动后的具体位置，如 $n=5,k=3$ 时，0,1,2,3,4 循环移 3 位后为 2,3,4,0,1。

可通过计算得出 0 移到 3 的位置，3 移到 1 的位置，1 移到 4 的位置，4 移到 2 的位置，2 移到 0 的位置；一组移动(0-3-1-4-2-0)正好将全部数据按要求进行了移动。这样只需要一个辅助变量，每个数据只需要一次移动就可完成整个移动过程。

如果算法就这样按一组移动去解决问题，就错了。因为还有其他情况。

(2) 多组循环移动的情况，再看下一个例子，当 $n=6,k=3$ 时，0,1,2,3,4,5 经移动的结果是 3,4,5,0,1,2。

0 移到 3 的位置，3 移到 0 的位置，并不像上一个例子，一组循环移动(0-3-0)没有将全部数据移动到位。还需要(1-4-1,2-5-2)两组移动，共要进行 3 组循环移动(1-4,2-5,3-6)才能将全部数据操作完毕。

那么，循环移动的组数，与 k,n 是怎么样的关系呢？实例太少还不容易看出规律，下面再看一个例子，当 $n=6,k=2$ 时，0,1,2,3,4,5 经移动的结果是 4,5,0,1,2,3。

0 移到 2 的位置，2 移到 4 的位置，4 移到 0 的位置，一组移动(0-2-4-0)完成了 3 个数据的移动，接下来，还有一组 1-3-5-1。共进行两组循环移动，就能将全部数据移动完毕。

相信有这 3 个实例，就可以建立以下的数学模型了。

数学模型：由以上的分析和实例以及数学知识应该“感知”，问题与 n 和 k 最大公约数有关，即循环移动的组数等于 n 与 k 的最大公约数。这就是利用数学知识建模的过程。“感知”是否正确可以通过数学方法证明(就像哥德巴赫猜想先有猜想的结论，再力求证明)，或通过算法进行大量的数据验证。简单一些可采用后者。

算法设计：

(1) 编写函数,完成求 n,k 最大公约数 m 的功能。

(2) 进行 m 组循环移动。

(3) 每组移动进行 n/m 次。通过计算可以确定某个元素移动后的具体位置。在移动之前,用临时变量存储需要被覆盖的数据。

综上算法 3 如下：

```
ff(int a,int b)
{int i,t=1;
  for (i=2; i<=a and i<=b; i=i+1)
    while (a mod i=0 and b mod i=0)
        {t=t*i;
         a=a/i;
         b=b/i; }
  return(t);
}
  main( )
  {int a[100],b0,b1,i,j,n,k,m,tt;
   print("input the number of data");
   input(n);
   print("input the distant of moving");
   input(k);
   for(i=0; i<n; i=i+1)
     input(a[i]);
   m=ff(n,k);
   for(j=0; j<m; j=j+1)
     {b0=a[j];
      tt=j;
      for(i=0; i<n/m; i=i+1)
          {tt=(tt+k) mod n;
           b1=a[tt];
           a[tt]=b0;
           b0=b1; }
     }
   for(i=0; i<n; i=i+1)
      print(a[i]);
  }
```

算法分析：算法中,每组循环移动都是从前向后进行的,这样每次移动之前,都需要将后面的数据先存入辅助存储空间中,一次移动需要两次赋值,总体大约需要赋值 $2n$ 次。

能不能继续提高效率为只赋值 n 次呢？请考虑改进每组循环移动的方式为从后开始移动,以提高运行效率。例如：

$n=6,k=2$ 时,第一组循环移动 0-2-4,在算法 3 中是这样实现的：

```
a[0]=>b0,
a[2]=>b1,b0(a[0])=>a[2],b1=>b0;
a[4]=>b1,b0(a[2])=>a[4],b1=>b0;
a[0]=>b1,b0(a[4])=>a[0],b1=>b0;
```

改进后(和算法 2 类似)：

```
a[4]=>b,a[2]=>a[4],a[0]=>a[2],b=>a[0]
```

将每组最后一个数据元素存储在辅助存储空间，以后就可以安全地覆盖后面的数组元素了(注意覆盖顺序)。这样，一组循环移动只需要一次将数据存入辅助存储空间，其后一次移动只需要一次赋值，全部工作大约需要赋值 n 次就可完成。请读者尝试完成。

【思考】 有读者总是认为自己缺乏算法设计的灵感，从这个问题的数学模型建立过程，相信应该理解为什么说“勤奋是成功的基础”。

3.4.3 公倍数的应用

利用公倍数解决一些数学问题在小学阶段已学过。例如“某数分别除以 3,5,8 的余数均为 2,求满足条件的最小自然数”是一个同余问题，问题的解是：[3,5,8]的最小公倍数+2，其中道理不难理解。对于余数不相同的问题，在小学的数学中没有介绍，但能通过余数和公倍数的知识，建立数学模型。看下面的例子。

【例 39】 编写算法完成下面给“余”猜数的游戏。

心里先想好一个 1～100 的整数 x，将它分别除以 3,5 和 7 并得到 3 个余数。把这 3 个余数输入计算机，计算机能马上猜出这个数。游戏过程如下：

```
Please think of a number between 1 and 100
Your number divided by 3 has a remainder of 1
Your number divided by 5 has a remainder of 0
Your number divided by 7 has a remainder of 5
let me think a moment…
Your number was 40
```

问题分析：一种简单的办法就是从 1～100 逐一去尝试问题的解。这里通过“找出余数与求解数之间的关系”，也就是建立问题数学模型来解决。

数学模型：先看基本的数学常识。

(1) 当 $s=u+3\times v+3\times w$ 时，s 除以 3 的余数与 u 除以 3 的余数是一样的。

(2) 对 $s=cu+3\times v+3\times w$，当 c 除以 3 余数为 1 的数时，s 除以 3 的余数与 u 除以 3 的余数也是一样的。证明如下：

c 除以 3 余数为 1，记 $c=3\times k+1$，则 $s=u+3\times k\times u+3\times v+3\times w$，由(1)的结论，上述结论正确。

为了好讲解，先给出问题的数学模型，再讲解模型建立的道理。记 a,b,c 分别为所猜数据 d 除以 3,5,7 后的余数，则 $d=70\times a+21\times b+15\times c$ 为问题的数学模型，其中 70 称作 a 的系数，21 称作 b 的系数，15 称作 c 的系数。下面来看一下建立模型的道理。

由以上数学常识，a、b、c 的系数必须满足：

(1) b、c 的系数能被 3 整除，且 a 的系数被 3 整除余 1，这样 d 除以 3 的余数与 a 相同。

(2) a、c 的系数能被 5 整除，且 b 的系数被 5 整除余 1，这样 d 除以 5 的余数与 b 相同。

(3) a、b 的系数能被 7 整除，且 c 的系数被 7 整除余 1，这样 d 除以 7 的余数与 c 相同。

由此可见：c 的系数是 3 和 5 的公倍数且被 7 整除余 1，正好是 15；

a 的系数是 7 和 5 的公倍数且被 3 整除余 1，最小只能是 70；

b 的系数是 7 和 3 的公倍数且被 5 整除余 1，正好是 21。

算法设计：用以上模型求解的数 d，可能比 100 大，这时只要减去 3,5,7 的最小公倍数就是问题的解了。

游戏算法如下：

```
main( )
{int a,b,c,d;
 print("please think of a number between 1 and 100.");
 print("your number divided by 3 has a remainder of");
 input(a);
 print("your number divided by 5 has a remainder of");
 input(b);
 print("your number divided by 7 has a remainder of");
 input(c);
 print("let me think a moment…");
 d = 70 * a + 21 * b + 15 * c;
 while (d > 105)
     d = d - 105;
 print("your number was ",d);
}
```

【思考】 若3个除数和余数都是由用户给出，如何设计算法？

3.4.4 斐波那契数列的应用

斐波那契(Fibonacci Leonardo，约1175—1250)是意大利著名数学家。他最重要的研究成果是在不定分析和数论方面，他的“斐波那契数列”成为世人热衷研究的问题。斐波那契数列有如下特点：

$$a(1),a(2)\text{已知}$$
$$a(n)=a(n-1)+a(n-2)\quad n\geqslant 3$$

这个数列在许多问题中都会出现，如兔子繁殖问题、树枝问题、上楼方式问题、蜂房问题、声音问题、花瓣问题……看下面的例子。

【例40】 楼梯上有n阶台阶，上楼时可以一步上1阶，也可以一步上2阶，编写算法计算共有多少种不同的上楼梯方法。

数学模型：此问题如果按照习惯，从前向后思考，也就是从第一阶开始，考虑怎么样走到第二阶、第三阶、第四阶……则很难找出问题的规律；而反过来先思考“到第n阶有哪几种情况？”，答案就简单了，只有“两种”情况。

(1) 从第$n-1$阶到第n阶；

(2) 从第$n-2$阶到第n阶。

记n阶台阶的走法数为$f(n)$，则

$$f(n)=\begin{cases}1 & n=1\\ 2 & n=2\\ f(n-1)+f(n-2) & n>2\end{cases}$$

读者要通过此例题学会“反向分析法”的应用，其实这种方法和递归设计一样，就是找出大规模问题与小规模问题之间的关系，而这个关系正好符合斐波那契数列的规律。

算法设计：根据数学模型，算法可以用递归或循环完成，下面是问题的递归算法，非递归算法课后完成。

算法如下：

```
main( )
    {int n: ;
     print('n = ');
     input(n);
     print('f(',n,') = ',f(n));
    }
f(int n)
    {if (n = 1)
        return(1);
     if (n = 2)
        return(2);
     else
        return(f(n - 1) + f(n - 2));
    }
```

一个算法的数学模型非常重要，数学模型不等于数学公式，而其建立也不等于算法设计，数学模型确定后，算法设计就是用数学模型（知识、公式或理论）设计高效算法解决问题。有的问题如果不建立数学模型，而是用后面将要学习到的枚举或穷举搜索等复杂的算法策略，反而会把问题搞得很复杂，且效率很低。

3.4.5　特征根求解递推方程

数学模型的应用可以大幅提高算法的效率，看下面的例题。

【例 41】　核反应堆中有 α 和 β 两种粒子，每秒钟内一个 α 粒子变化为 3 个 β 粒子，而一个 β 粒子可以变化为 1 个 α 粒子和 2 个 β 粒子。若在 $t=0$ 时刻，反应堆中只有一个 α 粒子，求在 t 时刻的反应堆中 α 粒子和 β 粒子数。

数学模型 1：本题中共涉及两个变量，设在 i 时刻 α 粒子数为 n_i，β 粒子数为 m_i，则有 $n_0=1, m_0=0, n_i=m_{i-1}, m_i=3n_{i-1}+2m_{i-1}$。

算法设计：由以上数学模型，本题便转化为求数列 n_i 和 m_i 的第 t 项，可用递推的方法求得 n_t 和 m_t，此模型的算法如下：

```
main( )
 {int n[100],m[100],t,i;
  input(t);
  n[0] = 1;                    // 初始化操作
  m[0] = 0;
  for (i = 1; i <= t; i = i + 1)  // 进行 t 次递推
    { n[i] = m[i - 1];
      m[i] = 3 * n[i - 1] + 2 * m[i - 1]; }
  print(n[t]);                 // 输出结果
  print(m[t]);
 }
```

算法分析：此模型的空间需求较小，时间复杂度为 $O(n)$，但随着 n 的增大，所需时间越来越大。

数学模型 2：设在 t 时刻的 α 粒子数为 $f(t)$，β 粒子数为 $g(t)$，依题可知：

$$\begin{cases} g(t)=3f(t-1)+2g(t-1) & (1) \\ f(t)=g(t-1) & (2) \\ g(0)=0, f(0)=1 \end{cases}$$

下面求解这个递归函数的非递归形式。

由(2)得

$$f(t-1)=g(t-2) \tag{3}$$

将(3)代入(1)得

$$g(t)=3g(t-2)+2g(t-1) \quad (t\geqslant 2) \tag{4}$$

$$g(0)=0,\quad g(1)=3$$

(4)式的特征根方程为:

$$x^2-2x-3=0$$

其特征根为 $x_1=3, x_2=-1$。

所以该式的递推关系的通解为:

$$g(t)=C_1\cdot 3^t+C_2\cdot(-1)^t$$

代入初值 $g(0)=0, g(1)=3$ 得:

$$C_1+C_2=0$$

$$3C_1-C_2=3$$

解此方程组:

$$C_1=3/4,\quad C_2=-3/4$$

所以该递推关系的解为:

$$g(t)=\frac{3}{4}\cdot 3^t-\frac{3}{4}\cdot(-1)^t$$

$$f(t)=g(t-1)=\frac{3}{4}\cdot 3^{t-1}-\frac{3}{4}\cdot(-1)^{t-1}$$

即

$$f(t)=\frac{3^t}{4}+\frac{3}{4}\cdot(-1)^t$$

由数学模型 2,设计算法 2 如下:

```
main( )
{ int t,i;
  input(t);
  n = int(exp(t * ln(3)));
  m = int(exp((t + 1) * ln(3)));
  if (t mod 2 = 1)
     {n = n - 3;
      m = m + 3; }
  else
      {n = n + 3;
       m = m - 3; }
  n = n\4;                //4 整除 n
  m = m\4;                //4 整除 m
  print(n);
  print(m);
}
```

算法分析:在数学模型 2 中,运用数学的方法建立了递归函数并转化为非递归函数。它的优点是算法的复杂性与问题的规模无关。针对某一具体数据,问题的规模对时间的影响微乎其微。

通过以上两个模型可以看出，模型2抓住了问题的本质，尤其成功地运用了组合数学中关于常系数线性齐次递推关系求解的有关知识，因而使算法本身既具有通用性和可计算性，同时又达到了零信息冗余。

习题

(1) 求 $2+22+222+2222+\cdots+\underbrace{22\cdots22}_{n个2}$(精确计算)。

(2) 编写一个算法，其功能是给一维数组 a 输入任意6个整数，假设为5,7,4,8,9,1，然后建立一个具有如图3-4所示的方阵，并打印出来(屏幕输出)。

(3) 编程打印形如图3-5所示的 $n\times n$ 方阵。

```
5 7 4 8 9 1
1 5 7 4 8 9
9 1 5 7 4 8
8 9 1 5 7 4
4 8 9 1 5 7
7 4 8 9 1 5
```

图3-4 方阵1

```
 1  2  3  4  5  6  7
24 25 26 27 28 29  8
23 40 41 42 43 30  9
22 39 48 49 44 31 10
21 38 47 46 45 32 11
20 37 36 35 34 33 12
19 18 17 16 15 14 13
```

图3-5 方阵2

(4) 编程打印形如图3-6所示的 $n\times n$ 方阵的上三角阵。

(5) 编写程序打印形如图3-7和图3-8所示的 $n\times n$ 方阵。

```
1   3   6   10  15
2   5   9   14
4   8   13
7   12
11
```

图3-6 上三角阵

```
1 1 1 1 1 1
1 2 2 2 2 1
1 2 3 3 2 1
1 2 3 3 2 1
1 2 2 2 2 1
1 1 1 1 1 1
```

图3-7 方阵3

```
1 1 1 1 1
1 2 2 2 1
1 2 3 2 1
1 2 2 2 1
1 1 1 1 1
```

图3-8 方阵4

(6) 键盘输入一个含有括号的四则运算表达式，可能含有多余的括号，编程整理该表达式，去掉所有多余的括号，原表达式中所有变量和运算符相对位置保持不变，并保持与原表达式等价。

例：输入表达式	应输出表达式
a + (b + c)	a + b + c
(a * b) + c/d	a * b + c/d
a + b/(c - d)	a + b/(c - d)

【注意】 输入 $a+b$ 时不能输出 $b+a$。表达式以字符串输入，长度不超过255，输入不要判错。所有变量为单个小写字母。只是要求去掉所有多余括号，不要求对表达式化简。

(7) 写出计算 ackermann 函数 ack(m,n)的递归计算函数。对于 $m\geqslant0,n\geqslant0$，ack(m,n)定义为：

```
ack(0,n) = n + 1;
ack(m,0) = ack(m - 1,1);
ack(m,n) = ack(m - 1,ack(m,n - 1));
```

图 3-9 蜂房

(8) 判断 s 字符串是否为"回文"的递归函数。

(9) 有一只经过训练的蜜蜂只能爬向右侧相邻的蜂房,不能反向爬行,如图 3-9 所示。试求出蜜蜂从蜂房 a 爬到蜂房 b 的可能路线数($0<a<b<100$)。

(10) 狼找兔子问题:一座山周围有 n 个洞,顺时针编号为 0,1,2,3,4,…,$n-1$。一只狼从 0 号洞开始,顺时针方向计数,每当经过第 m 个洞时,就进洞找兔子。例如 $n=5$,$m=3$,狼经过的洞依次为 0,3,1,4,2,0。输入 m、n。试问兔子有没有幸免的机会?如果有,该藏在哪里?

(11) 请编程求 $1\times2\times3\times\cdots\times n$ 所得的数末尾有多少个 0?(n 由键盘输入,$1000<n<10\,000$)

(12) 有 52 张牌,使它们全部正面朝上,第一轮是从第 2 张开始,凡是 2 的倍数位置上的牌翻成正面朝下;第二轮从第 3 张牌开始,凡是 3 的倍数位置上的牌,正面朝上的翻成正面朝下,正面朝下的翻成正面朝上;第三轮从第 4 张牌开始,凡是 4 的倍数位置上的牌按上面相同规则翻转,以此类推,直到翻的牌超过 104 张为止。统计最后有几张牌正面朝上,以及它们的位置号。

(13) A,B,C,D,E 5 人为某次竞赛的前五名,他们在名次公布前猜名次。

A 说:B 得第三名,C 得第五名。

B 说:D 得第二名,E 得第四名。

C 说:B 得第一名,E 得第四名。

D 说:C 得第一名,B 得第二名。

E 说:D 得第二名,A 得第三名。

结果每个人都猜对了一半,实际名次是什么呢?

(14) 编写算法求满足以下条件的 3 位整数 n:它是完全平方数,其中又有两位数字相同,如 144、676 等。

(15) 两个乒乓球队进行比赛,各出 3 人。甲队为 A、B、C 3 人,乙队为 X、Y、Z 3 人,已抽签决定比赛名单。有人向队员打听比赛的名单,A 说他不和 X 比,C 说他不和 X、Z 比,请编写算法找出 3 对赛手的名单?

(16) 编写算法对输入的一个整数,判断它能否被 4,7,9 整除,并输出以下信息之一:

能同时被 4,7,9 整除;

能被其中两个数(要指出哪两个)整除;

能被其中一个数(要指出哪一个)整除;

不能被 4,7,9 任一个整除。

(17) 完成给"余"猜数的游戏:

心里先想好一个 1~100 的整数 x,将它分别除以 3,4 和 7 并得到 3 个余数。把这 3 个余数输入计算机,计算机能马上猜出这个数。

```
Please think of a number between 1 and 100
```

```
Your number divided by 3 has a remainder of 1
Your number divided by 4 has a remainder of 0
Your number divided by 7 has a remainder of 5
Let me think a moment…
Your number was 40
```

(18) 求这样的两个数据：5 位数=2×4 位数，9 个数字互不相同。

(19) 编写一函数，输入一个十六进制数，输出相应的十进制数。

(20) 用 1,2,3,4,5,6,7,8,9 这 9 个数字，填入□中使等式成立，每个数字恰好用一次：□□×□□□=□□□□。

(21) 求这样的 6 位数：SQRT(6 位数)=3 位数，9 个数字互不相同(SQRT 表示开平方)。

(22) 键盘输入 n 个正整数，把它们看作一个"数圈"，求其中连续 4 个数之和最大者。

(23) 输入一个 5 位数以内的正整数，完成以下操作：

① 判断它是几位数。

② 请按序输出其各位数字。

③ 逆序输出其各位数字。

(24) 乘式还原，有乘法运算如下：

```
  ○○○
×   ○
─────
 ○○○○
```

式中 8 个○位置上的数字全部是素数，请还原这算式。

(25) 乘式还原，有乘法运算如下：

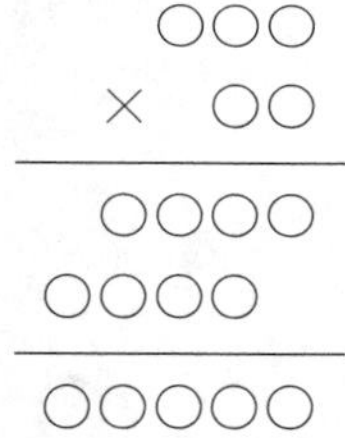

式中 18 个○位置上的数字全部是素数(2,3,5 或 7)，请还原这算式。

(26) 读入自然数 m 和 n($0\leqslant m<n\leqslant 1000$)，判断分数 m/n 是有限小数还是循环小数。如果 m/n 是有限小数，则输出分数的值；如果 m/n 为循环小数，则把循环部分括在括号中打印输出。

(27) 月份翻译：编程当输入数据为 1～12 时，翻译成对应的英语月份，如输入"3"翻译输出"march"。

第3篇 核心篇

本篇内容：

第4章 基本的算法策略

现在计算机能解决的实际问题种类繁多，解决问题的方法更是不胜枚举，但还是有一些基本方法、策略是可以遵循的。本章介绍的就是一些通用的算法设计基本策略。在学习中除了注意每种策略本身外，还要注意每种策略所适用的问题。这样当遇到问题时，就能仔细分析问题本身所具有的特性，然后根据这些特性选择适当的设计策略去求解。

4.1 迭代算法

迭代算法(iteration)也称“辗转法”，是一种不断用变量的旧值递推出新值的解决问题的方法。迭代算法一般用于数值计算。迭代算法应该是众所周知的算法策略，“程序设计语言”课程中所学的累加、累乘都是迭代算法策略的基础应用。

利用迭代算法策略求解问题，设计工作主要有 3 步。

1) 确定迭代模型

根据问题描述，分析得出前一个(或几个)值与其下一个值的迭代关系数学模型。当然，这样的迭代关系最终会迭代出求解的目标。

确定迭代模型是解决迭代问题的关键。

2) 建立迭代关系式

递推数学模型一般是带下标的字母，算法设计中要将其转化为“循环不变式”——迭代关系式。迭代关系式就是一个直接或间接地不断由旧值递推出新值的表达式，存储新值的变量称为迭代变量。

迭代关系式的建立是迭代算法设计的主要工作。

3) 对迭代过程进行控制

确定在什么时候结束迭代过程，是设计迭代算法时必须考虑的问题。

迭代过程的控制通常可分为两种情况：一种是已知或可以计算出所需迭代次数，这时可以构建一个固定次数的循环来实现对迭代过程的控制；另一种是所需的迭代次数无法确定，需要分析出迭代过程的结束条件，甚至要考虑有可能得不到目标解(迭代不收敛)的情况，避免出现迭代过程的死循环。

【思考】 迭代模型是通过小规模问题的解逐步求解大规模问题的解，表面看正好与递归算法设计相反，但也找到了大规模问题与小规模问题的关系。本节的算法都是用循环机制实现的，但同时也都可以用递归机制实现，请读者尝试。相信尝试后，定能体会到递归算法设计的简便之处。

递推算法

4.1.1 递推算法

递推(recursion)算法是迭代算法的最基本的表现形式。一般来讲,一种简单的递推方式,是从小规模的问题推解出大规模问题的一种方法,也称为"正推"。如累加过程就是在求出前 $n-1$ 项和的基础上推出前 n 项和的,递推公式是 $S_n=S_{n-1}+A_n$。由于无须保存每次的累加结果,所以用一个迭代变量 s 存储每次的累加结果,累加对象存储在变量 a 中,这样递推公式就抽象成"循环不变"的累加式 $s=s+a$。

下面通过例子进一步说明递推算法的设计过程。

【例 1】 兔子繁殖问题。

问题描述:一对兔子从出生后第三个月开始,每月生一对小兔子。小兔子到第三个月又开始生下一代小兔子。假若兔子只生不死,1 月抱来一对刚出生的小兔子,问 1 年中每个月各有多少对兔子?

问题分析:寻找问题的规律性,需要通过对现实问题的具体实例进行分析,从而抽象出其中的规律。最基本的分析方法之一是"枚举"(这也是基本的算法思想之一,见 4.2.1 节),也就是将问题的求解过程及各种不同的情况一一列举出来,从中发现解决问题的方法。下面就分析兔子繁殖的过程。

一对兔子从出生后第三个月开始每月生一对小兔子,第三个月以后每月除了有上一个月的兔子外,还有新出生的小兔子(在下面用斜体数字表示),则第三个月以后兔子的对数就是前两个月兔子对数的和。繁殖过程如下。

1 月	2 月	3 月	4 月	5 月	6 月	…
1	1	1+*1*=2	2+*1*=3	3+*2*=5	5+*3*=8	…

数学建模:$y_1=y_2=1, y_n=y_{n-1}+y_{n-2}, n=3,4,5\cdots$ 到此发现这个数列就是著名的斐波那契数列。

这里介绍一个斐波那契数列的小常识:当 n 趋于无穷时,斐波那契数列前后两项的商 (x_{n-1}/x_n) 趋于黄金分割数 0.618。

算法设计 1:这个算法若用数组作数据结构,算法非常简单,留给大家做练习。下面用普通变量作数据结构来编写算法。先用具体的变量 a、b 分别表示 1、2 月兔子的对数,3 月的小兔子对数 $c=a+b$,4 月的小兔子对数 $d=b+c+\cdots$ 直接用 12 个输出语句完成此问题是不符合算法基本思想的,这样的算法不具有通用性且不精练。下面是将数学模型用算法表示的讨论,也可以说是构造循环不变式的过程。

若表示每个月兔子对数的算术表达式不一样,就无法作为循环体。现在把 a、b 表示成某月的前 2 个月和前 1 个月的兔子的对数,它们的初值均为 1,这样 3 月兔子的对数 $c=a+b$;求 4 月兔子的对数时,先将 4 月前 2 个月和前 1 个月兔子的对数存储在变量 a、b 中,即 $a=b, b=c$,再将 4 月兔子的对数继续保存在变量 c 中,即 $c=a+b+\cdots$ 当然,这样操作,在变量中的数据被覆盖之前应先行输出已求解的结果。

算法 1 如下：

```
main( )
{  int i,a = 1,b = 1;
   print(a,b);
   for(i = 1; i< = 10; i = i + 1)
      {c = a + b;
       print (c);
       a = b;
       b = c;
      }
}
```

算法设计 2：构造“不变式”的方法很多，表 4-1 是一种递推迭代过程。

表 4-1 一种递推迭代表达式

1	2	3	4	5	6	7	8	9
a	b	$c=a+b$	$a=b+c$	$b=a+c$	$c=a+b$	$a=b+c$	$b=a+c$	…

由此归纳出可以用“$c=a+b$；$a=b+c$；$b=c+a$；”做循环“不变式”，这样一次循环其实是递推了 3 步，循环次数自然就要减少了。

算法 2 如下：

```
main( )
{  int i,a = 1,b = 1;
   print(a,b);
   for(i = 1; i< = 4; i = i + 1)
      {c = a + b;
       a = b + c;
       b = c + a;
       print(a,b,c);
      }
}
```

算法 2 最后输出的并不是 12 项，而是 2＋3×4 共 14 项。这样的算法不太完美，下面进一步讨论。

算法设计 3：前面算法的基本思路都是基于这样一个事实，前三个月的数据输出后就无须再继续保存了，从而构造了循环的“不变式”。其实一个赋值语句的执行过程是众所周知的——赋值过程是先计算后赋值，这样以上递推过程就无须引入第三个变量，如表 4-2 所示的递推迭代过程。

表 4-2 另一种递推迭代表达式

1	2	3	4	5	6	7	8	9
a	b	$a=a+b$	$b=a+b$	$a=a+b$	$b=a+b$	…		

由此归纳出可以用“$a=a+b$；$b=a+b$；”做循环“不变式”，从而得到算法 3：

```
main( )
  {int i,a = 1,b = 1;
   print(a,b);
```

```
    for(i = 1; i <= 5; i = i + 1)
       {a = a + b;
        b = a + b;
        print(a,b);
        }
  }
```

【注意】 后两种解法是在通过有限的变量(2个、3个)存储信息的基础上,在递推过程中发现"重复的周期",这种设计方法一般应用得比较少。如果从周期角度讨论,此题的算法1周期是"1",其他循环算法的周期都不是"1"。

【例2】 求两个整数的最大公约数。

问题分析:小学曾学习过用短除法手工求解此问题,模拟这个计算过程,可以设计出解决此问题的算法,在1.2.3节中已进行了介绍。下面给出一个求解效率更高的算法——辗转相除法。

数学建模:辗转相除法也是根据递推策略设计的。

不妨设两个整数$a>b$且a除以b商x余c;则$a-bx=c$,不难看出a,b的最大公约数也是c的约数(因为一个数能整除等式左边就一定能整除等式的右边),则a,b的最大公约数与b,c的最大公约数相同。同样方法推出b,c的最大公约数等于另外两个较小数据的最大公约数,直到推解出两个数据相除的余数为0时,除数即为所求的最大公约数。

算法设计:考虑循环"不变式"第一次是求a,b相除的余数c,第二次还是求a,b相除的余数,当然不是做"完全"重复的操作,由建模结论a,b的最大公约数与b,c相同,原来的a已无须保存,经$a=b$,$b=c$操作,就实现了第二次还是求a,b相除的余数,这就找到了循环不变式。循环在余数c为0时结束。

算法如下:

```
main( )
{ int a,b;
  input(a,b);
  if  (b = 0)
   { print("data error");
     return; }
  else
    {c = a mod b;
    while c <> 0
      {a = b;
       b = c;
       c = a mod b; }
     }
  print(b);
}
```

算法分析:用递推算法比用短除算法求解最大公约数效率高得多。同样,用手工求解这个问题时,辗转相除法也是一个快捷的方法。

【思考】 用相减法也可以求最大公约数:两个数中的大数减小数,其差与减数再进行大数减小数,直到差与减数相等为止,此时的差或减数就是最大公约数。思考为什么,并编写相应的算法,分析并说明其与辗转相除法哪个效率高。

4.1.2　倒推算法

所谓倒推算法(inverted recursion)是对某些特殊问题所采用的违反通常习惯的、从后向前推解问题的方法。如下的例 3 因不同方面的需求而采用了倒推策略。

例 3 在不知前提条件的情况下,经过从后向前递推,来求解问题的初始数据,即由结果倒过来推解它的前提条件。又如例 4 基于存储方面的要求,而必须从后向前进行推算。另外,在对一些问题进行分析或建立数学模型时,从前向后分析问题感到比较棘手,而采用倒推法(如例 5),则问题容易理解和解决。下面分别看这几个例子。

【例 3】　猴子吃桃问题。

一只小猴子摘了若干桃子,每天吃现有桃的一半多一个,到第 10 天时就只有一个桃子了,求原有多少个桃子?

数学模型:每天的桃子数为:

$$a_{10}=1, a_9=(1+a_{10})\times 2, a_8=(1+a_9)\times 2, \cdots$$

递推公式为:

$$a_i=(1+a_{i+1})\times 2 \quad i=9,8,7,6,\cdots,1$$

算法设计:由于每天的桃子数只依赖前一天的桃子数,所以用一个迭代变量代表桃子个数就可以了。

算法如下:

```
main( )
{int i,a;
 a = 1;
 for (i = 9; i > = 1; i = i - 1)
      a = (a + 1) * 2;
 print (a);
}
```

【例 4】　输出如图 4-1 所示的杨辉三角形(限定用 1 个一维数组完成)。

数学模型:图 4-1 中上下层数据之间的关系比较明显,中间的数据等于其上一行左上、右上两数据之和。

问题分析:因题目只要求输出,所以没有必要用二维数组存储。一般考虑用两个一维数组来完成要求,即由前一行(存储在一个一维数组中)递推后一行(存储在另一个一维数组中),依次进行可以较容易地完成题目。请大家尝试完成。

当然应该如题目中要求的,更有效地用一个一维数组即可完成要求。数组空间一般是由下标从小到大利用的,这样其实杨辉三角形是按图 4-2 所示的形式存储的。若求 n 层的杨辉三角形,则数组最多存储 n 个数据。

```
        1
      1   1
    1   2   1
  1   3   3   1
1   4   6   4   1
        …
```

图 4-1　杨辉三角形

```
1
1 1
1 2 1
1 3 3 1
1 4 6 4 1
…
```

图 4-2　杨辉三角形存储格式

算法设计：由以上分析，第 i 层有 i 列，需要求解 i 个数据。若从第 1 列向后计算，求第 i 行时，由于用一个一维数组存储，每求出一个数将覆盖第 $i-1$ 行对应列存储的值，这将导致下一个数无法计算。而从第 i 个元素倒着向前计算就能正常进行，则可避免这种情况出现。迭代表达式如下(下标代表列号)：

$$A[1]=A[i]=1$$

$$\underset{i\text{行}}{A[j]}=\underset{i-1\text{行}}{A[j]}+\underset{i-1\text{行}}{A[j-1]} \qquad j=i-1,i-2,\cdots,2$$

为了算法简便，输出也采用图 4-2 的格式。

算法如下：

```
main( )
  {int n,i,j,a[100];
   input(n);
   print("1");
   print("换行符");
   a[1] = a[2] = 1;
   print(a[1],a[2]);
   print("换行符");
   for  (i = 3; i <= n; i = i + 1)
       {a[1] = a[i] = 1;
        for (j = i - 1, j > 1, j = j - 1)
            a[j] = a[j] + a[j - 1];
        for (j = 1; j <= i; j = j + 1)
            print(a[j]);
        print("换行符");
       }
  }
```

【**例 5**】 穿越沙漠问题。

一辆吉普车穿越 1000km 的沙漠。吉普车的总装油量为 500L，耗油率为 1L/km。由于沙漠中没有油库，必须先用这辆车在沙漠中建立临时油库。若吉普车用最少的耗油量穿越沙漠，应在哪些地方建立油库，以及各处存储的油量是多少？

问题分析：

(1) 在解决问题之前，先看一个简单问题：有一位探险家用 5 天的时间徒步横穿 A、B 两村，两村间是荒无人烟的沙漠，如果一个人只能担负 3 天的食物和水，那么这个探险家至少雇用几个人才能顺利通过沙漠？注意：雇用的人"来去"都要吃饭！

在 A 村雇用一人与探险家同带 3 天食物同行一天，然后被雇用的人带一天食物返回，并留一天食物给探险家，这样探险家正好有 3 天的食物继续前行，并于第 3 天打电话雇 B 村人带 3 天食物出发，第 4 天与探险家会面，探险家得到一天的食物赴 B 村，顺利通过沙漠。如图 4-3 所示主要表示了被雇用的两个人的行程。

图 4-3 被雇用的两个人的行程

由于来回都要消耗物资，每个被雇用的人担负的物资只有 1/3 用于储备。

(2) 对于例题中的问题，只能由吉普车独立地来回运输油料并建立临时油库。同样，吉普车来回的路程都是要耗油的。

储油点地址的确定比较复杂，从出发点考虑问题，很难确保按要求以最少的耗油量穿越沙漠；即很难确保到达终点时，沙漠中的各临时油库和车的装油量恰好均为0。从终点开始向前倒着推解储油点位置及其储油量就比较容易了。由于问题中耗油率为1L/km，这样问题的分析较简便，模型也较简单。

数学模型：根据耗油量最少目标的分析，下面从后(终点)向前(起点)分段讨论。

第一段长度为500km且第一个加油点储油量为500L。

第二段中为了储备油，吉普车在这段的行程必须有往返。下面讨论怎样走效率高：

(1) 首先不计方向这段应走奇数次(保证最后向终点方向走)。

(2) 每次向终点行进时吉普车是满载的。

(3) 这个加油点要储存下一加油点的储油量以及建立下一加油点路上的油耗。

图4-4是满足以上条件的最佳方案。此段共走3次：第一次和第二次来回耗油量为装载量的2/3，储油量则为装载量的1/3，第三次单向行驶耗油量为装载量的1/3，储油量为装载量的2/3。这样第二个加油点储油量为1000L。由于耗油量为1L/km，则此段长度为500/3km。

第三段与第二段思路相同，如图4-4此段共走5次：第一次和第二次来回耗油量为装载量的2/5，储油量为装载量的3/5，第三次和第四次来回耗油量为装载量的2/5，储油量为装载量的3/5，第五次单向行驶耗油量为装载量的1/5，储油量为装载量的4/5。第三个加油点储油为1500L。此段长度为500/5km。

……

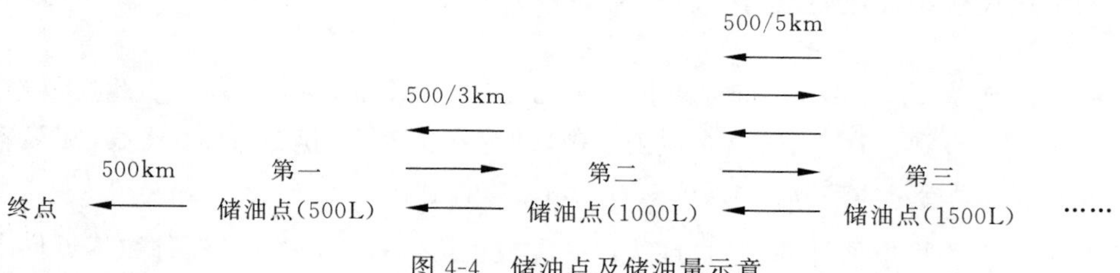

图4-4　储油点及储油量示意

综上分析，从终点开始分别间隔500km，500/3km，500/5km，500/7km…设立储油点。每个储油点的油量分别为500L，1000L，1500L…

算法设计：由模型知道，问题只需要通过倒着累加储油点间的距离，并计算各储油点的储油量，直到总距离超过1000km，求解距出发点最近一个储油点的位置及储油量，问题就得以解决。

变量说明：dis表示距终点的距离，1000－dis则表示距起点的距离，*k*表示储油点从后到前的序号。本算法中储油点位置和储油量是从后向前输出的，若要从前到后输出，需要借助数组，先存储有关信息最后再顺序输出，请读者自行改进完成。具体算法如下：

```
main( )
  { int dis,k,oil,k;
    dis = 500; k = 1; oil = 500;
    do{
      print("storepoint",k,"distance",1000 - dis,"oilquantity",oil);
      k = k + 1;
      dis = dis + 500/(2 * k - 1);
      oil = 500 * k; }
```

```
    while (dis < 1000);
    oil = 500 * (k - 1) + (1000 - dis) * (2 * k - 1);
    print("storepoint",k,"distance",0,"oilquantity",oil);
  }
```

【思考】 对一些特定的问题,用倒推算法分析问题是非常有效的,这种方法在3.1.2节和3.4.4节的例题中已有应用。

4.1.3 用迭代算法解方程

在科学计算领域,人们时常会遇到求解方程 $f(x)=0$ 或微分方程的数值解计算问题。可是人们却很难或无法找到类似一元二次方程的求根公式那样的解析法(又称直接求解法)去求解任意的多项式方程。例如,一般的一元五次或更高次方程,其解都无法用解析方法表达出来。为此,已发明了很多数值方法(也称数值计算方法),用来求出问题的近似解,这是一个专门的学科。这里仅就迭代法进行介绍。

迭代算法可分为精确迭代算法和近似迭代算法。前面的例子,如"求两正整数的最大公约数"等,都是精确迭代算法,而用迭代算法解方程一般属于近似迭代算法。

这里只对用迭代算法解方程做简单讨论。迭代算法解方程的实质是按照下列步骤构造一个序列 $x_0,x_1,\cdots,x_n$,来逐步逼近方程 $f(x)=0$ 的解:

(1) 选取适当的初值 x_0。

(2) 确定迭代格式,即建立迭代关系,需要将方程 $f(x)=0$ 改写为 $x=\phi(x)$ 的等价形式。

(3) 构造序列 $x_0,x_1,\cdots,x_n$,即先求得 $x_1=\phi(x_0)$,再求 $x_2=\phi(x_1)\cdots$如此反复迭代,就得到一个数列 $x_0,x_1,\cdots,x_n$,若这个数列收敛,即存在极值,且函数 $\phi(x)$连续,则很容易得到这个极限值 x^* 就是方程 $f(x)=0$,$x^*=\lim\limits_{k\to\infty}x_k$ 的根。

若近似解的误差可以估计和控制,且迭代的次数也可以接受,它就是一种数值近似求解的好方法。它既可以用来求解代数方程,又可以用来求解微分方程,使一个复杂问题的求解过程转化为相对简单的迭代算式的重复执行过程。

关于迭代公式的选择、迭代初始值的选择、迭代的收敛速度、误差的范围等问题,在数值方法课程中会用数学的方法分析说明。这里只给出用迭代法求方程组根的形式化算法。

【例6】 用迭代法求方程组的根。

算法说明:方程组解的初值 $X=(x_0,x_1,\cdots,x_{n-1})$,迭代关系方程组为:$x_i=g_i(x)(i=0,1,\cdots,n-1)$,$w$ 为解的精度,则形式化算法如下:

```
{  for  (i = 0; i < n; i = i + 1)
          x[i] = 初始近似根;
   do  {k = k + 1;
          for  (i = 0; i < n; i = i + 1)
                 y[i] = x[i];
          for  (i = 0; i < n; i = i + 1)
                 x[i] = gi(X);
          c = 0;
          for  (i = 0; i < n; i = i + 1)
```

```
            c = c + fabs(y[i] - x[i]);
        }  while  (c > w and k < maxn);
    for  (i = 0; i < n; i = i + 1)
        print(i,"变量的近似根是",x[i]);
}
```

【注意】 如果方程无解,算法求出的近似根序列就不会收敛,迭代过程会变成死循环。因此,在使用迭代算法前应先考察方程是否有解,并在算法中对迭代次数给予限制,算法中设置的变量 maxn 就代表最大迭代次数。

迭代法求解方程的过程是多样化的,如二分逼近法求解、牛顿迭代法等。

【例 7】 牛顿迭代法。

牛顿迭代法又称为切线法,它比一般的迭代法有更高的收敛速度,如图 4-5 所示。首先,选择一个接近函数 $f(x)$零点的 x_0,计算相应的 $f(x_0)$和切线斜率 $f'(x_0)$(这里 f'表示函数 f 的导数);然后,计算穿过点$(x_0,f(x_0))$且斜率为 $f'(x_0)$的直线方程为:

$$y=f(x_0)+f'(x_0)(x-x_0)$$

和 x 轴的交点的 x 坐标,也就是求如下方程的解:

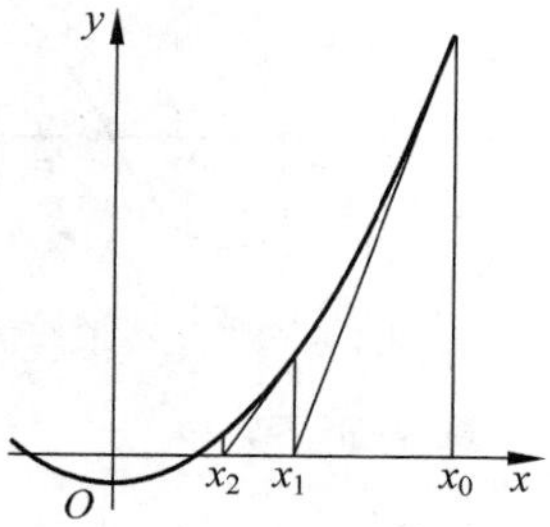

$$f(x_0)+f'(x_0)(x-x_0)=0$$

图 4-5 牛顿迭代法示意图

将新求得交点的 x 坐标命名为 x_1。如图 4-5 所示,通常 x_1 会比 x_0 更接近方程 $f(x)=0$ 的解。接下来用 x_1 开始下一轮迭代。迭代公式可化简为:

$$x_{n+1}=x_n-\frac{f(x_n)}{f'(x_n)}$$

上式就是有名的牛顿迭代公式。已经证明,如果 f'是连续的,并且待求的零点 x 是孤立的,那么在零点 x 周围存在一个区域,只要初始值 x_0 位于这个邻近区域内,那么牛顿迭代法必定收敛。

下面给出用牛顿迭代法,求形如 $ax^3+bx^2+cx+d=0$ 方程根的算法,系数 a,b,c,d 的值依次为 1,2,3,4,由主函数输入。求 x 在 1 附近的一个实根。求出根后由主函数输出。

算法如下:

```
main( )
{ float a,b,c,d,fx;
  print("输入系数 a,b,c,d: ");
  input(a,b,c,d);
  fx = f(a,b,c,d);
  print("方程的根为: ",fx);
}
float f(a,b,c,d)
float a,b,c,d;
{float x1 = 1,x0,f0,f1;
  do
     {x0 = x1;
      f0 = ((a * x0 + b) * x0 + c) * x0 + d;
      f1 = (3 * a * x0 + 2 * b) * x0 + c;
      x1 = x0 - f0/f1;
     }while(fabs(x1 - x0)> = 1e-4);
 return(x1);
}
```

【例 8】 二分法求解方程 $f(x)=0$ 的根。

用二分法求解方程 $f(x)=0$ 根的前提条件是：$f(x)$ 在求解的区间 $[a,b]$ 上是连续的，且已知 $f(a)$ 与 $f(b)$ 异号，即 $f(a)\times f(b)<0$。

令 $[a_0,b_0]=[a,b]$，$c_0=(a_0+b_0)/2$，若 $f(c_0)=0$，则 c_0 为方程 $f(x)=0$ 的根；否则，若 $f(a_0)$ 与 $f(c_0)$ 异号，即 $f(a_0)\times f(c_0)<0$，则令 $[a_1,b_1]=[a_0,c_0]$；若 $f(b_0)$ 与 $f(c_0)$ 异号，即 $f(b_0)\times f(c_0)<0$，则令 $[a_1,b_1]=[c_0,b_0]$。

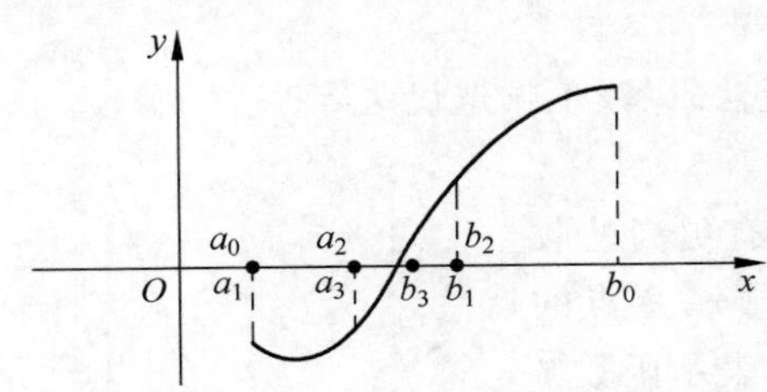

图 4-6 二分法求解方程示意图

依此做下去，当发现 $f(c_n)=0$ 时或区间 $[a_n,b_n]$ 足够小，例如 $|a_n-b_n|<0.0001$ 时，就认为找到了方程的根。如图 4-6 所示，不难发现在满足前提条件下，二分法一定能找到方程的根。

用二分法求一元非线性方程 $f(x)=x^3/2+2x^2-8=0$ 在区间 $[0,2]$ 上的近似实根 r，精确到 0.0001。

算法如下：

```
main( )
{float x,x1 = 0,x2 = 2,f1,f2,f;
 print("input x1,x2 (f(x1) * f(x2)< 0)");
 input(x1,x2);
 f1 = x1 * x1 * x1/2 + 2 * x1 * x1 - 8;
 f2 = x2 * x2 * x2/2 + 2 * x2 * x2 - 8;
 if(f1 * f2 > 0)
     {print("Non root");
       return; }
   do
     { x = (x1 + x2)/2;
       f = x * x * x/2 + 2 * x * x - 8;
       if(f = 0) break;
       if(f1 * f > 0.0) {x1 = x; f1 = f; }
       else x2 = x;
     }
   while(fabs(f)> = 1e - 4);
   print("root = ",x);
}
```

【思考】 迭代算法均依赖数学公式，思考什么问题适合此算法策略？

4.2 蛮力法

蛮力法是基于计算机运算速度快这一特性，在解决问题时采取的一种“懒惰”策略。这种策略不经过(或者说是经过很少的)思考，无须找出解题的数学模型，把问题的所有情况或所有过程交给计算机去一一尝试，从中找出问题的解。蛮力策略的应用很广，具体表现形式各异，数据结构课程中学习的一些算法：选择排序、冒泡排序、插入排序、顺序查找、朴素的字符串匹配等，都是蛮力策略的具体应用。比较常用的还有枚举法、穷举搜索算法等，本节介绍枚举法和一些蛮力范例，第 5 章介绍图的穷举搜索算法。

4.2.1 枚举法

枚举(enumerate)法(穷举法)是蛮力策略的一种表现形式,也是一种使用非常普遍的思维方法。它是根据问题中的条件将可能的情况一一列举出来,逐一尝试从中找出满足问题条件的解。但有时一一列举出的情况数目很大,如果超过了所能忍受的范围,则需要进一步考虑,排除一些明显不合理的情况,尽可能减少问题可能解的列举数目。

用枚举法解决问题,通常可以从两方面进行算法设计。

(1) 找出枚举范围:分析问题所涉及的各种情况。

(2) 找出约束条件:分析问题的解需要满足的条件,并用逻辑表达式表示。

看下面的例题。

【例 9】 百钱买百鸡问题。中国古代数学家张丘建在他的《算经》中提出了著名的"百钱买百鸡问题":鸡翁一,值钱五;鸡母一,值钱三;鸡雏三,值钱一;百钱买百鸡,翁、母、雏各几何?

算法设计 1:通过对问题的理解,读者可能会想到列出两个三元一次方程,去解这个不定解方程,就能找出问题的解。这确实是一种办法,但这里要用"懒惰"的枚举策略进行算法设计。

设 x,y,z 分别为公鸡、母鸡、小鸡的数量。

尝试范围:由题意给定共 100 钱要买百鸡,若全买公鸡最多买 100/5=20 只,显然 x 的取值范围是 1~20;同理,y 的取值范围是 1~33,z 的取值范围是 1~100。

约束条件:$x+y+z=100$ 且 $5\times x+3\times y+z/3=100$。

算法 1 如下:

```
main( )
{ int x,y,z;
  for(x = 1; x < = 20; x = x + 1)
    for(y = 1; y < = 34; y = y + 1)
      for(z = 1; z < = 100; z = z + 1)
         if(100 = x + y + z and 100 = 5 * x + 3 * y + z/3)
           {print("the cock number is",x);
            print("the hen number is",y);
            print("the chick number is ",z); }
}
```

算法分析:以上算法需要枚举尝试 20×34×100=68 000 次。算法效率显然太低。

算法设计 2:在公鸡(x)、母鸡(y)的数量确定后,小鸡的数量 z 就固定为 $100-x-y$,无须再进行枚举了,此时约束条件只有一个:$5\times x+3\times y+z/3=100$。

算法 2 如下:

```
main( )
{ int x,y,z;
  for(x = 1; x < = 20; x = x + 1)
       for(y = 1; y < = 33; y = y + 1)
           { z = 100 - x - y;
             if(z mod 3 = 0 and 5 * x + 3 * y + z/3 = 100)
                  {print("the cock number is",x);
                   print("the hen number is",y);
```

```
            print("the chick number is ",z); }
        }
}
```

算法分析：以上算法只需要枚举尝试 20×33=660 次。实现时约束条件又限定 z 能被 3 整除时，才会判断"5 * x+3 * y+z/3=100"。这样省去了 z 不整除 3 时的算术计算和条件判断，进一步提高了算法的效率。

由此例可以看出，同一问题可以有不同的枚举范围，不同的枚举对象，解决问题的效率差别会很大，再请看下例。

【注意】 上机解此题时，总是提醒学生这里的解是活鸡，而不是烧鸡，也就是说问题中的钱数、鸡数必须是整数。

【例 10】 编写算法解如下数字迷。

$$\begin{array}{r} A\quad B\quad C\quad A\quad B \\ \times\qquad\qquad\qquad\quad A \\ \hline D\quad D\quad D\quad D\quad D\quad D \end{array}$$

算法设计 1：按乘法枚举。

1) 枚举范围

A：3～9(A=1,2 时积不会得到六位数)，B：0～9，C：0～9，则 5 位乘数表示为 $A\times 10\,000+B\times 1000+C\times 100+A\times 10+B$，共尝试 700 次，枚举出 700 个可能的 5 位数。

2) 约束条件

每次尝试，先求枚举出的 5 位数与 A 的积，再测试积的各位是否相同，若相同则找到了问题的解。

测试积的各位是否相同，比较简单的方法是：从低位开始，每次都取数据的个位，然后整除 10，使高位的数字不断变成个位，并逐一比较。

算法 1 如下：

```
main( )
  { int A,B,C,D,i;
    long E,E1,F,G1,G2;
    for(A = 3; A <= 9; A = A + 1)
       for(B = 0; B <= 9; B = B + 1)
          for(C = 0; C <= 9; C = C + 1)
            { F = A * 10000 + B * 1000 + C * 100 + A * 10 + B;
              E = F * A;
              E1 = E;
              G1 = E1 mod 10;
              for(i = 1; i <= 5; i = i + 1)
                {G2 = G1;
                 E1 = E1/10;
                 G1 = E1 mod 10;
                 if(G1 <> G2)  break;
                 }
              if(i = 6)  print(F," * ",A," = ",E);
            }
  }
```

算法说明：算法中对枚举出的每一个 5 位数与 A 相乘，结果存储在变量 E 中。然后，测试得到的 6 位数 E 的各个位数字之间是否都相同，若相同则找到了问题的解。鉴于要输出计算结果，所以要保留计算结果，而另设变量 $E1$，用于测试运算。

算法分析 1：以上算法的尝试范围是 A：3～9，B：0～9，C：0～9。共尝试 700 次，不是一个好的算法。

【思考】 此算法效率低，有待改进。就验证积的 6 位数字相同也有更简便的方法，请改进算法，并体会数学在算法设计中的重要性。

算法设计 2：将算式变形为除法，即 $DDDDDD/A = ABCAB$。此时只需要枚举 A：3～9(道理同上)，D：1～9，共尝试 7×9=63 次。

每次尝试，需要测试除法所得商的万位、十位与除数是否相同，商的千位与个位是否相同，都相同时为问题的解。

算法 2 如下：

```
main( )
  { int A,B,C,D;
    long E,F;
    for(A = 3; A <= 9; A = A + 1)
         for(D = 1; D <= 9; D = D + 1)
                { E = D * 100000 + D * 10000 + D * 1000 + D * 100 + D * 10 + D;
                  if(E mod A = 0)
                       {F = E\A;
                        if(F\10000 = A and (F mod 100)\10 = A)
                          if(F\1000 mod 10 = F mod 10)
                              print(F," * ",A," = ",E);
                       }
                }
}
```

算法分析 2：比较算法 1 和算法 2，算法 2 的效率要高得多。这个例题因选择了不同的枚举对象，算法效率有显著的差别。枚举对象往往可以从各个角度考虑，大家要注重学习和借鉴。第 6 章中也有一些此类范例，如"背包问题"的算法。

4.2.2 其他范例

蛮力法的表现形式非常多，如 3.2.4 节、3.2.5 节例 20 及 4.3.4 节例 16 的算法 1。本节将通过蛮力策略，用算法模拟问题中所描述的全部过程和全部状态，来找出问题的解，并与经过数学建模后设计的算法在效率上进行比较。

【例 11】 求 3 个数的最小公倍数。

3 个数最小公倍数的定义为"3 个数的公倍数中最小的一个"。用蛮力法直接用最小公倍数的定义进行算法设计，对其中一个数逐步从小到大扩大 1,2,3,4,5,…测试，直到它的某一倍数正好也是其他两个数据的倍数，也就是说能被其他两个数据整除，这就找到了问题的解。

为了提高求解的效率，先选出 3 个数的最大值，然后对这个最大值从 1 开始，对其扩大自然数的倍数，直到这个积能被全部 3 个数整除为止，这个积就是它们的最小公倍数了。

算法如下：

```
main( )
{ int x1,x2,x3,i;
  print("Input 3 number: ");
  input(x1,x2,x3);
  i = 1;
  while(1)
  {if(i mod x1 = 0 and i mod x2 = 0 and i mod x3 = 0) break;
     i = i + 1;
  }
  print (x1,x2,x3,"least common multiple is ",i);
}
```

算法说明：算法虽然简单易懂，但当 3 个数较大时，算法运行效率会非常低。请参阅 8.2 节的其他解法。

【例 12】 狱吏问题。

某国王大赦囚犯，让一狱吏 n 次通过一排锁着的 n 间牢房，每通过一次，按所定规则转动 n 间牢房中的某些门锁，每转动一次，原来锁着的门被打开，原来打开的门被锁上，通过 n 次后，门锁开着的牢房中的犯人放出，否则犯人不得获释。

转动门锁的规则是这样的，第一次通过牢房，从第 1 间开始要转动每一把门锁，即把全部锁打开；第 2 次通过牢房时，从第 2 间开始转动，每隔一间转动一次；……；第 k 次通过牢房，从第 k 间开始转动，每隔 $k-1$ 间转动一次。问通过 n 次后，哪些牢房的锁仍然是打开的？

算法设计 1：

(1) 由 3.2.3 节学习的数组技巧，可以想到设置 n 个元素的一维数组 $a[n]$，每个元素记录一个锁的状态，1 为被锁上，0 为被打开。

(2) 又由 3.3.2 节学习的数学运算的技巧，用数学运算模拟开关锁的技巧，"对 i 号锁的一次开关锁"可以转化为算术运算：$a[i]=1-a[i]$。

(3) 由题意，得到每次转动的具体牢房号如下：

第 1 次转动的是 $1,2,3,\cdots,n$ 号牢房；

第 2 次转动的是 $2,4,6,\cdots$ 号牢房；

第 3 次转动的是 $3,6,9,\cdots$ 号牢房；

……

第 i 次转动的是 $i,2i,3i,4i\cdots$ 号牢房，它们是起点为 i，公差为 i 的等差数列。

综上所述，不做其他优化，数组元素 $a[i]$ $(i=1,2,3,\cdots,n)$ 的初值均为 1，用蛮力法通过循环模拟狱吏的开关锁过程，最后当第 i 号牢房对应的数组元素 $a[i]$ 为 0 时，该牢房的囚犯得到大赦。

算法 1 如下：

```
main1( )
{ int *a,i,j,n;
  input(n);
  a = calloc(n + 1,sizeof(int));        // 申请存储空间
  for (i = 1; i <= n; i = i + 1)
    a[i] = 1;
  for (i = 1; i <= n; i = i + 1)
```

```
        for (j = i; j <= n; j = j + i)
            a[j] = 1 - a[j];
    for (i = 1; i <= n; i = i + 1)
        if (a[i] = 0)
            print(i,"is free.");
}
```

算法分析 1：以一次开关锁计算，算法的时间复杂度为：

$$n(1+1/2+1/3+\cdots+1/n)=O(n\log_2 n)$$

下面看一下不用蛮力法，也就是加入更多的人脑思维，狱吏问题是如何解决的。

问题分析：转动门锁的规则可以有另一种理解，第 1 次转动的是编号为 1 的倍数的牢房；第 2 次转动的是编号为 2 的倍数的牢房；第 3 次转动的是编号为 3 的倍数的牢房……则狱吏问题是一个关于因子个数的问题。令 $d(n)$为自然数 n 的因子个数，这里不计重复的因子，如 4 的因子为 1,2,4 共 3 个因子，而非 1,2,2,4。对于不同的 n,$d(n)$有的为奇数，有的为偶数，具体见表 4-3。

表 4-3 编号与因子个数的关系

n	1	2	3	4	5	6	7	8	9	10	11	12	13	14	15	16	…
***d*(*n*)**	1	2	2	3	2	4	2	4	3	4	2	6	2	4	4	5	…

数学模型 1：表 4-3 中的 $d(n)$有的为奇数，有的为偶数，由于牢房的门开始是关着的，这样编号为 i 的牢房所含 $1\sim i$ 的不重复因子个数为奇数时，牢房最后是打开的；反之，牢房最后是关闭的。

算法设计 2：

(1) 由以上的数学模型，算法应该是求出每个牢房编号的不重复的因子个数，当它为奇数时，牢房中的囚犯得到大赦。

(2) 由于一个数的因子是没有规律可遵循的，只能从 $1\sim n$ 枚举尝试。

算法 2 如下：

```
main2( )
{ int s,i,j,n;
  input(n);
  for (i = 1; i <= n; i = i + 1)
    {s = 1;
     for (j = 2; j <= i; j = j = j + 1)
        if (i mod j = 0)
            s = s + 1;
      if (s mod 2 = 1)
         print(i,"is free.");
    }
}
```

算法分析 2：算法 1 的策略是蛮力法，模拟了狱吏开关锁的全过程，主要操作是 $a[i]=1-a[i]$；共执行了 $n\times(1+1/2+1/3+\cdots+1/n)$次，时间近似为复杂度为 $O(n\log_2 n)$。使用了 n 个空间的一维数组。

算法 2 没有使用辅助空间，但由于求一个编号的因子个数也很复杂，其主要操作是判断 i mod j 是否为 0，共执行了 $1+2+3+\cdots+n$ 次，时间复杂度为 $O(n^2)$。

由此可见,蛮力法并不总是因为减少了人脑思维,就一定是效率差的算法。对规模不太大的问题,蛮力法还是一种比较好的算法策略。

不过对于狱吏问题,只要再多分析一下表4-3的数据,就可以建立更好的数学模型,并设计出更简单、高效的算法。

数学模型2: 仔细观察表4-3,不难发现这样一个规律,当且仅当n为完全平方数时,$d(n)$为奇数。这是因为非完全平方数n的因子是成对出现的,当a是n的因子时,$b=n/a$一定也是n的因子。n为非完全平方数,所以$a \neq b$,因此n的因子必然成对出现。而当n为完全平方数时,即$n=a^2$,无论a是否为素数,n的因子a都是单独出现的,其他因子成对出现,因此$d(n)$为奇数。

例如: 6的因子为(1,6),(2,3)两对; 而25的因子为(1,25),5; 36的因子为(1,36),(2,18),(3,12),(4,9),6。

算法设计3: 建立好数学模型2后,会发现狱吏问题其实是一个数学问题; 因为,这时的算法已是太简单了,只需要找出小于n的平方数即可。

算法3如下:

```
main3( )
{int s,i,j,n;
 input(n);
 for (i = 1; i <= n; i = i + 1)
    if (i * i <= n)
      print(i * i,"is free.");
    else
      break;
}
```

【注意】 如3.4节介绍的建立恰当的数学模型可以大大提高算法效率,这对运行效率要求较高的大规模数据处理问题是非常重要的。

分治算法

4.3 分而治之算法

分而治之算法(divide and conquer,本书中简称为分治算法)的设计思想是,将一个难以直接解决的大问题,分割成几个规模较小的相似问题,以便各个击破,分而治之。

4.3.1 分而治之算法框架

分治算法并不陌生,其策略在“数据结构”课程介绍的算法中已得到了较多运用,如折半查找、合并排序、快速排序、二叉树遍历(先遍历左子树再遍历右子树)、二叉排序树的查找等算法。

1. 算法设计思想

分治法求解问题的过程是,将整个问题分解成若干个小问题后分而治之。如果分解得到的子问题相对来说还太大,则可反复使用分治策略将这些子问题分成更小的同类型子问题,直至产生出方便求解的子问题,必要时逐步合并这些子问题的解,从而得到问题的解。

由算法思路可知,分治法求解很自然地可以用一个递归过程来表示。可以这样说,分治法就是一种找大规模问题与小规模问题关系的方法，是递归设计方法的一种具体策略。分治法在每一层递归上都有3个步骤。

(1) 分解：将原问题分解为若干个规模较小，相互独立，与原问题形式相同的子问题。

(2) 解决：若子问题规模较小而容易被解决则直接解，否则再继续分解为更小的子问题，直到容易解决。

(3) 合并：将已求解的各个子问题的解，逐步合并为原问题的解。

有时问题分解后，不必求解所有子问题，于是也就不必做第(3)步操作。例如折半查找，在判别出问题的解在某一个子问题中后，其他子问题就不必求解了，问题的解就是最后(最小)的子问题的解。分治法的这类应用，又称为“减治法”。

多数问题需要所有子问题的解，并由子问题的解，使用恰当的方法合并成为整个问题的解，例如合并排序，就是不断将子问题中已排好序的子问题的解合并成较大规模的有序子集。

2. 适合用分治法策略的问题

当求解一个输入规模为 n 且取值又相当大的问题时，用蛮力策略效率一般得不到保证。若问题能满足以下几个条件，就能用分治法来提高解决问题的效率。

(1) 能将这 n 个数据分解成 k 个不同子集合，且得到 k 个子集合是可以独立求解的子问题，其中 $1<k\leqslant n$。

(2) 分解所得到的子问题与原问题具有相似的结构，便于利用递归或循环机制。

(3) 在求出这些子问题的解之后，就可以推导出原问题的解。

3. 算法框架

分治法一般的算法设计模式如下：

```
Divide-and-Conquer(n)                              // n 为问题规模
    {if (n <= n0)                                  // n0 为可解子问题的规模
      {解子问题;
         return(子问题的解); }
     for (i = 1; i <= k; i = i + 1)                // 分解为较小的 k 个子问题 P1,P2,…,Pk
        {分解原问题为更小的子问题 Pi;
          yi = Divide-and-Conquer(|Pi|); } // 递归解决 Pi,|Pi|为 Pi 的规模
     T = MERGE(y1,y2,…,yk);                        // 合并子问题
     return(T);
    }
```

其中 n 表示问题 P 的规模；$n0$ 为一阈值，表示当问题 P 的规模不超过 $n0$ 时，问题已容易直接解出，不必再继续分解。算法 MERGE($y1,y2,\cdots,yk$)是该分治法中的合并子算法，用于将 P 的子问题 $P1,P2,\cdots,Pk$ 的相应的解 $y1,y2,\cdots,yk$ 合并为 P 问题的解。在一些问题中不需要这一步。如折半查找、二叉排序树查找等算法。

4.3.2 典型二分法

不同于现实中对问题(或工作)的分解，可能会考虑问题(或工作)的重点、难点、承担人员的能力等来进行问题的分解和分配。在算法设计中每次一个问题分解成的子问题个数一般是固定的，每个子问题的规模也是平均分配的。当每次都将问题分解为原问题规模的一

半时,称为二分法。二分法是分治法较常用的分解策略,数据结构课程中的折半查找、归并排序等算法都是采用此策略实现的。

下面通过例子,进一步学习如何用二分策略解决问题的过程。

【例 13】 金块问题。

老板有一袋金块(共 n 块,n 是 2 的幂($n \geqslant 2$)),最优秀的雇员得到其中最重的一块,最差的雇员得到其中最轻的一块。假设有一台可以比较重量的仪器,希望用最少的比较次数找出最重和最轻的金块。

算法设计 1:解决问题的简单方法是用蛮力策略,对金块逐个进行比较查找。先假设第一块最重或最轻分别存储到 max 与 min 中,然后与其余金块逐一比较,发现更重的存储到 max 中,发现更轻的存储到 min 中。与下一块比较,直到全部比较完毕,就找到了最重和最轻的金子。算法类似于一趟选择排序。

算法 1 如下:

```
maxmin(float a[],int n)
{max = a[1];
 min = a[1];
 for(i = 2 i <= n i = i + 1)
    if (max < a[i])
       max = a[i];
    else if(min > a[i])
       min = a[i];
}
```

算法分析 1:算法中需要 $n-1$ 次比较,才能得到 max。最好的情况,金块是由小到大取出的,不需要进行与 min 的比较,共进行 $n-1$ 次比较。最坏的情况,金块是由大到小取出的,需要再经过 $n-1$ 次比较得到 min,共进行 $2 \times n-2$ 次比较。

算法设计 2:用分治法(二分法)可以用较少的比较次数解决上述问题。

问题可以简化为:在含 n 个元素的集合中寻找最大值和最小值。

(1) 将数据等分为两组(两组数据可能差 1),目的是分别选取其中的最大(小)值。

(2) 递归分解直到每组元素的个数≤2,可简单地找到最大(小)值。

(3) 回溯时合并子问题的解,在两个子问题的解中大者取大,小者取小,即合并为当前问题的解。

算法 2 如下:

```
float a[n];
maxmin(int i,int j,float &fmax,float &fmin)
{ int mid;
  float lmax,lmin,rmax,rmin;
  if (i = j)
       {fmax = a[i];
        fmin = a[i]; }
  else if (i = j - 1)
      if(a[i]< a[j])
         { fmax = a[j];
           fmin = a[i]; }
      else
          {fmax = a[i];
```

```
            fmin = a[j]; }
    else
       {mid = (i + j)/2;
        maxmin(i,mid,lmax,lmin);
        maxmin(mid + 1,j,rmax,rmin);
        if(lmax > rmax)
            fmax = lmax;
        else
            fmax = rmax;
        if(lmin > rmin)
            fmin = rmin;
        else
            fmin = lmin;}
}
```

算法分析 2：maxmin 需要的元素比较数是多少呢？如果用 $T(n)$表示这个数，则所导出的递归关系式是：

$$T(n)=\begin{cases}0 & n=1\\1 & n=2\\T(\lfloor n/2\rfloor)+T(\lceil n/2\rceil)+2 & n>2\end{cases}$$

在最坏的情况下，算法 2 的比较次数比算法 1 要好一些，平均情况下二者相差不多。当 n 是 2 的幂时，即对于这个某个正整数 k，$n=2^k$，可以证明，任何以元素比较为基础的找最大和最小元素的算法，其元素比较下界均为$\lceil 3n/2\rceil-2$次。而算法 maxmin 中数据比较比算法 1 减少一半，在这种意义上是最优的。但以前已经讨论过递归算法的空间效率和运行消耗都是比较低的，实际应用时要注意这些方面，不能仅仅根据时间复杂性选择算法。

$$\begin{aligned}T(n)&=2T\left(\frac{n}{2}\right)+2\\&=2\left(2T\left(\frac{n}{2^2}\right)+2\right)+2\\&=4T\left(\frac{n}{2^2}\right)+4+2\\&=4\left(2T\left(\frac{n}{2^3}\right)+2\right)+4+2\\&=2^3T\left(\frac{n}{2^3}\right)+8+4+2\\&\quad\vdots\\&=2^{k-1}\cdot T\left(\frac{n}{2^{i-1}}\right)+\sum_{i=1}^{k-1}2^i\\&=2^{k-1}+(2^k-2)\\&=\frac{3}{2}\cdot 2^k-2\\&=\frac{3}{2}\cdot n-2\end{aligned}$$

【思考】 有时问题并不是如此简单,当分解出的问题不相似或不独立时,该如何处理呢?

4.3.3 二分法的相似问题

以前学习过的例子都是对一维数据的问题进行二分法分解,得到两个独立的子问题,那么对二维问题的二分法分解,应该得到几个独立的子问题呢?

请看下面的例子。

【例 14】 残缺棋盘。

残缺棋盘是一个有 $2^k \times 2^k (k \geqslant 1)$ 个方格的棋盘,其中恰有 1 个方格残缺。图 4-7 给出 $k=1$ 时各种可能的残缺棋盘,其中残缺的方格用阴影表示。

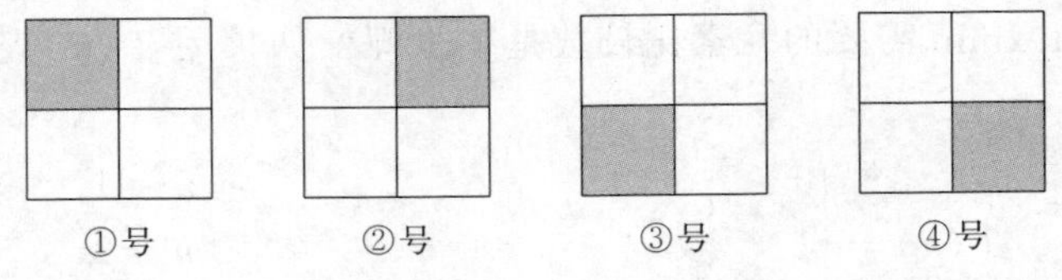

图 4-7 4 种三格板

图 4-7 中的棋盘称作“三格板”,残缺棋盘问题就是要用这 4 种三格板覆盖更大的残缺棋盘。在此覆盖中要求:

(1) 两个三格板不能重叠。

(2) 三格板不能覆盖残缺方格,但必须覆盖其他所有的方格。

在这种限制条件下,所需要的三格板总数为 $(2^k \times 2^k - 1)/3$。

算法设计:如果对 $k \geqslant 2$ 的棋盘,直接考虑如何覆盖是比较复杂的,下面用分治法解决残缺棋盘问题。

(1) 问题分解过程如下。

以 $k=2$ 时的问题为例,用二分法进行分解,得到的棋盘如图 4-8 所示,用双线划分的 4 个 $k=1$ 的棋盘。但要注意这 4 个棋盘并不都是与原问题相似且独立的子问题。因为当如图 4-8 中的残缺方格在左上部时,第一个子问题与原问题相似,而右上角、左下角和右下角 3 个子棋盘(也就是图 4-8 中标识为 2、3、4 号子棋盘),并不是原问题的相似子问题,自然也就不能独立求解了。当使用一个①号三格板(图中阴影)覆盖 2、3、4 号 3 个子棋盘的各一个方格后,如图 4-8 右图所示,把覆盖后的方格,也看作是残缺方格(称为“伪”残缺方格),这时的 2、3、4 号子问题就是与原问题相似且独立的子问题了。

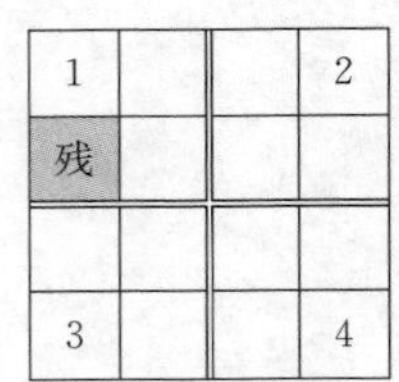

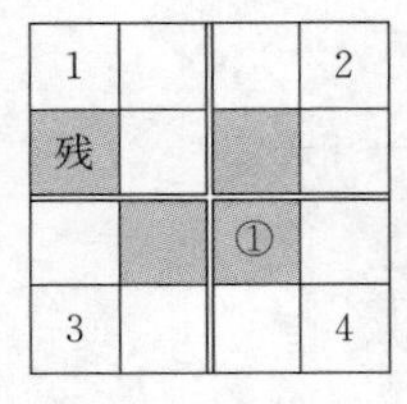

图 4-8 一个 4×4 的残缺棋盘

从以上例子还可以发现,当残缺方格在第一个子棋盘,用①号三格板覆盖其余 3 个子棋盘的交界方格,可以使另外 3 个子棋盘转化为可独立求解的子问题;同样地(如图 4-9 所示),当残缺方格在第二个子棋盘时,则首先用②号三格板进行棋盘覆盖,当残缺方格在第三个子棋盘时,则首先用③号三格板进行棋盘覆盖,当残缺方格在第四个子棋盘时,则首先用④号三格板进行棋盘覆盖,这样就使另外 3 个子棋盘转化为可独立求解的子问题。

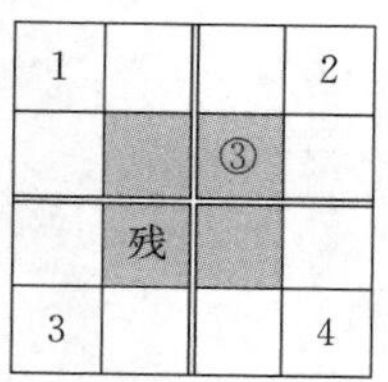

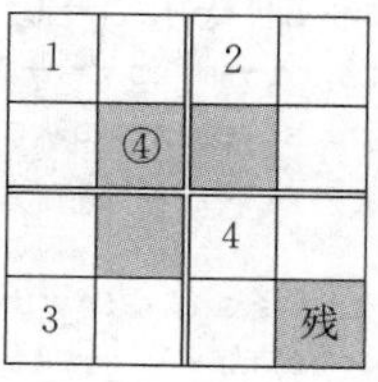

图 4-9 其他 4×4 的残缺棋盘

同样地 $k=1,2,3,\cdots$都是如此，$k=1$ 为停止条件。

(2) 棋盘的识别。

首先，子棋盘的规模是一个必要的信息，有了这个信息，只要知道其左上角的方格在原棋盘中的行、列号就可以标识这个子棋盘；其次，子棋盘中残缺方格或“伪”残缺方格直接用它们在原棋盘中的行、列号标识。

- tr 子棋盘左上角方格所在行。
- tc 子棋盘左上角方格所在列。
- dr 残缺方块所在行。
- dc 残缺方块所在列。
- size 棋盘的行数或列数。

数据结构设计：用二维数组 board[][]模拟棋盘。覆盖残缺棋盘所需要的三格板数目为$(size^2-1)/3$。将这些三格板编号为 $1\sim(size^2-1)/3$，则将覆盖残缺棋盘的三格板编号存储在数组 board[][]的对应位置中，这样输出数组内容就是问题的解。结合图 4-9，不难理解算法。对于如图 4-10 所示左面的棋盘，其结果为右面的棋盘。

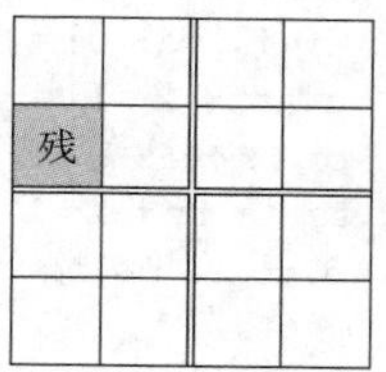

1	1	3	3
残	1	2	3
4	2	2	5
4	4	5	5

图 4-10 一个 4×4 的残缺棋盘及其解

算法如下：

```
int amount = 0,Board[100][100];
main( )
{ int size = 1,x,y,i,j,k;
  input(k);
  for (i = 1; i <= k; i = i + 1) size = size * 2;
  print("input incomplete pane ");
  input(x,y);
  Cover(0,0,x,y,size);
  OutputBoard(size);
 }
 Cover(int tr,int tc,int dr,int dc,int size)
  { int s,t;
    if (size < 2) return;
    amount = amount + 1;
    t = amount;                                   // 所使用的三格板的数目
    s = size/2;                                   // 子问题棋盘大小
  if (dr < tr + s and dc < tc + s)                // 残缺方格位于左上棋盘
      {Cover (tr,tc,dr,dc,s);
       Board[tr + s - 1][tc + s] = t;             // 覆盖 1 号三格板
       Board[tr + s][tc + s - 1] = t;
```

```
        Board[tr + s][tc + s] = t;
        Cover (tr,tc + s,tr + s - 1,tc + s,s);           // 覆盖其余部分
        Cover(tr + s,tc,tr + s,tc + s - 1,s);
        Cover(tr + s,tc + s,tr + s,tc + s,s);
       }
  else if (dr < tr + s and dc >= tc + s)               // 残缺方格位于右上棋盘
       {Cover (tr,tc + s,dr,dc,s);
        Board[tr + s - 1][tc + s - 1] = t;               // 覆盖 2 号三格板
        Board[tr + s][tc + s - 1] = t;
        Board[tr + s][tc + s] = t;
        Cover (tr,tc,tr + s - 1,tc + s - 1,s);           // 覆盖其余部分
        Cover(tr + s,tc,tr + s,tc + s - 1,s);
        Cover(tr + s,tc + s,tr + s,tc + s,s); }
  else if (dr >= tr + s and dc < tc + s)               // 残缺方格位于覆盖左下棋盘
        {Cover(tr + s,tc,dr,dc,s);
         Board[tr + s - 1][tc + s - 1] = t;              // 覆盖 3 号三格板
         Board[tr + s - 1][tc + s] = t;
         Board[tr + s][tc + s] = t;
         Cover (tr,tc,tr + s - 1,tc + s - 1,s);          // 覆盖其余部分
         Cover (tr,tc + s,tr + s - 1,tc + s,s);
         Cover(tr + s,tc + s,tr + s,tc + s,s); }
  else if (dr >= tr + s and dc >= tc + s)              // 残缺方格位于右下棋盘
      {Cover(tr + s,tc + s,dr,dc,s);
       Board[tr + s - 1][tc + s - 1] = t;                // 覆盖 4 号三格板
       Board[tr + s - 1][tc + s] = t;
       Board[tr + s][tc + s - 1] = t;
       Cover (tr,tc,tr + s - 1,tc + s - 1,s);            // 覆盖其余部分
       Cover (tr,tc + s,tr + s - 1,tc + s,s);
       Cover(tr + s,tc,tr + s,tc + s - 1,s); }
}
void OutputBoard(int size)
  {for (int i = 0; i < size; i = i + 1)
      {for (int j = 0; j < size; j = j + 1)
           print(Board[i][j]);
       print("换行符");
      }
  }
```

算法说明：在算法实现时，注意函数 OutputBoard(int size)中三格板的编号位数不同时的输出格式。

算法分析：因为要覆盖($size^2-1$)/ 3 个三格板，所以算法的时间复杂度为 $O(size^2)$。

4.3.4 二分法的独立问题

上面的例题，通过二分法分解或经过简单处理后，就得到了相似且相互独立的子问题。对于分解后不独立的子问题，主要表现在子问题之间包含了公共子问题。如何处理这些公共子问题呢？看下面的例题。

【例 15】 求数列的最大子段和。

给定 n 个元素的整数列(可能为负整数)$a_1,a_2,\cdots,a_n$。求形如：

$$a_i,a_{i+1},\cdots,a_j \quad i,j=1,\cdots,n,i\leqslant j$$

的子段，使其和为最大。当所有整数均为负整数时定义其最大子段和为 0。

例如，当$(a_1,a_2,a_3,a_4,a_5,a_6)=(-2,11,-4,13,-5,-2)$时，最大子段和为：

$$\sum_{k=i}^{j} a_k = 20 \quad i=2, j=4$$

问题分析：若用二分法将实例中的数据分解为两组$(-2,11,-4)$，$(13,-5,-2)$，第一个子问题的解是11，第二个子问题的解是13，从两个子问题的解不能简单地得到原问题的解。由此看出这个问题不能用二分法分解成为独立的两个子问题，子问题中间还有公共子问题，这类问题称为子问题重叠类的问题。那么，怎样解决这类问题呢？虽没有通用的方法，但4.5节介绍的动态规划算法是一种较好的解决方法。下面仍用二分法解决这类问题中的一些简单问题，学习如何处理不独立的子问题。

算法设计：分解方法和上面的例题一样采用二分法，虽然分解后的子问题并不独立，但通过对重叠的子问题进行专门处理，并对所有子问题合并进行设计，就可以用二分策略解决此题。

如果将所给的序列$a[1:n]$分为长度相等的两段$a[1:(n/2)]$和$a[(n/2)+1:n]$，分别求出这两段的最大子段和，则$a[1:n]$的最大子段和有3种情形。

情形(1)：$a[1:n]$的最大子段和与$a[1:(n/2)]$的最大子段和相同。

情形(2)：$a[1:n]$的最大子段和与$a[(n/2)+1:n]$的最大子段和相同。

情形(3)：$a[1:n]$的最大子段和为$a[i:j]$，且$1\leqslant i\leqslant(n/2)$，$(n/2)+1\leqslant j\leqslant n$。

情形(1)和情形(2)可递归求得。

对于情形(3)，序列中的元素$a[(n/2)]$与$a[(n/2)+1]$一定在最大子段中。因此，可以计算出$a[i:(n/2)]$的最大值$s1$；并计算出$a[(n/2)+1:j]$中的最大值$s2$。则$s1+s2$即为出现情形(3)时的最优值。

据此可设计最大子段和的分治算法求出最大子段。由于子问题不独立，不同于一般的“二”分治算法，这里算法的实质是“三”分治，只是情形(3)不需要递归的过程。

算法如下：

```
int max_sum3(int a[ ],int n)
  {return(max_sub_sum(a,1,n)); }
max_sub_sum(int a[ ],int left,int right)
{int center,i,j,sum,left_sum,right_sum,s1,s2,lefts,rights;
 if (left = right)
   if (a[left]> 0)
      return(a[left]);
   else
      return(0);
else
  {center = (left + right)/2;
   left_sum = max_sub_sum(a,left,center);
   right_sum = max_sub_sum(a,center + 1,right);
   s1 = 0;                                        // 处理情形(3)
   lefts = 0;
   for (i = center; i > = left; i = i - 1)
      { lefts = lefts + a[i];
        if(lefts > s1) s1 = lefts; }
   s2 = 0;
   rights = 0;
   for(i = center + 1; i < = right; i = i + 1)
```

```
        { rights = rights + a[i];
          if (rights > s2) s2 = rights; }
      if (s1 + s2 < left_sum and right_sum < left_sum) return(left_sum);
      if (s1 + s2 < right_sum) return(right_sum);
      return(s1 + s2);
    }
}
```

算法说明：

(1) 为保持算法接口的一致，所以通过 max_sum3( )函数调用 max_sub_sum( )函数。

【思考】 递归算法如何表示问题及子问题？为什么要保持算法接口的一致性？

(2) 此算法没有记录问题解的起始点和终止点，读者可尝试改进算法，实现此功能。

这个算法的时间复杂度为 $O(n\log n)$。

【注意】 有读者可能问原问题若属于情形(1)，那以后呢？从算法可以理解，递归调用后算法又会讨论三种情形，当然还有读者继续问然后呢？其实，对于这类问题可以不必解答，而是需要再次强调递归设计的步骤，并注意设计算法时一定要对过程抽象，而不是停留在大一学习程序语言时，了解递归函数的运行过程。注意不同阶段对递归学习的重点不同，大一学习了解递归函数的运行过程，大二数据结构课程学习递归函数的运行原理，大四算法设计课程则要学习递归函数的设计。

【例 16】 大整数乘法。

在某些情况下，需要处理很大的整数，它无法在计算机硬件能直接允许的范围内进行表示和处理。若用浮点数来存储它，只能近似地参与计算，计算结果的有效数字会受到限制。若要精确地表示大整数，并在计算结果中要求精确地得到所有位数上的数字，就必须用软件的方法来实现大整数的算术运算。请设计一个有效算法，可以进行两个 n 位大整数的乘法运算。

数据结构设计：只有用数组可以精确存储大整数数据，为方便运算，将两个乘数及其积都按由低位到高位的顺序，逐位存储到数组元素中。

算法设计 1：存储好两个高精度数据后，模拟竖式乘法，让两个高精度数据的按位交叉相乘，并逐步累加，即可得到精确的计算结果。用二重循环就可控制两个数的各位数字按位交叉相乘的过程。

只考虑正整数的乘法，算法细节设计如下：

(1) 对于大整数比较方便的输入方法是，按字符型处理，两个乘数存储在字符串数组 $s1$、$s2$ 中，计算结果存储在整型数组 a 中。

(2) 通过字符的 ASCII 码，数字字符可以直接参与运算，k 位数字与 j 位数字相乘的表达式为“(s1[k]−48) * (s2[j]−48)”。这是 C 语言的处理方法，其他程序设计语言有对应的函数可以实现数字字符与数字的转换，这里就不详细介绍了。

(3) 每一次数字相乘的结果位数是不固定的，而结果数组中每个元素只存储一位数字，所以用变量 b 暂存结果，若超过 1 位数则进位，进位用变量 d 存储。这样每次计算的表达式为“b=a[i]+(s1[k]−48) * (s2[j]−48)+d;”。

算法 1 如下：

```
main( )
    {long b,c,d;
```

```
    int i,i1,i2,j,k,n,n1,n2,a[256];
    char s1[256],s2[256];
    input(s1);
    input(s2);
    for (i = 0; i < 255; i = i + 1)
      a[i] = 0;
    n1 = strlen(s1);
    n2 = strlen(s2);
    d = 0;
    for (i1 = 0,k = n1 - 1; i1 < n1; i1 = i1 + 1,k = k - 1)
       {for (i2 = 0,j = n2 - 1; i2 < n2; i2 = i2 + 1,j = j - 1)
         { i = i1 + i2;
          b = a[i] + (s1[k] - 48) * (s2[j] - 48) + d;
          a[i] = b mod 10;
          d = b/10; }
        while  (d > 0)
          { i = i + 1;
            a[i] = a[i] + d mod 10;
            d = d/10;
          }
        n = i;
        }
    for (i = n; i >= 0; i = i - 1)
      print(a[i]);
  }
```

算法说明：在阅读程序时，二重循环中的循环变量 j、k 很好理解，分别是两个乘数字符串的下标。那么变量 i、i_1、i_2 的意义是什么呢？i_1 表示字符串 str1 由低位到高位的位数，范围 $0\sim n_1-1$(与 k 相同)。i_2 表示字符串 str2 由低位到高位的位数，范围 $0\sim n_2-1$(与 j 相同)。i 表示乘法正在运算的位，也是计算结果存储的位置。这 3 个变量都可以用 j、k 的表达式表示，但为了简便和算法可读性，就用 5 个变量"各自为政"。其实它们不是真正的"各自为政"，从表面上看内外层循环条件只对 i_1、i_2 进行的控制，其实 i、j、k 也是同步变化的。

【注意】 *在算法初始化时，必须为数组 a 的所有元素赋予初始值 0，否则无法得到正确结果。*

算法分析 1：算法中以 n_1、n_2 代表两个乘数的位数，由算法中的循环嵌套知，算法的主要操作是乘法，算法的时间复杂度是 $O(n_1\times n_2)$。

算法设计 2：以上用蛮力策略设计的算法效率是比较低的。下面用分治法来设计一个更有效的大整数乘积算法。设计的重点是要提高乘法算法的效率，以二进制乘法为例，具体方法设计如下。

设 X 和 Y 都是 n 位的二进制整数，现在要计算它们的乘积 $X\times Y$。

将 n 位的二进制整数 X 和 Y 各分为 2 段，每段的长为 $n/2$ 位(为简单起见，假设 n 是 2 的幂)，如图 4-11 所示。显然问题的答案并不是 $A\times C\times K_1+C\times D\times K_2$($K_1$、$K_2$ 与 A、B、C、D 无关)，也就是说，这样做并没有将问题分解成两个独立的子问题。按照乘法分配律，分解后的计算过程如下：

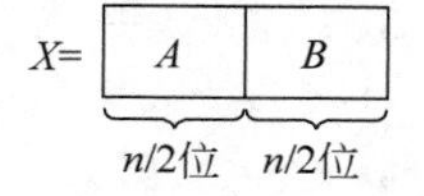

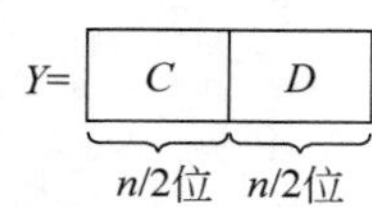

图 4-11 大整数 X 和 Y 的分段

记：$X=A\times 2^{n/2}+B$，$Y=C\times 2^{n/2}+D$。

这样，X 和 Y 的乘积为：

$$\begin{aligned} X\times Y &= (A\times 2^{n/2}+B)(C\times 2^{n/2}+D) \\ &= A\times C\times 2^{n}+(A\times D+C\times B)\times 2^{n/2}+B\times D \end{aligned} \tag{1}$$

算法分析 2：如果按式(1)计算 $X\times Y$，则必须进行 4 次 $n/2$ 位整数的乘法(AC，AD，BC 和 BD)，以及 3 次不超过 n 位的整数加法，此外还要做 2 次移位（分别对应于式(1)中乘 2^n 和乘 $2^{n/2}$）。所有这些加法和移位共进行 $O(n)$ 步运算。设 $T(n)$ 是两个 n 位整数相乘所需的运算总数，则由式(1)，有以下式(2)：

$$\begin{aligned} &T(1)=1 \\ &T(n)=4T(n/2)+O(n) \end{aligned} \tag{2}$$

由此递归式迭代过程，递归方程(c 为一常量)如下：

$$\begin{aligned} T(n) &= 4T(n/2)+cn \\ &= 4(4T(n/4)+cn/2)+cn \\ &= 16(T(n/8)+cn/4)+3cn/2+cn \\ &\vdots \\ &= 4^{k-1}\times 2c+4^{k-2}\times 4c+\cdots+4c2^{k-1}+c2^{k} \\ &= O(4^{k}) \\ &= O(n^{\log_2 4}) \\ &= O(n^{2}) \end{aligned}$$

所以，可得算法的时间复杂度为 $T(n)=O(n^2)$。由此，用(1)式来计算 X 和 Y 的乘积并不比本题的算法 1 更有效。

模型改进：要想进一步改进算法的复杂性，必须减少乘法次数。为此把 $X\times Y$ 写成另一种形式：

$$X\times Y=A\times C\times 2^{n}+[(A-B)(D-C)+AC+BD]\times 2^{n/2}+B\times D \tag{3}$$

虽然，式(3)看起来比式(1)复杂些，但它仅需做 3 次 $n/2$ 位整数的乘法：

$A\times C$，$B\times D$ 和$(A-B)\times(D-C)$，6 次加、减法和 2 次移位。

由此可得：

$$\begin{cases} T(1)=1 \\ T(n)=3T(n/2)+cn \end{cases} \tag{4}$$

用解递归方程的迭代公式法，不妨设 $n=2^k$：

$$\begin{aligned} T(n) &= 3T(n/2)+cn \\ &= 3(3T(n/4)+cn/2)+cn \\ &= 9(T(n/8)+cn/4)+3cn/2+cn \\ &\vdots \\ &= 3^{k}+3^{k-1}\times 2c+3^{k-2}\times 4c+\cdots+3c2^{k-1}+c2^{k} \\ &= O(n^{\log_2 3}) \end{aligned}$$

则得到 $T(n)=O(n^{\log_2 3})=O(n^{1.59})$。

利用式(3)，并考虑到 X 和 Y 的符号对结果的影响，大整数相乘的高效形式化算法 2 如下：

```
MULT(X,Y,n); {X 和 Y 为 2 个小于 2n 的整数,返回结果为 X 和 Y 的乘积 XY}
{ S = SIGN(X) * SIGN(Y);            // S 为 X 和 Y 的符号乘积
  X = ABS(X);
  Y = ABS(Y);                       // X 和 Y 分别取绝对值
  if (n = 1)
      if (X = 1 and Y = 1)     return(S);
      else                      return(0);
  else
        {A = X 的左边 n/2 位;
         B = X 的右边 n/2 位;
         C = Y 的左边 n/2 位;
         D = Y 的右边 n/2 位;
          ml = MULT(A,C,n/2);
          m2 = MULT(A - B,D - C,n/2);
          m3 = MULT(B,D,n/2);
          S = S * (m1 * 2^n + (m1 + m2 + m3) * 2^(n/2) + m3);
               return(S);
          }
}
```

算法说明：

(1) 上述二进制大整数乘法算法，同样可应用于十进制大整数的乘法以提高乘法的效率并减少乘法次数。

(2) 上述算法只是一个形式化的描述，读者可以依照算法 1 进一步将算法细化。

(3) 如果将一个大整数分成 3 段或 4 段做乘法，计算复杂性会发生什么变化呢？是否优于分成 2 段做的乘法？这个问题请大家仔细考虑。

4.3.5 二分法的归并问题

分治法解决问题，有的需要归并操作，有的不需要归并操作，如二分查找法不但不需要对子问题进行归并，且只需要针对其中一个子问题进行查找，又称为减治法；而归并排序法则是将子问题排序后，归并为全部有序，实现对原问题的排序。下面讨论的例题用分治法解决，在归并时出现问题并设计解决。

大数据时代，统计学依然是数据分析灵魂，平均数和中位数都是统计量，它们从不同的侧面反映了数据的决策意义。选择问题是“从一组数中选择的第 k 小的数据”，这个问题的一个应用就是寻找中值元素(中位数)，此时 $k=[n/2]$。中位数是一个很有用的统计量，例如中间工资、中间年龄、中间重量等。k 取其他值也是有意义的，例如，通过寻找第 $k=n/2$、$k=n/3$ 和 $k=n/4$ 的年龄，可将人口进行划分，了解人口的分布情况。

这个问题可以通过排序来解决，但根据“数据结构”课程的经验，最好的排序算法的复杂性也是 $O(n\times\log_2 n)$。下面要利用分治法，找到复杂性为 $O(n)$ 的算法。这个问题不能用典型的二分法分解成完全独立、相似且“互相相等”的两个子问题。因为二等分数据后，可以独立选出第一组的第 k 小的数据和第二组的第 k 小的数据，但不能保证这两个数据之一是原问题的解。

以求一组数的第二小的数据为例，讨论解决问题的办法。

【例 17】 选择问题 1。

求一组数的第二小的数据。

算法设计：在用二等分法分解的两个子集中，无论只选取第二小数据或只选取最小的数据，归并子问题后都有可能得不到原问题的正确解。但若在两个子集中都选取最小的两个值，那么，原问题中第二小的数据则一定在这4个数之中。显然，将问题转化为“求一组数中较小的两个数”后，二等分法分解后就可将原问题“分解为与原问题独立且相似的两个子问题”了。这样，回溯时归并的过程就是从两个子问题选出的共4个数中，选取出较小的两个数。从而也就得到了原问题的解，求出了一组数中第二小的数据。

算法如下：

```
float a[100];
main( )
{ int n;
  float min2;
  input(n);
  for (i = 0; i < n - 1; i = i + 1)
      input(a[i]);
  min2 = second(n);
  print(min2);
  }
 second(int n)
 {float min2,min1;
  two(0,n - 1,min2,min1);
  return min2; }
 two(int i,int j,float &fmin2,float &fmin1)
 { float lmin2,lmin1,rmin2,rmin1;
   int mid;
   if  (i = j)
       fmin2 = fmin1 = a[i]
   else if (i = j - 1)
         if(a[i]< a[j])
           { fmin2 = a[j];
             fmin1 = a[i]; }
         else
             {fmin2 = a[i];
              fmin1 = a[j]; }
     else
        {mid = (i + j)/2;
         two(i,mid,lmin2,lmin1);
         two(mid + 1,j,rmin2,rmin1);
         if (lmin1 < rmin1)
             if (lmin2 < rmin1)
              { fmin1 = lmin1;
                fmin2 = lmin2; }
             else
                 {fmin1 = lmin1;
                  fmin2 = rmin1; }
           else
               if (rmin2 < lmin1)
                 { fmin1 = rmin1;
                   fmin2 = rmin2; }
                 else
                    {fmin1 = rmin1;
                     fmin2 = lmin1; }
         }
 }
```

算法分析：此算法的时间复杂度与例 13 分析方法相似，为 $O(n)$。

【思考】 总结一下二分法的特例及解决方法。

以上算法利用“改问题的方法”，较好地解决了二等分后子问题的归并问题；但对于选取第 k 小元素的问题，若还用同样的技巧，则在合并操作时还是需要进行较烦琐的操作，从效率上考虑行不通。4.3.6 节通过“非等分分治”解决一般的选择问题。

4.3.6 非等分分治

4.3.5 节的例子都是用二分策略把问题分解为与原问题相似且相等的子问题。有的问题则需要用“非等分二分法”解决，如快速排序，子问题的规模可能有较大差别。下面对一般的选择问题进行讨论。

【例 18】 选择问题 2。

对于给定的 n 个元素的数组 $a[0：n-1]$，要求从中找出第 k 小的元素。

算法设计：上面已经讨论过这个问题不能用二分法分解成独立子问题，一种较通用的设计策略是蛮力法，本题就可以通过对全部数据进行排序后，得到问题的解。但即使用较好的排序方法，算法复杂性也为 $O(n\log_2 n)$。

说到排序，不难想到快速排序算法其实也属于分治策略的应用，不过不是对问题进行等分分解的(二分法)，而是通过分界数据(支点)将问题分解成独立的子问题。由于该题要借用此算法，在此回顾一下“数据结构”课程中讲解的快速排序方法。

首先选第一个数作为分界数据，将比它小的数据存储在它的左边，将比它大的数据存储在它的右边，它存储在左、右两个子集之间。这样左、右子集就是原问题分解后的独立子问题，再用同样的方法，继续解决这些子问题，直到每个子集只有一个数据，自然就有序了，也就完成了全部数据的排序工作。

这里通过改写快速排序算法，来解决选择问题。记一趟快速排序后，分解出左子集中的元素个数为 nleft，则选择问题，可能是以下几种情况之一：

(1) nleft$=k-1$，则分界数据就是选择问题的答案。

(2) nleft$>k-1$，则选择问题的答案继续在左子集中找，问题规模变小了。

(3) nleft$<k-1$，则选择问题的答案继续在右子集中找，问题变为选择第 $k-$nleft-1 小的数，问题的规模也变小了。

算法如下：

```
xzwt(int a[ ],int n,int k)                    // 返回 a [0: n-1]中第 k 小的元素
{ if (k<1 or k>n)     error();
  return select(a,0,n-1,k);
}
select(int a[],int left,int right,int k) // 在 a [left: right]中选择第 k 小的元素
{ int i,j,pivot;
  if (left>=right) return a[left];
  pivot=a[left];                              // 把最左面的元素作为分界数据
  i=left+1;                                   // 从左至右的指针
  j=right;                                    // 从右到左的指针
  while (1)                                   // 把左侧>=pivot 的元素与右侧<=pivot 的元素进行交换
    {do {                                     // 在左侧寻找>=pivot 的元素
```

```
                i = i + 1;
                } while (a[i]< pivot);
            do {                                    // 在右侧寻找<= pivot 的元素
                j = j - 1;
            } while (a[j]> pivot);
            if (i >= j) break;                      // 未发现交换对象
            Swap(a[i],a[j]);
        }
    if (j - left + 1 = k) return pivot;
    a[left] = a[j];                                 // 存储 pivot
    a[j] = pivot;
    if (j - left + 1 < k)                           // 对一个段进行递归调用
        return select(a, j + 1, right, k - j - 1 + left);
    else
        return select(a, left, j - 1, k);
    }
Swap(int &x, int &y)
{int t;
 t = x; x = y; y = t;
}
```

算法分析:

(1) 以上算法在最坏的情况下,复杂度是$O(n^2)$,此时 nleft 总是为0,左子集为空,即第k小元素总是位于 right 子集中。

(2) 如果假定n是2的幂,通过迭代方法,可以得到算法的平均复杂性是$O(n)$。

若仔细地选择分界元素,则最坏情况下的时间开销也可以变成$O(n)$。有一种选择分界元素的方法是使用"中间的中间(Median-Of-Median)"规则。该规则首先将数组a中的n个元素分成n/r组,r为某一整常数,除了最后一组外,每组都有r个元素。然后通过在每组中对r个元素进行排序来寻找每组中位于中间位置的元素。最后根据所得到的n/r个中间元素,递归使用选择算法,求得所需要的分界元素。读者可以自己尝试,这里就不深入讨论了。

(3) 注意到这个算法实质上只是利用了分治法的分解策略,分解后根据不同情况,只处理其中的一个子问题,是"减治法"的一个应用。

【注意】 递归算法设计就是在找大规模问题与小规模问题之间的关系,分治法也正是给出了这样的一种方法,所以本节的算法多是用递归法实现的。

4.4 贪婪算法

贪婪算法(Greedy)又叫登山算法,它的根本思想是逐步到达山顶,即逐步获得最优解,是解决最优化问题时的一种简单但适用范围有限的策略。已经学会在解的范围可以确定的情况下,可以采用枚举或递归策略,找出所有解,一一比较它们,最后找到最优解;但是当解的范围特别大时,蛮力枚举或递归搜索算法的效率非常低,可能在有限的时间内找不出问题的解。这时,可以考虑用贪婪的策略,选取那些最可能到达解的情况来考虑。例如,为了使生产某一产品所花费的时间最少,一种贪婪的策略就是在生产该产品的每一道工序上都选择最省时的方法。“贪婪”可以理解为以逐步的局部最优，达到最终的全局最优。

贪婪算法没有固定的算法框架，算法设计的关键是贪婪策略的选择。一定要注意，选择的贪婪策略要具有无后向性，即某阶段状态一旦确定以后，不受这个状态以后的决策影响。也就是说某状态以后的过程不会影响以前的状态，只与当前状态有关，也称这种特性为无后效性。因此，适应用贪婪策略解决的问题类型较少，对所采用的贪婪策略一定要仔细分析其是否满足无后效性。

贪婪算法策略在“数据结构”课程介绍的算法中也有广泛的应用，如霍夫曼树、构造最小生成树的 Prim 算法和 Kruskal 算法的决策过程，都是使用的贪婪算法策略。

4.4.1　可绝对贪婪问题

【例 19】　键盘输入一个高精度的正整数 n，去掉其中任意 s 个数字后剩下的数字按原左右次序将组成一个新的正整数。编程对给定的 n 和 s 寻找一种方案，使得剩下的数字组成的新数最小。

输出应包括所去掉的数字的位置和组成的新的正整数(n 不超过 240 位)。

数据结构设计：4.3 节刚刚接触过高精度正整数的运算，和那里一样，将输入的高精度数存储为字符串格式。根据输出要求设置数组，在删除数字时记录其位置。

问题分析：在位数固定的前提下，让高位的数字尽量小，其值就较小，依据此贪婪策略就可以解决这个问题。

如何根据贪婪策略删除数字呢？总目标是删除高位较大的数字。具体地，相邻两位比较，若高位比低位大则删除高位。下面通过“枚举归纳”设计算法细节，看一个实例：

n_1="1　2　4　3　5　8　6　3"　　$s=3$

4 比 3 大，删除　"1　2　　3　5　8　6　3"

8 比 6 大，删除　"1　2　　3　5　　6　3"

6 比 3 大，删除　"1　2　　3　5　　　3"

只看这个实例，有可能“归纳”出不正确的算法，先看下一个实例，再进一步解释：

n_2="2　3　1　1　8　3"　　$s=3$

3 比 1 大，删除　"2　　1　1　8　3"

2 比 1 大，删除　"　　1　1　8　3"

8 比 3 大，删除　"　　1　1　　3"

由实例 n_1，相邻数字只需从前向后比较；而从实例 n_2 中可以看出当第 i 位与第 $i+1$ 位比较，若删除第 i 位后，必须向前考虑第 $i-1$ 位与第 $i+1$ 位进行比较，才能保证结果的正确性。

由此可知通过实例设计算法时，枚举的实例一定要有全面性，实例最好要能代表所有可能的情况，或者在必要时多列举几个不同的实例。再看以下两个实例又可总结出一些需要算法进行特殊处理的情况。

n_3="1　2　3　4　5　6　7"　　$s=3$

由这个实例看出，经过对 n_3 相邻比较一个数字都没有删除，这就要考虑将后 3 位进行删除，当然还有可能在相邻比较的过程中删除的位数小于 s 时，也要进行相似的操作。

n_4="2　3　0　0　8　3"　　$s=3$

3 比 0 大,删除　　"2　　0　0　8　3"

2 比 0 大,删除　　"　　0　0　8　3"

8 比 3 大,删除　　"　　0　0　　3"　　得到的新数据是 3

由这个实例子又能看出,当删除掉一些数字后,结果的高位有可能出现数字"0",直接输出这个数据不合理,要将结果中高位的数字"0"全部删除掉,再输出。特别地还要考虑,若结果串是"0000"时,不能将全部的"0"都删除,而要保留一个"0"最后输出。

由此可以看出进行算法设计时,从具体到抽象的归纳一定要选取大量不同的实例,充分了解和体会解决问题的过程、规律和各种不同情况,才能设计出正确的算法。

算法设计 1:根据以上实例分析,算法主要由 4 部分组成:初始化、相邻数字比较(必要时删除)、处理比较过程中删除不够 s 位的情况和结果输出。

其中删除字符的实现方法有如下 3 种。

(1) 物理进行字符删除,就是用后面的字符覆盖已删除的字符,字符串长度改变。这样可能会有比较多字符移动操作,算法效率不高。

(2) 可以利用数组记录字符的存在状态,元素值为"1"表示对应数字存在,元素值为"0"表示对应数字已删除。这样避免了字符的移动,字符串长度不会改变,可以省略专门记录删除数字的位置。但这样做前后数字的比较过程和最后的输出过程相对复杂一些。

(3) 同样还是利用数组,记录未删除字符的下标,粗略过程如下:

n="1　2　4　3　5　8　3　3"　　$s=3$　　1 2 3 4 5 6 7 8

4 比 3 大,删除　　"1　2　　3　5　8　3　3"　　1 2 4 5 6 7 8

8 比 3 大,删除　　"1　2　　3　5　　3　3"　　1 2 4 5 7 8

5 比 3 大,删除　　"1　2　　3　　　3　3"　　1 2 4 7 8

这时数组好像是数据库中的索引文件。此方式同样存在操作比较复杂的问题。

这里采用方法(1)。

一种简单的控制相邻数字比较的方法是每次从头开始,最多删除 s 次,也就从头比较 s 次。

算法 1 如下(数组起始下标为 1):

```
delete(char n[ ],int b,int k)
  {int i;
   for (i = b; i <= length(n) - k; i = i + 1)
       n[i] = n[i + k];
   }
main( )
  {char n[100];
   int s,i,j,j1,c,data[100],len;            // data 记录删除的数字所在位置
   input(n);
   input(s);
   len = length(n);
   if(s > len)                              // length()求字符串长度函数
     {print("data error");
      return; }
  j1 = 0;
  for (i = 1; i <= s; i = i + 1)
```

```
    {for (j = 1; j < length(n); j = j + 1)
        if (n[j]> n[j + 1])                     // 贪婪选择
          {delete(n,j,1);
           if (j > j1)                          // 记录所删除数字的位置
               data[i] = j + i;
           else
               data[i] = data[i - 1] - 1;
           j1 = j;
           break;
           }
    if(j > length(n))
       break;
    }
  for (i = i; i <= s; i = i + 1)                // 删除最后几个数字
     { j = len - i + 1;
      delete(n,j,1);
        data[i] = j; }
    while (n[1] = '0' and length(n)> 1)         // 将字符串首的若干个"0"去掉
         delete(n,1,1);
        print(n);
    for (i = 1; i <= s; i = i + 1)
        print(data[i],' ');
    }
```

算法说明 1：注意记录删除位置不一定是要删除数字 d 的下标，因为有可能 d 的前或后有可能已经有字符被删除，d 的前面已经有元素删除容易想到，但一定不要忽略了其后也有可能已删除了字符。例 19 中删除 1 时，其后的 2 已被删除。要想使记录删除的位置操作简便，使用算法设计 1 中介绍的第二种删除方式最简单，请读者尝试实现这个设计。

算法设计 2：删除字符的方式同算法 1，只是删除字符后不再从头开始比较，而是向前一位进行比较，这样设计的算法 2 的效率较算法 1 要高一些。delete( )函数同前不再重复。

算法 2 如下：

```
main( )
  {char n[100];
   int s,i,j,c,data[100],len;                 // data 记录删除的数字所在位置
   input(n);
   input(s);
   len = length(n);
   if(s > len)
     {print("data error");
      return; }
   i = 0;
   j = 1;
   j1 = 0;
   while(i < s and j <= length(n) - 1)
        {while(n[j]<= n[j + 1])
              j = j + 1;
        if (j < length(n))
           {delete(n,j,1);
             if (j > j1)                       // 记录所删除的数字的位置
               data[i] = j + i;
```

```
            else                                    // 实例 2 向前删除的情况实例
              data[i] = data[i-1] - 1;
            i = i + 1;
            j1 = j;
            j = j - 1;
            }
    }
    for (i = i; i <= s; i = i + 1)
      { j = len - i + 1;
        delete(n,j,1);
         data[i] = j; }
    while (n[1] = '0' and length(n)> 1)           // 将字符串首的若干个"0"去掉
      delete(n,1,1);
    print(n);
    for (i = 1; i <= s; i = i + 1)
        print(data[i],"");
    }
```

算法说明 2：同算法 1 一样，变量 i 控制删除字符的个数，变量 j 控制相邻比较操作的下标，当删除了第 j 个字符后，j 赋值为 $j-1$，以保证实例 2(字符串 n_2)出现的情况得到正确的处理。

【例 20】 数列极差问题。

在黑板上写了 n 个正整数排成的一个数列，进行如下操作：每次擦去其中两个数 a 和 b，然后在数列中加入一个数 $a\times b+1$，如此下去直至黑板上剩下一个数，在所有按这种操作方式最后得到的数中，最大的记作 max，最小的记作 min，则该数列的极差定义为 $m=\max-\min$。

问题分析：和例 19 一样，下面通过实例来认识题目中描述的计算过程。对 3 个具体的数据 3、5、7 讨论，可能有以下 3 种结果：

$(3\times 5+1)\times 7+1=113$， $(3\times 7+1)\times 5+1=111$， $(5\times 7+1)\times 3+1=109$

由此可见，先运算小数据得到的是最大值，先运算大数据得到的是最小值。

下面再以 3 个数为例证明该问题用贪婪策略求解的合理性，不妨假设 3 个数 $a<b<c$，则它们可以表示为：

$$b=a+k_1,\quad c=a+k_1+k_2,\quad k_1,k_2>0$$

则有以下几种组合计算结果：

(1) $(a\times b+1)\times c+1=a\times a\times a+(2k_1+k_2)a\times a+(k_1(k_1+k_2)+1)\times a+k_1+k_2+1$。

(2) $(a\times c+1)\times b+1=a\times a\times a+(2k_1+k_2)a\times a+(k_1(k_1+k_2)+1)\times a+k_1+1$。

(3) $(b\times c+1)\times a+1=a\times a\times a+(2k_1+k_2)a\times a+(k_1(k_1+k_2)+1)\times a+1$。

显然此问题适合用贪婪策略，不过在求最大值时，要先选择较小的数操作。反过来求最小值时，要先选择较大的数操作。这是一道需要两次运用贪婪策略解决的问题。

算法设计：

(1) 由以上分析，大家可以发现这个问题的解决方法和霍夫曼树的构造过程相似，不断从现有的数据中选取最大和最小的两个数，计算后的结果继续参与运算，直到最后剩余一个数算法结束。

(2) 选取最大和最小的两个数较高效的方法是用堆排序法完成。为了突出算法重点，这里用简单的逐个比较方法来求解。注意到由于找到的两个数将不再参与其后的运算，其中一个数自然地是用它们的计算结果代替，另一个数用当前的最后一个数据覆盖即可。所以不但要选取最大数和最小数，还必须记录它们的位置，以便将其覆盖。

(3) 求 max、min 的过程必须独立，也就是说求 max 和 min 都必须从原始数据开始，否则不能找到真正的 max 和 min。

数据结构设计：

(1) 由设计(2)和设计(3)知，必须用两个数组同时存储初始数据用全局变量 s1、s2 记录，最大 2 个值或最小 2 个值的下标，下标以 1 为起点。

(2) 求最大和最小的两个数的函数至少要返回两个数据，为方便起见用全局变量实现。

算法如下：

```
int s1,s2;
main( )
  {int j,n,a[100],b[100],max,min;
   print("How many data?");
   input(n);
   print("input these data");
   for (j = 1; j < = n; j = j + 1)
       {input(a[j]);
        b[j] = a[j]; }
   min = calculatemin(a,n);
   max = calculatemax(b,n);
   print("max - min = ",max - min)
  }
calculatemin(int a[],int n)
  {while (n > 2)
      {max2(a,n);
       a[s1] = a[s1] * a[s2] + 1;
       a[s2] = a[n];
       n = n - 1; }
   return(a[1] * a[2] + 1);
  }
max2(int a[],int n)
  {int j;
   if(a[1]> = a[2])
     {s1 = 1;
      s2 = 2; }
   else
     {s1 = 2;
      s2 = 1; }
   for (j = 3; j < = n; j = j + 1)
     {if (a[j]> a[s1])
          {s2 = s1;
           s1 = j; }
      else if (a[j]> a[s2])
           s2 = j;
     }
  }
calculatemax(int a[],int n)
  {while (n > 2)
     {min2(a,n);
      a[s1] = a[s1] * a[s2] + 1;
```

```
        a[s2] = a[n];
        n = n - 1; }
      return(a[1] * a[2] + 1);
    }
  min2(int a[],int n)
  { int j;
   if(a[1]< = a[2])
      {s1 = 1;
       s2 = 2; }
   else
      {s1 = 2;
       s2 = 1; }
   for (j = 3; j <= n; j = j + 1)
      if (a[j]< a[s1])
           {s2 = s1;
            s1 = j; }
        else  if (a[j]< a[s2])
           s2 = j;
   }
```

算法分析：算法中的主要操作就是比较查找和计算，计算是线性的，而比较操作接近 n^2。因此算法的时间复杂度为 $O(n^2)$。由于计算最大结果和计算最小结果需要独立进行，所以算法的空间复杂度为 $O(2n)$。

贪婪策略不仅可以应用于最优化问题中，有时在解决构造类问题时，用这种策略可以尽快地构造出一组解，如下面的例子。

贪婪算法

【例 21】 设计一个算法，把一个真分数表示为埃及分数之和的形式。所谓埃及分数，是指分子为 1 的分数。如 7/8=1/2+1/3+1/24。

问题分析：一个真分数的埃及分数表示方式肯定是不唯一的，用一个最简单的思路，分数 7/8 就可以得到又一种表示：

$$7/8=1/8+1/8+1/8+1/8+1/8+1/8+1/8$$

但按此思路，对于分数 2003/2004 的表示就太烦琐了。

如何用快速的方法找到一个用最少埃及分数表示一个真分数的表达式呢？用贪婪策略可以得到这样的一组解，其基本思想是，逐步选择分数所包含的最大埃及分数，这些埃及分数之和就是问题的一个解。以 7/8 为例：

$$7/8>1/2$$
$$7/8-1/2=3/8>1/3$$
$$7/8-1/2-1/3=3/8-1/3=1/24$$

详细过程如下：

(1) 找最小的 n(也就是最大的埃及分数 $1/n$)，使分数 $f>1/n$；

(2) 输出 $1/n$；

(3) 计算 $f=f-1/n$；

(4) 若此时的 f 是埃及分数，输出 f，算法结束，否则返回(1)。

【注意】 表面看来，以上描述好像是一个算法，其实这不是一个可以实现的算法！因为第(3)步不满足算法的“可行性”这个基本特点，因为高级程序设计语言都不支持分数运算。

数学模型：将一个真分数 F 表示为 A/B；做 $B \div A$ 的整除运算，商为 D，余数为 $K(0<K<A)$，它们之间的关系及导出关系如下：

$$B=A\times D+K$$
$$B/A=D+K/A<D+1$$
$$A/B>1/(D+1)$$

记 $C=D+1$，这样就找到了分数 F 所包含的"最大的"埃及分数就是 $1/C$。进一步计算：

$$A/B-1/C=(A\times C-B)/(B\times C)$$

也就是说继续要解决的是有关分子为 $A=A\times C-B$，分母为 $B=B\times C$ 的子问题。

算法设计：由以上数学模型，真正的算法过程如下。

(1) 设某个真分数的分子为 $A(\neq 1)$，分母为 B；

(2) 把 B 除以 A 的商的整数部分加 1 后的值作为埃及分数的一个分母 C；

(3) 输出 $1/C$；

(4) 将 A 乘以 C 减去 B 作为新的 A；

(5) 将 B 乘以 C 作为新的 B；

(6) 如果 A 大于 1 且能整除 B，则最后一个埃及分数的分母为 B/A；

(7) 如果 $A=1$，则最后一个分母为 B；否则转到步骤(2)。

为了好理解，再看一个实际的例子，如 $7/8=1/2+1/3+1/24$ 的解题步骤：

同样用变量 A 表示分子，变量 B 表示分母。

$C=8\backslash 7+1=2$　　　　//说明 $7/8>1/2$

打印 $1/2$，

$A=7\times 2-8=6$，　　　　//在计算 $7/8-1/2=(7\times 2-8)/(7\times 2)=6/16=A/B$

$B=B\times C=16$

$C=16/6+1=3$　　　　//说明 $16/6>1/3$

打印 $1/3$，

$A=6\times 3-16=2$，　　　　//在计算 $6/16-1/3=(6\times 3-16)/(16\times 3)=2/48=A/B$

$B=B\times C=16\times 3=48$

$A>1$ 但 B/A 为整数 24，打印 $1/24$ 结束。

综上，算法如下：

```
main( )
    {int a,b,c;
    print("input element");
    input(a);
    print("input denominator");
    input(b);
    if(a>=b)
      print("input error");
      else
      if (a=1 or b mod a=0)
        print(a,"/",b,"=" 1,"/",b/a);
    else
        while(a<>1)
        { c=b \ a+1
```

```
            a = a * c - b;
            b = b * c;
            print("1/",c);
            if(a > 1)
                print(" + ");
            if (b mod a = 0 or a = 1)
              print ("1/",b / a);
                a = 1; }
            }
    }
```

【思考】 上面的算法利用整数运算解决了分数运算问题。读者可以考虑自己设计实现分数运算函数库来解决这个问题。

以上3个例子对于输入的任何数据,贪婪策略都是适用的,因此称它们为"可绝对贪婪问题"。但有的问题就不一定如此了,看4.4.2节的例子就能明白是怎么回事。

4.4.2 相对或近似贪婪问题

【例22】 币种统计问题。

某单位给每个职工发工资(精确到元)。为了保证避免临时兑换零钱,且取款的张数最少,取工资前要统计出所有职工的工资所需各种币值(100,50,20,10,5,2,1元共7种)的张数。请编程完成。

算法设计:

(1) 合理的情况是每个职工的工资应该由文件读入,为了突出算法思想,还是从键盘输入每个职工的工资。

(2) 为了能达到取款的张数最少,且保证不要临时兑换零钱,应该对每个职工的工资,用"贪婪"的思想,先尽量多地取大面额的币种,由大面额到小面额币种逐渐统计。

(3) 7种面额无规律可循,而统计每个职工工资的计算都要用到这7种币值,为了能构造出循环不变式,利用3.2.2节的数组应用技巧,将7种币值存储于数组B。这样,7种币值就可表示为$B[i]$,$i=1,2,3,4,5,6,7$。为了能实现贪婪算法策略,7种币值应该从大面额的币种到小面额的币种依次存储。

(4) 算法需要统计7种面额钱币的数量,同样利用3.2.1节的数组应用技巧,设置一个有7个元素的累加器数组S,这样操作就可以通过循环顺利完成了。

算法如下:

```
main( )
{int i,j,n,GZ,A,B[8] = {0,100,50,20,10,5,2,1},S[8] = {0,0,0,0,0,0,0,0};
 input(n);
 for(i = 1; i < = n; i = i + 1)
     {input(GZ);
      for(j = 1,j < = 7; j = j + 1)
          {A = GZ/B[j];
          S[j] = S[j] + A;
          GZ = GZ - A * B[j]; }
   }
```

```
    for(i = 1; i <= 7; i = i + 1)
      print(B[i]," ---- ",S[i]);
}
```

算法说明：每求出一种面额所需的张数后，要把这部分金额减去“GZ＝GZ－A * B[j];”，否则将会重复计算。

算法分析：算法的时间复杂性是 $O(n)$。

下面继续讨论解决问题的贪婪算法策略。

以上问题的背景是针对我国的货币币种进行讨论，题目中不提示也知道有哪些币种，且这样的币种正好适合使用贪婪算法(感兴趣的读者可以证明这个结论)。假如某国的币种是这样的，共9种：100,70,50,20,10,7,5,2,1。在这样的币值种类下，再用贪婪算法就行不通了，例如某人工资是140，按贪婪算法140＝100×(1张)＋20×(2张)共需要3张，而事实上，取两张数值为70的面额是最佳结果。这样的问题可以考虑用4.5节学习的动态规划算法来解决。

【思考】 采用贪婪算法策略时，最好能用数学方法证明每一步的策略是否能保证得到最优解。

为了让大家进一步了解贪婪算法策略的适用情况，再看以下例子。

【例23】 取数游戏。

有2个人轮流取 $2n$ 个数中的 n 个数，所取数之和大者为胜。请编写算法，让先取数者胜，模拟取数过程。

问题分析：这个游戏一般假设取数者只能看到 $2n$ 个数中两边的数，下面看一下使用贪婪算法的情况。

若一组数据为：6,16,27,6,12,9,2,11,6,5。用贪婪算法策略每次两人都取两边的数中较大的一个数，先取者胜。以A先取为例。

取数结果为：A　6　27，　12，　5，　11　＝61　胜

　　　　　　B　16，　6，　9，　6，　2　＝39

但若选另一组数据：　16　27　7　12　9　2　11　6。仍都用贪婪算法策略，先取者败(A先取)。

取数结果为：A　16　7　9　11＝43

　　　　　　B　27　12　6　2＝47　胜

其实，若只能看到两边的数据，则此题无论先取还是后取都没有必胜策略。一般策略是用近似贪婪算法，仍坚持每次两人都取两边的数中较大的一个数，当然这样不能保证胜利的结果；对于一个游戏，还可以在恰当的时候专门取一次较小的数，也许会有胜利的结果，这是一个含有很强“随机性”的问题。

但若取数者能看到全部 $2n$ 个数，则此解决问题可有一个简单方法，虽不能保证所取数的和最大，却是一个先取者必胜的全局策略。

数学模型建立：n 个数排成一行，给这 n 个数从左到右编号，依次为 $1,2,\cdots,n$，因为 n 为偶数，又因为是取数者先取数，计算机后取数，所以一开始取数者既可以取到一个奇编号的数(最左边编号为1的数)又可以取到一个偶编号的数(最右边编号为 n 的数)。

如果取数者第一次取奇编号(编号为1)的数，则接着计算机只能取到偶编号(编号为2

或 n)的数;

如果取数者第一次取偶编号(编号为 n)的数,则接着计算机只能取到奇编号(编号为1或 $n-1$)的数。

即无论取数者第一次是取奇编号的数还是取偶编号的数,接着计算机只能取到另一种编号(偶编号或奇编号)的数。

这是对第一个回合的分析,显然对以后的取数过程都是适用的。也就是说,能够控制让计算机自始至终只取奇或偶一种编号的数。这样,只要比较奇编号数之和与偶编号数之和,就可以决定最开始是取奇编号数还是偶编号数了(如果奇编号数之和与偶编号数之和同样大,则取数者第一次可以任意取数,因为当两者所取数和相同时,先取者为胜)。

算法设计:有了以上建立的高效数学模型,算法就很简单了,算法只需要分别计算一组数的奇数位和偶数位的数据之和,然后就有了先取数者必胜的取数方案了。

以下面一排数为例:

1 2 3 10 5 6 7 8 9 4

奇编号数之和为25(=1+3+5+7+9),小于偶编号数之和30(=2+10+6+8+4)。第一次取4以后,计算机取哪边的数,取数者就取哪边的数(如果计算机取1,取数者就取2;如果计算机取9,取数者就取8)。这样可以保证取数者自始至终取到偶编号的数,而计算机自始至终取到奇编号的数。

算法如下:

```
main( )
  {int i,s1,s2,data;
   input(n);
   s1 = 0;
   s2 = 0;
   for(i = 1; i <= n; i = i + 1)
     {input(data);
      if (i mod 2 = 0)
        s2 = s2 + data;
      else
        s1 = s1 + data;
      }
   if(s1 > s2)
      print("first take left");
   else
      print("first take right");
   }
```

这个例题又一次说明,解决问题时数学模型的选择是非常重要的。

4.4.3 贪婪算法设计框架

1. 贪婪算法的基本思路

从问题的某一个初始解出发逐步逼近给定的目标,每一步都做一个不可回溯的决策,尽可能求得最优解。当达到某算法中的某一步不需要再继续前进时,算法停止。

2. 贪婪算法适用的问题

贪婪算法面对问题仅考虑当前局部信息便做出决策,也就是说使用贪婪算法的前提是

“局部最优策略能导致产生全局最优解”。

该算法的适用范围有限，若应用不当，则不能保证求得问题的最优解。一般情况下，通过一些实际数据例子（当然要有一定的普遍性），就能从直观上判断一个问题是否可以用贪婪算法，如4.5.3节的例25。对贪婪算法的适用性，更可靠的办法是利用数学方法证明解决问题的贪婪算法满足“局部最优策略能导致产生全局最优解”。

3. 贪婪算法下的算法框架

从问题的某一初始解出发；
while（能朝给定总目标前进一步）
　　利用可行的决策，求出可行解的一个解元素；
由所有解元素组合成问题的一个可行解。

4. 贪婪算法策略选择

首先，贪婪算法的原理是通过局部最优来达到全局最优，采用的是逐步构造最优解的方法。在每个阶段，都做出一个看上去最优的（在一定的标准下）决策，决策一旦做出，就不可再更改。用贪婪算法只能解决通过局部最优的策略达到全局最优的问题。因此，一定要注意判断问题是否适合采用贪婪算法策略，找到的解是否一定是问题的最优解。

由以上几个例子可以看出，贪婪算法是依靠经验或直觉，确定一个找最优解的决策，逐步决策获得问题的最优解。在一般情况下，选出最优决策标准是使用贪婪设计求解问题的核心。要选出最优决策并不是一件容易的事情，因为最优决策对问题的适用范围可能是非常有限的；就像例22，在算法分析中给出的一个数据，虽然问题没有变，只是数据不同（币种增加了两种），先前的最优解决策略就得不到问题的最优解了。

这和现实世界一样，看似可以得到便宜事，实际却大相径庭。很多问题表面上看用贪婪算法可以找最优解，其实却将最优解漏掉了。所以贪婪策略一定要精心确定，在使用之前，最好对策略的可行性进行数学证明。这里，不可能告诉大家一个通用的制定最优解决策的标准，所以要谨慎使用贪婪算法。

4.5 动态规划

动态规划（dynamic programming）主要针对最优化问题。所谓“规划”，在现代汉语词典中是这样解释的：“规划是比较全面的长远的发展计划。”在动态规划算法策略中，这个解释体现在它的决策不是线性的而是全面考虑各种不同的情况分别进行决策，最后通过多阶段决策逐步找出问题的最终解。当各个阶段采取决策后，会不断决策出新的数据，直到找到最优解。每次决策依赖于当前状态，又随即引起状态的转移。一个决策序列就是在变化的状态中产生出来的，故有“动态”的含义。所以，这种多阶段最优化决策解决问题的过程称为动态规划。

动态规划

4.5.1 认识动态规划

【思考】 刚学过的贪婪算法也是在进行多阶段决策，通过一系列贪婪决策最终找到问题的解。动态规划的多阶段决策与贪婪算法有什么区别呢？

先看一个简单的例子。

【例 24】 数塔问题。

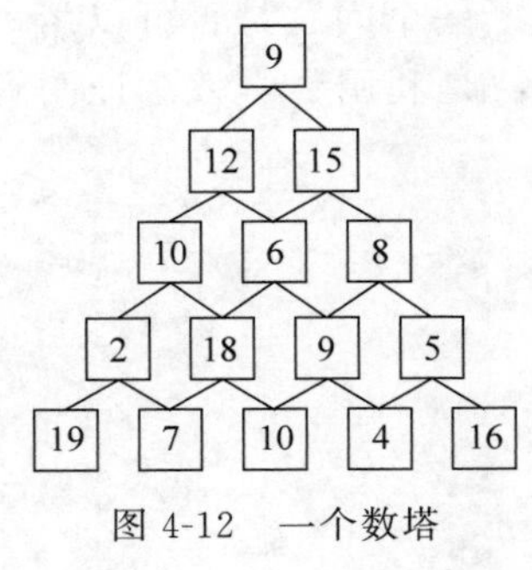

图 4-12 一个数塔

如图 4-12 所示的一个数塔,从顶层到底层或从底层到顶层,在每一结点可以选择向左走或是向右走,要求找出一条路径,使路径上的数值和最大。

问题分析:动态规划是这一章介绍的最后一个算法策略,不妨讨论一下用其他算法策略解决此问题的情形。

(1) 不难理解,这个问题用贪婪算法有可能会找不到真正的最大和。以图 4-12 为例就是如此。采用贪婪策略,无论是自上而下,还是自下而上,每次向下都选择较大的一个数移动,则路径和分别为:

$$9+15+8+9+10=51(\text{自上而下}),19+2+10+12+9=52(\text{自下而上})$$

都得不到最优解,真正的最大和是:

$$9+12+10+18+10=59$$

(2) 要找到最大和的前提条件是,要能看到数塔的全貌,下面的算法设计都是以此为前提的。

在知道数塔全貌的前提下,可以用枚举法或第 5 章将学习的搜索算法来解决问题。但从图 4-12 中可以看出,在数塔层数为 n 时,要枚举的路径为 2^{n-1} 条。在 n 稍大的情况下,需要列举出的路径条数是一个非常庞大的数目。所以枚举法也不是一个适合此问题的算法策略。

(3) 这个问题的原始数据是一个三角形的二维图形,而且问题的答案与各层数据间关系复杂,不适合用分治算法分解为与原问题相似的子问题。

下面就学习用动态规划解决此问题。

算法设计:动态规划设计过程如下。

1. 阶段划分

从数塔问题的特点来看,不难发现解决问题的阶段划分,应该是自下而上逐层决策。不同于贪婪策略的是做出的不是唯一决策,第一步对于第五层的 8 个数据,做如下 4 次决策:

对经过第四层 2 的路径,在第五层的 19,7 中选择 19;

对经过第四层 18 的路径,在第五层的 7,10 中选择 10;

对经过第四层 9 的路径,在第五层的 10,4 中也选择 10;

对经过第四层 5 的路径,在第五层的 4,16 中选择 16。

这是一次决策过程,也是一次递推过程和降阶过程。因为以上的决策结果将 5 阶数塔问题变为 4 阶子问题,递推出第四层与第五层的和为:

$$21(2+19),28(18+10),19(9+10),21(5+16)$$

用同样的方法还可以将 4 阶数塔问题变为 3 阶数塔问题……最后得到的 1 阶数塔问题,就是整个问题的最优解。

2. 存储、求解

1) 原始信息存储

原始信息有层数和数塔中的数据,层数用一个整型变量 n 存储,数塔中的数据用二维

数组 data,存储成如下的下三角阵:

9				
12	15			
10	6	8		
2	18	9	5	
19	7	10	4	16

2）动态规划过程存储

由于早期阶段动态规划决策的结果是一组数据,且本次的决策结果是下次决策的唯一依据(无后效性),所以必须在存储每一次决策的结果,若仅仅是求最优解,用一个一维数组存储最新的决策结果即可;但若要同时找出最优解的构成或路径,则必须用二维数组 d 存储各阶段的决策结果。根据上面的算法设计,二维数组 d 的存储内容如下:

$d[n][j]=\text{data}[n][j]\qquad j=1,2,\cdots,n;$

$i=n-1,n-2,\cdots,1,j=1,2,\cdots,i$ 时

$d[i][j]=\max(d[i+1][j],d[i+1][j+1])+\text{data}[i][j]$

最后 $d[1][1]$存储的就是问题的结果。

对图 4-12 的求解结果,如图 4-13 右边所示。

3）最优解路径求解及存储

通过数组 data 和数组 d 可以找到最优解的路径,但需要自顶向下比较数组 data 和数组 d 中的数据。对图 4-12 求解和输出过程如图 4-13 所示。

数组 data					数组 d				
9					59				
12	15				50	49			
10	6	8			38	34	29		
2	18	9	5		21	28	19	21	
19	7	10	4	16	19	7	10	4	16

图 4-13 数塔及动态规划过程数据

输出 data[1][1]“9”。

$b=d[1][1]-\text{data}[1][1]=59-9=50$,$b$ 与 $d[2][1]$,$d[2][2]$ 比较,b 与 $d[2][1]$相等,输出 data[2][1]“12”。

$b=d[2][1]-\text{data}[2][1]=50-12=38$,$b$ 与 $d[3][1]$,$d[3][2]$ 比较,b 与 $d[3][1]$相等,输出 data[3][1]“10”。

$b=d[3][1]-\text{data}[3][1]=38-10=28$,$b$ 与 $d[4][1]$,$d[4][2]$ 比较,b 与 $d[4][2]$相等,输出 data[4][2]“18”。

$b=d[4][2]-\text{data}[4][2]=28-18=10$,$b$ 与 $d[5][2]$,$d[5][3]$ 比较,b 与 $d[5][3]$相等,输出 data[5][3]“10”。

据此,可以写出根据数组 data 和数组 d 求解最优解路径的算法。留给大家完成。

为了提高算法的时间效率,还可以在动态规划过程中,同时记录每一步决策选择数据的方向,这又需要一个二维数组。为了设计简洁的算法,最后用三维数组 $a[50][50][3]$存储以上确定的 3 个数组的信息。

说到三维数组有读者可能感到不好理解,其实把它理解成几"张"二维表就很简单,$a[50][50][3]$就是3个二维表:

$a[50][50][1]$代替数组 data,$a[50][50][2]$代替数组 d,$a[50][50][3]$记录解路径。其中 $a[50][50][3]=0$ 表示向下(在塔中是向左)"走",如第三层 2 与下面的 19 求和;其中 $a[50][50][3]=1$ 表示向右"走",如第三层 18 与下面的 10 求和。

数塔问题的算法如下:

```
main( )
       {int a[50][50][3],i,j,n;
        print("please input the number of rows: ");
        input(n);
         for(i = 1; i < = n; i = i + 1)
            for (j = 1; j < = i; j = j + 1)
              { input(a[i][j][1]);
                a[i][j][2] = a[i][j][1];
                a[i][j][3] = 0; }
         for (i = n - 1; i > = 1; i = i - 1)
             for (j = 1; j < = i; j = j + 1)
                if (a[i + 1][j][2]> a[i + 1][j + 1][2])
                  {a[i][j][2] = a[i][j][2] + a[i + 1][j][2];
                   a[i][j][3] = 0; }
                 else
                  {a[i][j][2] = a[i][j][2] + a[i + 1][j + 1][2];
                   a[i][j][3] = 1; }
         print("max = ",a[1][1][2]);
         j = 1;
         for(i = 1; i < = n - 1; i = i + 1)
             { print(a[i][j][1]," ->");
               j = j + a[i][j][3]; }
          print (a[n][j][1]);
       }
```

现在回答本小节开头提出的问题"动态规划的多阶段决策与贪婪算法有什么区别呢?"贪婪算法的效率比较高,每次做出的是局部的、唯一的决策结果(所以贪婪算法适用的问题范围小)。而动态规划的每个阶段的决策,做出的是一组局部的决策结果。每个阶段都使问题规模变小,且更接近最优解;直到最后一步,问题的规模变为1,就找到了问题的最优解,算法结束。从例子中可以看到:

动态规划=全方位决策+递推(降阶)+存储递推结果

贪婪算法、递推算法都是在"线性"地解决问题,而动态规划则是全面分阶段地解决问题。可以通俗地说,动态规划是"带决策的多阶段、多方位的递推算法"。

4.5.2 动态规划算法设计框架

1. 适用动态规划策略解决的问题的特征

由 4.5.1 节的例 24 知道用动态规划解决问题时,每一阶段的决策都会使问题的规模和状态发生变化,这个过程要满足最优子结构性质,即不能在决策中失去问题的最优解。而且每一步决策只考虑当前状态,不受其以前、以后阶段的影响,即要满足无后向性。对于不满足无后向性的问题,需要用将在第5章介绍的搜索算法解决。当然能分解为独立子问题的题目,用分治算法策略更简单方便。一般在子问题不独立的情况下才用动态规划算法策略。

总之，适用动态规划算法解决的问题及其决策策略应该具有3个性质：最优化原理、无后向性、子问题重叠性质。

(1) 最优化原理：又称最优子结构性质，是指一个问题的最优解包含其子问题的最优解，或一个最优化策略的子策略总是最优的。

如图4-14中，若路线I和J是A到C的最优路径，则根据最优化原理，路线J必是从B到C的最优路线。

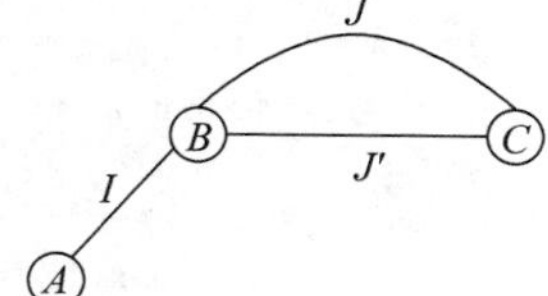

图4-14　路线图

(2) 无后向性：即某阶段状态一旦确定，就不受这个状态以后决策的影响。也就是说某状态以后的过程不会影响以前的状态，只与当前状态有关，这种特性也被称为无后效性。

(3) 子问题重叠：即子问题之间是不独立的，一个子问题在下一阶段决策中可能被多次使用到。对有分解过程的问题还表现在自顶向下分解问题时，每次产生的子问题并不总是新问题，有些子问题会反复出现多次。这个性质并不是动态规划适用的必要条件，但是如果该性质无法满足，动态规划算法同其他算法相比就不具备优势。

2. 动态规划的基本思想

动态规划方法的基本思想是，把求解的问题分成许多阶段或多个子问题，然后按顺序求解各子问题。前一子问题的解，为后一子问题的求解提供了有用的信息。在求解任一子问题时，列出各种可能的局部解，通过决策保留那些有可能达到最优的局部解，丢弃其他局部解。依次解决各子问题，最后一个子问题就是初始问题的解。

由于动态规划解决的问题多数有重叠子问题这个特点，为了减少重复计算，对每一个子问题只解一次，将其不同阶段的不同状态保存在一个二维数组中。

3. 设计动态规划算法的基本步骤

设计一个标准的动态规划算法，通常可按以下几个步骤进行。

(1) 划分阶段：按照问题的时间或空间特征，把问题分为若干个阶段。注意这若干个阶段一定要是有序的或者是可排序的(即无后向性)，否则问题就无法用动态规划求解。

(2) 选择状态：将问题发展到各个阶段时所出现的各种客观情况用不同的状态表示出来。当然，状态的选择要满足无后效性。

(3) 确定决策并写出状态转移方程：之所以把这两步放在一起，是因为状态转移就是根据上一阶段的状态和决策来导出本阶段的状态。这就像是"递推"，根据相邻两个阶段的状态之间的关系来确定决策方法和状态转移方程。

一般来说，只要解决问题的阶段、状态和状态转移决策确定了，就可以写出状态转移方程(包括边界条件)，这些都是动态规划的基本工作。阶段的划分是关键，必须依据题意分析，寻求合理的划分阶段(或子问题)的方法。而每个阶段(或子问题)得到的是一个比原问题简单的优化问题。在每个子问题的求解中，均利用它的一个前一阶段(或子问题)的最优化结果，直到最后一个子问题所得最优解，它就是原问题的最优解。

实际应用当中可以按以下几个简化步骤进行设计：

(1) 分析最优解的性质，并刻画其结构特征。

(2) 递推定义最优值。

(3) 以自底向上的方式或自顶向下的记忆化方法(备忘录法)计算出最优值。

(4) 根据计算最优值时得到的信息,构造问题的最优解。

4. 动态规划算法基本框架

动态规划算法在不同问题的应用中表现形式多样,不易给出清晰、易懂的基本框架。

```
for(j = 1; j <= m; j = j + 1)                              // 第一个阶段
   xn[j] = 初始值;
for (i = n - 1; i >= 1; i = i - 1)                         // 其他 n - 1 个阶段
   for (j = 1; j >= f(i); j = j + 1)                       // f(i)与 i 有关的表达式
       xi[j] = max(或 min){g(xi+1[j1 : j2]), …, g(xi+1[jk : jk+1])};
t = g(x1[j1 : j2]);                                        // 由最优解求解最优解的方案
print(x1[j1]);
for(i = 2; i <= n - 1; i = i + 1)
    {t = t - xi-1[ji];
    for (j = 1; j >= f(i); j = j + 1)
        if(t = xi[ji]) break;
    }
```

算法框架中 f,g 是某种函数,表示与当前表达式和函数中的参数有关;算法框架中 i 表示动态规划中的不同阶段,j 表示每个阶段下考虑的多种情况;带下标的符号,如 j_i 表示与阶段 i 有关的特定的情况 j。

算法框架中的

```
xi[j] = max(或 min){g(xi+1[j1 : j2]), …,g(xi+1[jk : jk+1])};
```

表达式,表示 $x_i[j]$与前一阶段的 $x_{i+1}[j_1]-x_{i+1}[j_2]$,…,$x_{i+1}[j_k]-x_{i+1}[j_{k+1}]$有关,取它们某种函数值有最大值(或最小值)。在实际的算法中,这一步可能也是一个循环结构。

4.5.3 突出阶段性的动态规划应用

4.5.1 节中的例 24 是一个简单的问题,它是突出阶段性动态规划的一个例子,每一阶段都要在全面考虑各种情况下,然后做出必要的决策。下面的两个例子也是用同样的策略进行设计的。

【例 25】 资源分配问题。

设有资源 n(n 为整数),分配给 m 个项目,$g_i(x)$为第 i 个项目分得资源 x(x 为整数)所得到的利润。求总利润最大的资源分配方案,也就是解下列问题:

$$\max z = g_1(x_1) + g_2(x_2) + \cdots + g_m(x_m)$$

$$x_1 + x_2 + x_3 + \cdots + x_m = n,\quad 0 \leqslant x_i \leqslant n \text{ 且 } x_i \text{ 为整数}, i = 1,2,3,\cdots,m$$

函数 $g_i(x)$以数据表的形式给出。

例如,现有 $n=7$ 万元投资到 A、B、C 3 个项目,利润见表 4-4。求总利润最大的资源分配方案。

表 4-4 投资与利润表 单位:万元

项 目	投 资 额						
	1	2	3	4	5	6	7
A	0.11	0.13	0.15	0.21	0.24	0.30	0.35
B	0.12	0.16	0.21	0.23	0.25	0.24	0.34
C	0.08	0.12	0.20	0.24	0.26	0.30	0.35

算法设计：3个项目的投资、利润之间都是不独立的，因此，不可能用分治算法完成。同样也找不到一种能由局部信息得到唯一结论的决策策略，也就是说，不能用贪婪算法解决这个问题。上面已抽象地说明了动态规划算法解决问题的基本方法，下面通过实例，用动态规划法来进行算法设计。

1）阶段划分及决策

比较直观的阶段划分是逐步考虑每一个项目在不同投资额下的利润情况。

每个阶段要考虑各种分配方案下的最大利润，设 $f_i(x)$ 为将资源 x 分配给前 i 个项目所得的最大利润，分阶段决策过程是：

$$f_1(x)=g_1(x) \qquad 0\leqslant x\leqslant n$$

$$f_i(x)=\max\{g_i(x)+f_{i-1}(n-x)\} \qquad 0\leqslant x\leqslant n,\quad i=2,3,\cdots,n$$

由于每一阶段都考虑了所有的投资组合情况，所以算法策略是满足最佳原理的。

2）实例

利用题目例子中的数据，分阶段决策过程如下。

(1) 考虑分配给第一个项目A的资金 x 与利润 $f_1(x)$ 的关系如表4-5所示。

表 4-5　项目 A 的资金与利润表

x	$f_1(x)$
0	0
1	0.11
2	0.13
3	0.15
4	0.21
5	0.24
6	0.30
7	0.35

(2) 考虑分配给前两个项目A、B的总资金为 $x(0\leqslant x\leqslant n)$，资金 x 与利润 $f_2(x)$ 的关系如表4-6所示，$x_2(0\leqslant x_2\leqslant n)$ 为分配给项目B的资金，如表4-6所示。

表 4-6　项目 A、B 的资金与利润表　　单位：万元

x	x_2 的所有可能								$f_2(x)$
	0	1	2	3	4	5	6	7	
1	0.11	0.12*							0.12
2	0.13	0.23*	0.16						0.23
3	0.15	0.25	0.27*	0.21					0.27
4	0.21	0.27	0.29	0.32*	0.23				0.32
5	0.24	0.33	0.31	0.34*	0.34*	0.25			0.34
6	0.30	0.36	0.37*	0.36	0.36	0.36	0.24		0.37
7	0.35	0.42*	0.40	0.42*	0.38	0.38	0.35	0.34	0.42

其中带“*”的数据为当前最大获利。

(3) 最后只需要考虑投入7万元资金给A、B、C 3个项目，利润与资金的关系为 $f_3(7)=\max\limits_{0\leqslant x_3\leqslant 7}\{g_3(x_3)+f_2(7-x_3)\}$，其中 x_3 为分配给项目C的资金，如表4-7所示。

表 4-7 项目 A、B、C 的资金与利润表 单位：万元

x_3	0	1	2	3	4	5	6	7
$g_3(x_3)$	0.00	0.08	0.12	0.20	0.24	0.26	0.30	0.35
$f_2(7-x_3)$	0.42	0.37	0.34	0.32	0.27	0.23	0.12	0.00
$g_3(x_3)+f_2(7-x_3)$	0.42	0.45	0.46	0.52*	0.51	0.49	0.42	0.35

其中带“＊”的数据为当前最大获利。

所以 $f_3(7)=\max\limits_{0\leqslant x\leqslant 7}\{g_3(x)+f_2(7-x)\}=g_3(3)+f_2(4)=0.52$。

3）数据结构设计

(1) 由于利润表是逐行使用的，所以不必要开辟二维数组，只需要开辟 n 个元素的一维数组 q 来存储原始数据。

(2) 另开辟 n 个元素的一维数组 f 存储当前最大收益情况。

(3) 在动态规划的过程中，当处理完第 i 个项目，读入第 $i+1$ 个项目的利润情况后，要计算新的最大收益时，第 i 个项目的最大收益情况要被重复利用，也就是说数组 f 的值不能边处理边覆盖。所以，要开辟记录中间结果的 n 个元素的一维数组 temp，记录正在计算的最大收益。

(4) 表 4-6 和表 4-7 中数据上有“＊”符号的数据，是当前情况下的最大收益，最后要输出每个项目得到的投资额，需要记录表示“前 i 个工程投资 j 所获得的最大利润时给第 i 个工程分配的资源数”，因此需要开辟 $m\times(n+1)$的二维数组 a。

(5) 数组 gain 存储前 i 个工程在不同投资数下的最大利润。

对于一般问题设计算法如下：

```
main( )
{int i,j,k,m,n,rest,a[100][100],gain[100];
 float q[100],f[100],temp[100];
 print("How many item?");
 input (m);
 print("How much money?");
 input (n);
 print("input one item gain table: ");
 for(j = 0; j <= n; j = j + 1)
     {input(q[j]);
 f[j] = q[j]; }
 for(j = 0; j <= n; j = j + 1)
     a[1][j] = j;
 for(k = 2; k <= m; k = k + 1)
   { print("input another item gain table: ");
      for(j = 0; j <= n; j = j + 1)
         { temp[j] = q[j];
           input(q[j]);
           a[k][j] = 0; }
      for(j = 0; j <= n; j = j + 1)
        for(i = 0; i <= j; i = i + 1)
           if (f[j - i] + q[i]> temp[j])
             {temp[j] = f[j - i] + q[i];
              a[k][j] = i; }
        for(j = 0; j <= n; j = j + 1)
```

```
            f[j] = temp[j];
        }
    rest = n;
    for(i = m; i >= 1; i = i - 1)
        {gain[i] = a[i][rest];
         rest = rest - gain[i]; }
    for(i = 1; i <= m; i = i + 1)
           print(gain[i]," ");
    print(f[n]);
}
```

算法说明：算法中前两个 for 循环是在处理第 1 个项目，接下来的三重循环处理第 2～m 个项目。

【思考】 先用枚举策略解决本例题，然后思考动态规划的“多方位递推”与“蛮力枚举”的区别。

【例 26】 n 个矩阵连乘的问题。

问题分析：众所周知，$p\times q$ 阶与 $q\times r$ 阶的两个矩阵相乘时，需要做 $p\times q\times r$ 次乘法，且多个矩阵连乘运算是满足结合律的。例如以下 4 个矩阵相乘。

$$\boldsymbol{M}=\underset{[5\times 20]}{\boldsymbol{M}_1}\times\underset{[20\times 50]}{\boldsymbol{M}_2}\times\underset{[50\times 1]}{\boldsymbol{M}_3}\times\underset{[1\times 100]}{\boldsymbol{M}_4}$$

如果按 $((\boldsymbol{M}_1\times\boldsymbol{M}_2)\times\boldsymbol{M}_3)\times\boldsymbol{M}_4$ 的次序，即从左到右相乘，共须进行

$$5000+250+500=5750$$

次乘法。如果按 $\boldsymbol{M}_1\times(\boldsymbol{M}_2\times(\boldsymbol{M}_3\times\boldsymbol{M}_4))$的次序，即从右到左相乘，则须进行

$$5000+100\ 000+10\ 000=115\ 000$$

次乘法。但如果按$(\boldsymbol{M}_1\times(\boldsymbol{M}_2\times\boldsymbol{M}_3))\times\boldsymbol{M}_4$ 的次序相乘，只需要做

$$1000+100+500=1600$$

次乘法。由此可见，不同顺序的矩阵相乘运算，虽然运算结果相同，但所做的乘法次数差距却很大。为找到不同组合方式下矩阵相乘的最少乘法次数，如用枚举方法，当 n 很小时，还可胜任，但当 n 较大时，算法的复杂度就太高了。

通过这个实例，验证了前面的分析结果：该问题不能分解为独立的子问题，且不容易枚举出所有可能的解。用什么样的方法能较快地求解？哪种结合方式可使 n 个矩阵连乘时元素间相乘的次数最少呢？答案是用“动态规划法”设计算法。

首先从最小子问题开始求解此问题，即两个矩阵相乘的情况；

然后尝试 3 个矩阵相乘的情况，即尝试所有两个矩阵相乘后结合第三个矩阵方式，从中找出乘法运算最少的结合方式；

……

最后得到 n 个矩阵相乘所用的最少的乘法次数及结合方式。

算法设计 1：

1. 阶段划分

由以上的问题分析，可以想到动态规划的阶段是以相乘的矩阵个数划分的：

(1) 初始状态为 1 个矩阵相乘的计算量为 0；

(2) 第二阶段，计算两个相邻矩阵相乘的计算量，共 $n-1$ 组；

(3) 第三阶段,计算两个相邻矩阵相乘的结果与第三个相邻矩阵相乘的计算量,共 $n-2$ 组;

(4) ……

(5) 最后一个阶段,是 n 个相邻矩阵相乘的计算量,共1组,也就是问题的解。

2. 阶段决策

先用前面的例子,实现算法各阶段决策过程如下,结果如表4-8所示。

记 $\boldsymbol{M}_i\times\boldsymbol{M}_{i+1}\times\cdots\times\boldsymbol{M}_j$ 乘法次数记为 m_{ij},矩阵大小为:

$\boldsymbol{M}_1$ 为 $r_1\times r_2$,$\boldsymbol{M}_2$ 为 $r_2\times r_3$,$\boldsymbol{M}_3$ 为 $r_3\times r_4$,$\boldsymbol{M}_4$ 为 $r_4\times r_5$,

r_1,r_2,r_3,r_4,r_5 分别为 5,20,50,1,100

表 4-8 计算结果

$m_{11}=0$	$m_{12}=5000$	$m_{13}=1100$	$m_{14}=1600$
	$m_{22}=0$	$m_{23}=1000$	$m_{24}=3000$
		$m_{33}=0$	$m_{34}=5000$
			$m_{44}=0$

(1) 先计算相乘的矩阵个数为2的3种情况:

$$m_{12}=r_1\times r_2\times r_3=5000,\quad m_{23}=r_2\times r_3\times r_4=1000,\quad m_{34}=r_3\times r_4\times r_5=5000$$

(2) 再计算相乘的矩阵个数为3的两种情况:

$$\begin{aligned}m_{13}&=\min\{m_{12}+m_{33}+r_1\times r_3\times r_4,m_{11}+m_{23}+r_1\times r_2\times r_4\}\\&=\min\{5250,1100\}=1100\\m_{24}&=\min\{m_{23}+m_{44}+r_2\times r_4\times r_5,m_{22}+m_{34}+r_2\times r_3\times r_5\}\\&=\min\{3000,105\,000\}=3000\end{aligned}$$

(3) 最后计算相乘的矩阵个数为4的一个结果:

$$\begin{aligned}m_{14}=\min\{&m_{11}+m_{24}+r_1\times r_2\times r_5,m_{12}+m_{34}+r_1\times r_3\times r_5,\\&m_{13}+m_{44}+r_1\times r_4\times r_5\}\\=\min\{&3000+10\,000,5000+5000+25\,000,1100+500\}=1600\end{aligned}$$

一般地,计算 $\boldsymbol{M}_1\times\boldsymbol{M}_2\times\boldsymbol{M}_3\times\boldsymbol{M}_3\times\cdots\times\boldsymbol{M}_n$,其中 $\boldsymbol{M}_1$ 是 $r_1\times r_2$ 阶矩阵,$\boldsymbol{M}_2$ 是 $r_2\times r_3$ 阶矩阵……$\boldsymbol{M}_i$ 就是 $r_i\times r_{i+1}$ 阶矩阵,$i=1,2,3,\cdots,n$。对于 $1\leqslant i\leqslant j\leqslant n$,设 $m_{i,j}$ 是计算 $\boldsymbol{M}_i\times\boldsymbol{M}_{i+1}\times\cdots\times\boldsymbol{M}_j$ 最少的乘法次数,对 $m_{i,j}$ 的递推公式为:

$$\begin{array}{ll}0 & \text{当 } i=j \text{ 时}\\ r_i\times r_{i+1}\times r_{i+2} & \text{当 } i=j-1 \text{ 时}\\ \min(m_{i,k}+m_{k+1,j}+r_ir_{k+1}r_{j+1})\quad i\leqslant k<j & \text{当 } i<j-1 \text{ 时}\end{array}$$

式中,$m_{i,k}$ 是计算 $\boldsymbol{M}'=\boldsymbol{M}_i\times\boldsymbol{M}_{i+1}\times\cdots\times\boldsymbol{M}_k$ 的最少乘法次数,$m_{k+1,j}$ 是计算 $\boldsymbol{M}''=\boldsymbol{M}_{k+1}\times\boldsymbol{M}_{k+2}\times\cdots\times\boldsymbol{M}_j$ 的最少乘法次数,显然 $\boldsymbol{M}'$ 是一个 $r_i\times r_{k+1}$ 阶矩阵,而 $\boldsymbol{M}''$ 是 $r_{k+1}\times r_{j+1}$ 阶矩阵。而 $r_ir_{k+1}r_{j+1}$ 是计算 $\boldsymbol{M}'\times\boldsymbol{M}''$ 的乘法次数。由公式知,$m_{i,j}$(当 $i<j$ 时)是 k 在经历 i 和 $j-1$ 之间,所有这3项和的可能值中的最小值。

以上动态规划方法是以相乘的矩阵个数 $s=(j-i)$ 的递增顺序,分阶段计算各 m_{ij} 的,对所有的 $i>j$ 计算 m_{ij},先对所有 i 计算 $m_{i,i+1}$,接着再对所有 i 计算 $m_{i,i+2}\cdots$ 当用此方法计算 $m_{ij}(i<j)$ 时,中间项 m_{ik} 和 $m_{k+1,j}$ 是有用的,因为 k 在 $i\leqslant k<j$ 的范围内,$(j-i)$ 必

定大于$(k-i)$及$(j-(k+1))$，即按$s=0,1,2,3,\cdots,n-1$的顺序，分阶段计算$m_{i,i+s}$。

3. 记录最佳方案

不仅要求出n个矩阵相乘最少的乘法次数，更重要的是要记录矩阵相乘的结合方式，即矩阵相乘的运算步骤。用二维矩阵com_{ij}来记录这些信息，它是一个$n\times n$矩阵，存储使m_{ij}为最小值时的k值。对分析中的例子com_{ij}结果如表4-9所示。

表 4-9 计算结果

$com_{11}=0$	$com_{12}=1$	$com_{13}=1$	$com_{14}=3$
	$com_{22}=0$	$com_{23}=2$	$com_{24}=2$
		$com_{33}=0$	$com_{34}=3$
			$com_{44}=0$

由$com_{14}=3$知，$\boldsymbol{M}_{14}=\boldsymbol{M}_{13}\times\boldsymbol{M}_{44}$；又由$com_{13}=1$知，$\boldsymbol{M}_{13}=\boldsymbol{M}_{11}\times\boldsymbol{M}_{23}$。

根据以上设计中给出的阶段间的递推关系，下面用递归算法实现n个矩阵连乘的算法1。

算法1如下：

```
int r[100],com[100][100];
main( )
  {int n,i;
  print("How many matrixes?");
  input (n);
  print("How size every matrix?");
  for (i = 1; i <= n + 1; i = i + 1)
      input (r[i]);
  print ("The least calculate quantity: ",course (1,n));
  for (i = 1; i <= n; i = i + 1)
    {print("换行符");
    for (j = 1; j <= n; j = j + 1)
           print(com[i][j]);
    }
  }
 int course(int i,int j)
{ int u,t;
  if (i = j)
      { com[i][j] = 0; return 0; }
  if (i = j - 1)
     {com[i][i + 1] = i;
      return (r[i] * r[i + 1] * r[i + 2]);}
  u = course(i,i) + course(i + 1,j) + r[i] * r[i + 1] * r[j + 1];
  com[i][j] = i;
  for (int k = i + 1; k < j; k = k + 1)
     {t = course(i,k) + course(k + 1,j) + r[i] * r[k + 1] * r[j + 1];
      if (t < u)
        {u = t;
          com[i][j] = k; }
      }
  return u;
}
```

算法说明:

(1) 不难看出,函数 course(i,j)的意义与算法设计过程中 $m_{i,j}$ 的意义完全相同。另外,递归算法中好像并没有类似设计中 s 的变量,其实递归函数的参数差 $j-i$ 的意义就是与 s 一样的。递归从 $s=n-1$ 开始,然后不断递归调用 $j-i=n-2$,$j-i=n-3$…直到 $j-i=0$ 或 $j-i=1$ 才停止递归,开始自底向上回溯计算,在回溯过程中,根据返回值计算当前函数值,直到返回主算法,输出最终结果。

(2) 以上的递归算法,虽然解决了问题,但算法的效率却很低,因为有很多重复的递归情况,这就是前面所说的子问题重叠现象。如 $n=4$ 时,递归调用过程如图 4-15 所示,图中(1-4)表示第 1 个矩阵到第 4 个矩阵相乘的问题,(3-4)表示第 3 个矩阵到第 4 个矩阵相乘的子问题,其他类似。上下层之间表示问题与子问题之间的调用关系。

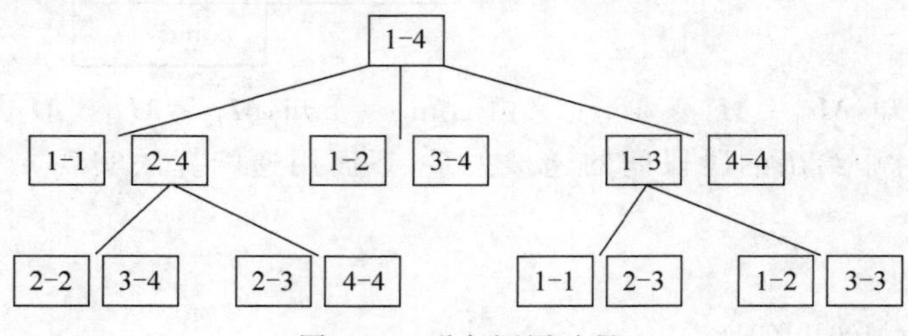

图 4-15 递归调用过程

不难发现,其中有许多重复的子问题存在,如(1-2),(2-3),(3-4)子问题被调用两次。

【思考】 由此应该理解什么是"有重叠子问题"了,想想怎么样才能避免重复解决这些子问题?

算法设计 2:一个简单的办法就是用二维数组 $m[i][j]$存储已经计算过的 course(i,j)值,当需要再次调用 course(i,j)时,读取数组 $m[i][j]$的值就可以了。

数组 $m[n][n]$应该定义成一个全局变量,并该数组的所有元素赋予初始值为-1,以识别是否第一次调用 course(i,j)。下面是改进后的递归函数。

算法 2 如下:

```
int m[100][100],com[100][100],r[100];
main( )
  {int n,;
  print("How many matrixes?");
  input (n);
  print("How size every matrix?");
  for (i = 1; i <= n + 1; i = i + 1)
      input (r[i]);
  for (i = 1; i <= n; i = i + 1)                    // 初始化数组 com 和 m
   for (j = 1; j <= n; j = j + 1)
   {com[i][j] = 0;
      m[i][j] = - 1; }
  course (1,n);
  print ("The least calculate quantity: ",m[1][n]);
  for (i = 1; i <= n; i = i + 1)
    {print("换行符");
    for (j = 1; j <= n; j = j + 1)
       print(com[i][j]);
    }
```

```
  }
course (int i,int j)
  { int u,k,t;
  if (m[i][j]>=0)
     return m[i][j];
  if(i=j)     return 0;
  if(i=j-1)
      {com[i][i+1]=i;
       m[i][j]=r[i]*r[i+1]*r[i+2];
       return m[i][j]; }
  u=course (i,i)+course (i+1,j)+r[i]*r[i+1]*r[j+1];
  com[i][j]=i;
  for (k=i+1; k<j; k=k+1)
    { t=course (i,k)+course (k+1,j)+r[i]*r[k+1]*r[j+1];
     if (t<u)
       {u=t;
        com[i][j]=k; }
    }
  m[i][j]=u;
  return u;
}
```

算法说明：算法通过递归函数中的第一个 if 语句，保证不进行重叠子问题的重复调用和计算，从而提高算法的运行效率。

算法设计 3：利用算法设计 1 中的递推公式，可以更有效地设计出非递归算法 3。

算法 3 如下：

```
main( )
{int n,r[100],m[100][100],com[100][100];
 print("How many matrixes?");
 input (n);
 print("How size every matrix?");
 for (i=1; i<=n+1; i=i+1)
    input (r[i]);
 for (i=1; i<=n; i=i+1)                    // 初始化数组 com 和 m
    for (j=1; j<=n; j=j+1)
       com[i][j]=0;
 for (i=1; i<n; i=i+1)
    {m[i][i]=0;                            // s=0
    m[i][i+1]=r[i]*r[i+1]*r[i+2];          // s=1
    com[i][i+1] = i;
  m[n][n]=0;
  for (s=2; s<=n-1; s=s+1)                 //动态规划过程
    for (i=1; i<n-s+1; i=i+1)
      {j=i+s;
       m[i][j]=m[i][i]+m[i+1][j]+r[i]*r[i+1]*r[j+1];
       com[i][j]=i;
       for (k=i+1; k<j; k=k+1)
          {t=m[i][k]+m[k+1][j]+r[i]*r[k+1]*r[j+1];
          if (t<m[i][j])
            { m[i][j]=t;
              com[i][j]=k; }
          }
      }
```

```
print ("The least calculate quantity: ",m[1][n]);
for (i = 1; i < = n; i = i + 1)
  {print("换行符");
  for (j = 1; j < = n; j = j + 1)
     print(com[i][j]);
  }
}
```

输出部分的算法设计：以上算法中关于矩阵相乘的结合方式，只是简单地输出了数组com的内容，不容易直观地被利用，还需要继续进行必要的人工处理，才能真正找到矩阵相乘的结合方式。如何更直观、合理地输出结合过程？即算法的输出能使用户直接了解计算矩阵的过程。

首先看一下com数组中存储信息的意义，它是一个二维数组，元素com[i][j]存储的是$\boldsymbol{M}_i \sim \boldsymbol{M}_j$相乘的组合点$k_1$，也就是说：

$\boldsymbol{M}_i \times \boldsymbol{M}_{i+1} \times \cdots \times \boldsymbol{M}_j$是由$\boldsymbol{M}_i \times \boldsymbol{M}_{i+1} \times \cdots \times \boldsymbol{M}_k$和$\boldsymbol{M}_{k+1} \times \cdots \times \boldsymbol{M}_j$两个运算的结果计算得到。

同样，在数组com中也能找到$\boldsymbol{M}_i \sim \boldsymbol{M}_k$相乘的组合点$k_2$，$\boldsymbol{M}_{k+1} \sim \boldsymbol{M}_j$相乘的组合点$k_3$……

从数组信息中找到了大规模问题与小规模问题的递归关系：

记k_1=com[1][n]，则最后一次运算的结合过程是$\boldsymbol{M}_1 \times \cdots \times \boldsymbol{M}_{k_1}$和$\boldsymbol{M}_{k_1+1} \times \cdots \times \boldsymbol{M}_n$。

记k_2=com[1][k_1]，$\boldsymbol{M}_1 \times \cdots \times \boldsymbol{M}_{k_1}$的结合过程是$\boldsymbol{M}_1 \times \cdots \times \boldsymbol{M}_{k_2}$和$\boldsymbol{M}_{k_2+1} \times \cdots \times \boldsymbol{M}_{k_1}$。

……

算法如下：

```
combine(int i,int j)
    { if (i = j)
        return;
      combine (i,com[i][j]);
      combine (com[i][j] + 1,j);
      print("M",i," * M",com[i][j]);
      print(" and M",com[i][j] + 1," * M",j);
  }
```

算法说明：主调函数中的调用方式为"combine(1,n);"。

本节的例子是从阶段化的角度进行设计的，注意到阶段之间是通过逐步递推，最终达到目标的。其中例24适合于用逆推法，例26适合于用正推法，例25则既可以正向递推，也可以逆向递推。大家要根据问题的特点灵活应用动态规划算法。

4.5.4 突出递推的动态规划应用

这一节相关问题的设计是从递推思想角度出发的，设计时不太强调阶段性，只需要找出大规模问题与小规模问题(子问题)之间的递推关系，当然每个子问题是一个比原问题简单的优化问题。而且在每个子问题的求解中，均由比它更小的子子问题进行优化决策而得到，直到最后一个问题得出的最优解，就是原问题的最优解。

【思考】 请说明"子序列"与"子串"概念的差别。

【例 27】　求两个字符序列的最长公共字符子序列(longest common substring)。

字符序列的子序列是指从给定字符序列中随意地(不一定连续)去掉若干个字符(可能一个也不去掉)后所形成的字符序列。令给定的字符序列 $X=$“$x_0,x_1,\cdots,x_{m-1}$”,序列 $Y=$“$y_0,y_1,\cdots,y_{k-1}$”是 X 的子序列,存在 X 的一个严格递增下标序列 $i=i_0,i_1,\cdots,i_{k-1}$,使得对所有的 $j=0,1,\cdots,k-1$,有 $x_i=y_j$。例如,$X=$“ABCBDAB”,$Y=$“BCDB”是 X 的一个子序列。

给定两个序列 A 和 B,称序列 Z 是 A 和 B 的公共子序列,是指 Z 同是 A 和 B 的子序列。编写算法求已知两序列 A 和 B 的最长公共子序列。

问题分析:若 A 的长度为 m,B 的长度为 n,则 A 的子序列共有:

$$\mathrm{C}_m^1+\mathrm{C}_m^2+\mathrm{C}_m^3+\cdots+\mathrm{C}_m^m=2^m-1$$

B 的子序列共有:

$$\mathrm{C}_n^1+\mathrm{C}_n^2+\mathrm{C}_n^3+\cdots+\mathrm{C}_n^n=2^n-1$$

如采用枚举策略,就是对 A 的所有子序列一一检查,看其是否又是 B 的子序列,并随时记录所发现的公共子序列,最终求出最长公共子序列。当 $m=n$ 时,共进行串比较:

$$\mathrm{C}_n^1\times\mathrm{C}_m^1+\mathrm{C}_n^2\times\mathrm{C}_m^2+\mathrm{C}_n^3\times\mathrm{C}_m^3+\cdots+\mathrm{C}_n^n\times\mathrm{C}_m^m<2^{2n}$$

次,接近指数阶,当 n 较大时,算法耗时太多,是不可取的方法。

十分明显,此问题也不可能简单地分解为几个独立的子问题,自然也不能用分治法来解决。

【思考】　请举例说明本例不可能用贪婪策略设计算法。

较好选择还是用动态规划的方法去解决,设计过程如下。

算法设计:

1. 递推关系分析

考虑最长公共子序列问题如何变为较小的子问题,设 $A=$“$a_0,a_1,\cdots,a_{m-1}$”,$B=$“$b_0,b_1,\cdots,b_{n-1}$”,并 $Z=$“$z_0,z_1,\cdots,z_{k-1}$”为它们的最长公共子序列。不难证明以下结论:

(1) 如果 $a_{m-1}=b_{n-1}$,则 $z_{k-1}=a_{m-1}=b_{n-1}$,且“$z_0,z_1,\cdots,z_{k-2}$”是“$a_0,a_1,\cdots,a_{m-2}$”和“$b_0,b_1,\cdots,b_{n-2}$”的一个最长公共子序列;

(2) 如果 $a_{m-1}\neq b_{n-1}$,则若 $z_{k-1}\neq a_{m-1}$,蕴涵“$z_0,z_1,\cdots,z_{k-1}$”是“$a_0,a_1,\cdots,a_{m-2}$”和“$b_0,b_1,\cdots,b_{n-1}$”的一个最长公共子序列;

(3) 如果 $a_{m-1}\neq b_{n-1}$,则若 $z_{k-1}\neq b_{n-1}$,蕴涵“$z_0,z_1,\cdots,z_{k-1}$”是“$a_0,a_1,\cdots,a_{m-1}$”和“$b_0,b_1,\cdots,b_{n-2}$”的一个最长公共子序列。

这样,就找到了原问题与其子问题的递推(递归)关系。当然在逐步递推(递归)中,是要有决策参与其中的。

2. 存储及子问题合并

基本的存储结构是存储两个字符串及其最长公共子序列的 3 个一维数组。要找出最长公共子序列,最重要的是存储当前最长公共子序列的长度和当前公共子序列的长度,而若只存储当前信息,最后只能求解出最长公共子序列的长度,而找不到最长公共子序列本身。因此,需要开辟 $(m+1)\times(n+1)$ 的二维数组 c,$c[i][j]$ 存储序列“$a_0,a_1,\cdots,a_{i-1}$”和“$b_0,b_1,\cdots,b_{j-1}$”的最长公共子序列的长度,由上面递推关系的分析结果,计算 $c[i][j]$ 可递归地表述如下：

(1) $c[i][j]=0$　　如果 $i=0$ 或 $j=0$；

(2) $c[i][j]=c[i-1][j-1]+1$　　如果 $i,j>0$，且 $a[i-1]=b[j-1]$；

(3) $c[i][j]=\max(c[i][j-1],c[i-1][j])$　　如果 $i,j>0$，且 $a[i-1]\neq b[j-1]$。

依此就可写出计算两个序列的最长公共子序列的长度函数，最终求解出 $c[m][n]$。

3. 输出结果

由二维数组 c 的递归定义，$c[i][j]$的结果仅依赖于 $c[i-1][j-1]$，$c[i-1][j]$和 $c[i][j-1]$。可以从 $c[m][n]$开始，跟踪 $c[i][j]$结果的产生过程，从而逆向构造出最长公共子序列。

算法 1 如下：

```
int c[100][100];
char a[100],b[100],str[100];
main( )
    {int m,n,k;
    print("Enter two string");
    input(a,b);
    m = strlen(a);
    n = strlen(b),
    k = lcs_len(n,m);
    buile_lcs (k,n,m);
    print(str);
    }
int lcs_len(int i,int j)                          // 计算最优值
    {int t1,t2;
    if (i = 0 or j = 0)
        c[i][j] = 0;
    else
      if (a[i - 1] = b[j - 1])
            c[i][j] = lcs_len(i - 1,j - 1) + 1;
      else
         {t1 = lcs_len(i,j - 1);
          t2 = lcs_len(i - 1,j);
          if (t1 > t2)
              c[i][j] = t1;
          else
              c[i][j] = t2;
          }
  return(c[i][j]);
  }
  buile_lcs (int k,int i,int j);                  // 构造最长公共子序列,i,j,k 为字母序号
    {if (i = 0 or j = 0)
         return;
     if(c[i][j] = c[i - 1][j])
         buile_lcs (k,i - 1,j);
     else if  (c[i][j] = c[i][j - 1])
             buile_lcs (k,i,j - 1);
         else
             {str[k - 1] = a[i - 1];              // i - 1,k - 1 为数组下标(0 为起始地址)
             buile_lcs (k - 1,i - 1,j - 1); }
     }
```

算法说明：为了更好地理解以上算法，看一个实例。设所给的两个序列为 $X=$"ABCBDAB"和 $Y=$"BDCABA"。可以观察出，这两个序列有两个长度为 4 的最长公共子序列"BDAB"和"BCBA"。由算法 lcs_len 计算出二维数组 c 的结果，如图 4-16 中间的数据。算法中构造生成最长公共子序列的过程，如图 4-16 中箭头方向所示。算法中只构造出最长公共子序列的一种解，从 $i=7, j=6$ 开始，因为算法中先执行"c[i][j]=c[i-1][j]"的判断，执行的是"i=i-1;"语句，因此算法构造出的最长公共子序列是"BCBA"。若算法改为先执行"c[i][j]=c[i][j-1]"的判断(相应执行的是"j=j-1")则可以构造出另一个最长公共子序列"BDAB"。

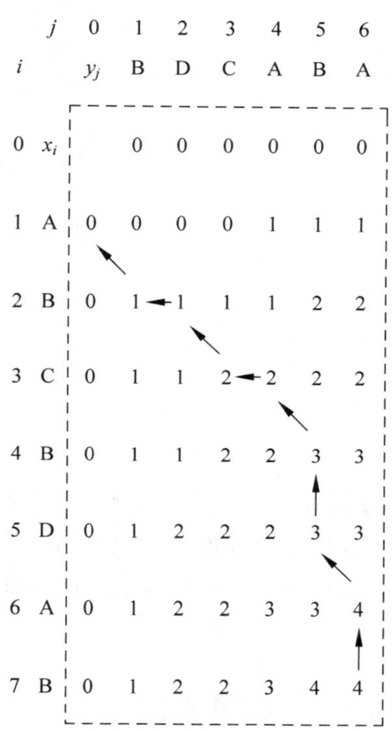

图 4-16 算法 lcs_len 的生成结果及 buile_lcs 构造解的过程

算法分析与改进：

(1) 算法中由于每个数组单元的计算耗费 $O(1)$时间，算法的时间复杂度为 $O(m\times n)$。

(2) 在算法 buile_lcs 中，每一次递归前，使 i 或 j 减 1，因此算法的计算时间为 $O(m+n)$。

虽然，以下改进算法的时间复杂性与以上递归算法的相同，由于在递归算法实现时，递归调用要占用栈空间，加之要调用返回，算法的运行时间和空间效率并不高。注意到，算法设计中导出的递归表述，同样也可看作一个递推公式。非递归算法如下：

```
n = 100
char a[n],b[n],str[n],c[][n];
int lcs_len( )                                    // 计算最优值
    {int m,n,i,j;
    print("Enter two string");
    input(a,b);
    m = strlen(a);
    n = strlen(b);
```

```
    for(i = 0; i <= m; i = i + 1) c[i][0] = 0;
    for(i = 0; i <= n; i = i + 1) c[0][i] = 0;
    for(i = 1; i <= m; i = i + 1)
        for(j = 1; j <= n; j = j + 1)
            if(a[i - 1] = b[j - 1])
              c[i][j] = c[i - 1][j - 1] + 1;
            else if(c[i - 1][j] >= c[i][j - 1])
                  c[i][j] = c[i - 1][j];
                  else
                  c[i][j] = c[i][j - 1];
  return(c[m][n]);
    }
buile_lcs( )                                             // 构造最长公共子序列
{ int k, i = strlen(a), j = strlen(b);
   k = lcs_len( );
   str[k] = '';
   while(k > 0)
       if (c[i][j] = c[i - 1][j])
                 i = i - 1;
       else  if  (c[i][j] = c[i][j - 1])
                   j = j - 1;
            else
                   {k = k - 1;
                    str[k] = a[i - 1];
                    j = j - 1;
                     }
}
```

由例 27 可以发现，这个例子要想用 4.5.3 节分阶段“全面考虑问题”是比较难的，而用递归的设计思想，把设计的重点放在找大规模与小规模问题的关系上，就把设计工作变得简单了，而且用递归算法描述求解过程也很清晰。这又一次验证了递归的方法是一种高效、灵活地进行重复操作的机制。

再看下面的例子。

【例 28】 求一个数列的最长不下降子序列。

设有由 n 个不相同的整数组成的数列，记为：

$$a(1), a(2), \cdots, a(n) \text{ 且 } a(i) <> a(j) \quad (i <> j)$$

若存在 $i_1 < i_2 < i_3 < \cdots < i_k$ 且有 $a(i_1) < a(i_2) < \cdots < a(i_k)$，则称为长度为 k 的不下降序列。

例如：整数组成的数列为 3,18,7,14,10,12,23,41,16,24，则 3,18,23,24 就是一个长度为 4 的不下降序列，同时还有 3,7,10,12,16,24 或 3,7,10,12,23,41 都是长度为 6 的最长不下降序列。

请编写算法求出一个数列的最长不下降序列。

算法设计：

1. 递推关系

(1) 对 $a(n)$ 来说，由于它是最后一个数，所以当从 $a(n)$ 开始查找时，只存在长度为 1 的不下降序列。

(2) 若从 $a(n-1)$ 开始查找，则存在下面的两种可能性：

① 若 $a(n-1) < a(n)$，则存在长度为 2 的不下降序列 $a(n-1), a(n)$。

② 若 $a(n-1)>a(n)$，则存在长度为 1 的不下降序列 $a(n-1)$ 或 $a(n)$。

(3) 若从 $a(i)$ 开始，此时最长不下降序列应该按下列方法求出：

在 $a(i+1), a(i+2), \cdots, a(n)$ 中，找出一个起始数据比 $a(i)$ 大且最长的不下降序列，作为它的后继。

这里采用的是后推的方法，同样可以用前推的方法设计此算法。

2. 数据结构设计

用数组 $b[i]$ 记录点 i 到 n 的最长的不下降子序列的长度，$c[i]$ 记录点 i 在最长的不下降子序列的后继数据编号。

逆推法算法如下：

```
int maxn = 100;
int a[maxn],b[maxn],c[maxn];
main( )
{int n,i,j,max,p;
 input(n);
 for (i = 1; i < = n; i = i + 1)
   {input(a[i]);
    b[i] = 1;
    c[i] = 0; }
 for (i = n - 1; i > = 1; i = i - 1)
    {max = 0;
     p = 0;
     for(j = i + 1; j < = n; j = j + 1)
     if (a[i]< a[j] and b[j]> max)
           {max = b[j];
           p = j; }
     if(p <> 0)
           { b[i] = b[p] + 1;
             c[i] = p; }
     }
 max = 0;
 p = 0;
 for (i = 1; i < = n; i = i + 1)
    if (b[i]> max)
      { max = b[i];
        p = i; }
 print("maxlong = ",max);
 print ("result is: ");
 while (p <> 0)
     {print(a[p]);
     p = c[p]; }
 }
```

【思考】 尝试用递归机制实现此算法。

4.6 算法策略间的比较

从本章开始，一直没有刻意说明是在讲解算法策略还是算法。其实算法策略和算法是有区别的，它们是算法设计中的两个方面。算法策略是面向问题的，算法是面向实现的，但二者又是不可分的。首先,通过一定的算法策略才能找出解决问题的具体算法;其次,对于用不同的算法机制(如递归、循环)求解问题,确定算法所用的算法策略自然不同。比如没有办法确切说明递归法是算法还是算法策略,虽然这个概念更侧重算法,但用这种算法解决问题时,首先要找到问题中的递归关系,才能进一步编写算法。所以,又可以说递归法也是一种解决问题的策略。总之,没有必要刻意地区别它们。

本章共介绍5种算法策略,它们之间既有差别也有联系,解决的问题也各有差异,这一节对它们做简单的总结和比较。

4.6.1 不同算法策略特点小结

1. 贪婪法

贪婪法是较简单的求解问题方法,反过来说,贪婪策略是对问题要求较严格的算法策略。贪婪算法解决问题按一定顺序(从前向后或从后向前等),在只需要考虑当前局部信息的情况下,做出一定的决策,最终得出问题的解,即贪婪策略针对的是"通过局部最优决策就能得到全局最优决策"的问题。

2. 递推法

递推法和贪婪法一样也是由当前问题的逐步解决从而得到整个问题的解,它依赖的是信息间本身的递推关系,每一步不需要决策参与到算法中,递推法更多地用于计算。

3. 递归法

递归法是设计和描述算法的一种有效工具(因此在基础篇中就对它进行了介绍),它更侧重于算法,而不是算法策略。在用分治策略、动态规划策略解决问题时,往往采用递归法进行算法设计和算法描述。

和递推法类似,递归法是利用大问题与其子问题间的递推关系来解决问题的。能采用递归描述的算法通常有这样的特征:为求解规模为n的问题,设法将它分解成规模较小的问题,然后从这些小问题的解方便地构造出大问题的解,并且这些规模较小的问题也能采用同样的分解和综合方法,分解成规模更小的问题,并从这些更小问题的解构造出规模较大问题的解。特别地,当规模$n=1$时,能直接得到解。

4. 枚举法

枚举法既是一个策略,也是一个算法,还是一种分析问题的手段。枚举法的求解思路很简单,就是对问题的所有可能解逐一尝试,从而找出问题的真正解。当然,这就要求所解问题的可能解是有限的、固定的、容易枚举的。枚举法多用于决策类问题,这类问题往往不易找出大、小规模问题间的关系,也不易对问题进行分解,因此用尝试方法对整体求解。

5. 递归回溯法

类似于枚举法的思想,递归回溯法通过递归尝试遍历问题各个可能解的通路,当发现此路不通时,回溯到上一步继续尝试别的通路。第5章将对其做详细介绍。

6. 分治法

分治法求解的一般是较复杂的问题,这类问题是可以逐步被分解成容易解决的独立子问题,这些子问题解决后,进而将它们的解"合成",就得到较大子问题的解,最终合成为总问题的解。

7. 动态规划法

动态规划法与贪婪算法类似，是通过多阶段决策过程来解决问题的。每个阶段决策的结果是一个决策结果序列，这个结果序列中，最终哪一个是最优结果，取决于以后每个阶段的决策，因此这个决策过程称为"动态"规划法。当然每一次的决策结果序列都必须进行存储。因此，可以说"动态规划是高效率、高消费的算法"。

另一方面，动态规划法与递归法类似，当问题不能分解为独立的阶段，却又符合最优化原理（最优子结构性质）时，就可以用动态规划法，通过递归决策过程，逐步找出子问题的最优解，从而得出问题的结果。

4.6.2　算法策略间的关联

1. 对问题进行分解的算法策略——分治法与动态规划法

分治法与动态规划法都是递归算法思想的应用，算法的根本策略是找出大规模问题与小规模的子问题之间的关系，直到小规模的子问题容易得以解决，再由小规模子问题的解逐步导出大问题的解。区别在于，分治法所能解决的问题一般具有以下几个特征：

(1) 该问题的规模缩小到一定程度便易于解决。

(2) 该问题可以分解为若干个规模较小的相似问题，即该问题具有最优子结构性质。

(3) 利用该问题分解出的子问题的解可以合并为该问题的解。

(4) 该问题所分解出的各个子问题是相互独立的且子问题之间不包含公共子问题。

上述的第(1)条特征是绝大多数问题都可以满足的，因为问题的计算复杂性一般随着问题规模的增加而增加；第(2)条特征是分治法应用的前提，它也是大多数问题可以满足的，此特征反映了递归思想的应用；第(3)条特征是关键，能否利用分治法完全取决于问题是否具有第(3)条的特征，如果具备了第(1)条和第(2)条特征，而不具备第(3)条特征，则可以考虑贪婪法或动态规划法；第(4)条特征涉及分治法的效率，如果各子问题是不独立的，则分治法要做许多不必要的工作，重复地求解公共子问题。这类问题虽然可以用分治法解决，但用动态规划法解决效率更高。

当问题满足第(1)、(2)、(3)条，而不满足第(4)条时，一般可以用动态规划法解决，4.5.3节例 26 的 n 个矩阵连乘是一个典型例子。可以说动态规划法的实质是：分治算法思想＋解决子问题冗余情况。

2. 多阶段逐步解决问题的策略——贪婪算法、递推法、递归法和动态规划法

多阶段逐步解决问题的策略就是按一定顺序（从前向后或从后向前等）或一定的策略，逐步解决问题的方法。当然分解的算法策略也是多阶段逐步解决问题的一种表现形式，主要是通过对问题逐步分解，然后又逐步合并解决问题的。这里所列的算法策略，没有明显的分解操作，而更侧重于分步解决问题上。

贪婪算法的每一步都根据策略得到一个结果，并传递到下一步，自顶向下，一步步地作出贪婪决策。

动态规划法的每一步决策给出的不是唯一结果，而是一组中间结果（且这些结果在以后各步可能得到多次引用），只是每走一步使问题的规模逐步缩小，最终得到问题的一个结果。

如果决策比较简单,是一般的运算问题,则可找到不同规模问题间的关系,使算法演变成递推法、递归法算法,只是比真正的递推法、递归法的递推关系复杂(问题间有公共子问题)。所以说动态规划更侧重算法设计策略,而不是算法。

递推法、递归法更注重每一步之间的关系,决策的因素较少。递推法根据关系从前向后推,由小规模的结论,推解出问题的解。递归法根据关系先从后向前使大问题转化为小问题,最后同样由小规模结论,推解出问题的解。

3. 全面逐一尝试、比较——蛮力法、枚举法、递归回溯法

考虑到有这样一类问题,既不易找到问题中信息间的相互关系,又不能将问题分解为独立的子问题,似乎只有把各种可能情况都考虑到,并把全部解都列出来之后,才能判定和推断出问题的解,这就是蛮力策略。对于规模不大的问题,这样的办法简单方便;而当问题的计算复杂度高且计算量很大时,用枚举法或递归回溯法解决该问题就不太现实了。因为算法所需的计算时间可能太长,人们难以容忍,同时计算机内存空间有限,也可能难以胜任。这时一般考虑采用动态规划法这个较有效的算法策略。

枚举法的实现依赖于循环,通过循环嵌套枚举问题中各种可能的情况。如 8 皇后问题可以用八重循环嵌套枚举,从而找出问题的解。而对于规模不固定的问题就无法用固定重数的循环嵌套来枚举了,其中有的问题通过变换枚举对象,进而可以用循环嵌套枚举实现;但更多的任意指定规模的问题是靠递归或非递归(第 5 章介绍)回溯法,通过枚举或遍历各种可能的情况来求解问题的。例如 n 皇后问题就是用递归回溯法,通过递归实现的(当然可以通过设计、管理栈将递归转化为非递归实现)。

4. 算法策略的中心思想

相信大家都听过这样一种说法:"一本书开始是越念越厚,后来则要越念越薄。"这说明,学到一定程度,就要有抽象、概括、总结知识的能力。那么你能用一两句话,概括学习过的所有算法策略吗?

这些算法策略的中心思想就是:将解决问题的过程归结为,可以用基本工具"循环机制和递归机制"表示的规范操作。

4.6.3 算法策略侧重的问题类型

在算法设计的实际应用中,遇到的问题主要分为 4 类:判定性问题、计算问题、最优化问题和构造性问题。

(1) 递推法、递归法算法较适合解决判定性问题、计算问题。

(2) 贪婪法、分治法、动态规划法与枚举法较适合解决最优化问题。

(3) 贪婪法、分治法及第 5 章介绍的搜索算法都是构造性问题常用的基本策略。"数据结构"课程中的构造类问题在构造过程中的算法策略,如霍夫曼树和霍夫曼编码、构造最小生成树的 Prim 算法和 Kruskal 算法就采用了贪婪算法策略,平衡的 AVL 树、B 树和 B+树作为查找树是分治算法策略的应用。

(4) 下面讨论最优化问题。

在现实生活中,有这样一类问题:问题有 n 个输入,而问题的解就由 n 个输入的某个子集组成,只是这个子集必须满足某些事先给定的条件。把那些必须满足的条件称为约束条件；而把满足约定条件的子集称为该问题的可行解。满足约束条件的子集可能不止一个，也就是说可行解一般来说是不唯一的。为了衡量可行解的优劣，事先也可能给出了一定的标准，这些标准一般以函数形式给出，这些函数称为目标函数。那些使目标函数取极值的可行解，称为最优解，这一类求解最优解的问题，又可根据描述约束条件和目标函数的数学模型的特性，或求解问题方法的不同，进而细分为线性规划、整数规划、非线性规划、动态规划等问题。

尽管各类规划问题都有一些相应的求解方法（这是一个专门学科），但其中的一些问题可用前面介绍的贪婪法、动态规划法、分治法、蛮力法（枚举法）来求解。蛮力搜索算法也是解决这类问题比较通用的算法，将在第 5 章详细介绍。

习题

（1）求 $2+22+222+2222+\cdots+\underbrace{22\cdots22}_{n\text{个}2}$（不考虑精度）。

（2）猴子吃桃子问题，猴子第一天摘下若干个桃子，当即吃了一半，还不过瘾，又多吃了两个，第二天早上又将剩下的桃子吃掉一半，又多吃了两个，以后每天早上都吃了前一天剩下的一半零两个，到第 10 天早上想再吃时，就只剩下两个桃子了。问第一天猴子摘下多少个桃子？

（3）54 张扑克牌，两个人轮流拿牌，每人每次最少取 1 张，最多取 4 张，谁拿最后 1 张谁输。编写模拟计算机先拿牌且必胜的算法。

（4）一个实数列共有 N 项，已知：

$$a_i=(a_{i-1}-a_{i+1})/2+d \quad (1<i<n<60)$$

键盘输入 N,d,a_1,a_n,n，输出 a_n。

（5）用枚举法解 8 皇后问题：在国际象棋盘上放 8 个皇后，国际象棋棋盘共有 8 行 8 列，皇后可以吃掉与之同行同列以及同一对角线上的其他皇后。为让她们共存，请编写算法找出各种放置方法。

（6）百马百担问题：有 100 匹马，驮 100 担货。大马驮 3 担，中马驮 2 担，两匹小马驮 1 担，问有大、中、小马各多少？

（7）有一堆棋子，2 枚 2 枚地数，最后余 1 枚；3 枚 3 枚地数，最后余 2 枚；5 枚 5 枚地数，最后余 4 枚；6 枚 6 枚地数，最后余 5 枚；只有 7 枚 7 枚地数，最后正好数完。编程求出这堆棋子最少有多少枚棋子。

（8）寻找满足下列条件的 4 位整数：①无重复数字；②千位数字非 0；③能整除它的各位数字和的平方。

（9）利用分治法求一组数据中最大的两个数和最小的两个数。

（10）利用分治法求一组数据的和。

（11）最佳浏览路线问题。

某旅游区的街道成网格状（见图 4-17），其中东西向的街道都是旅游街，南北向的街道都是林荫道。由于游客众多，旅游街被规定为单行道。游客在旅游街上只能从西向东走，在林荫道上既可以由南向北走，也可以从北向南走。

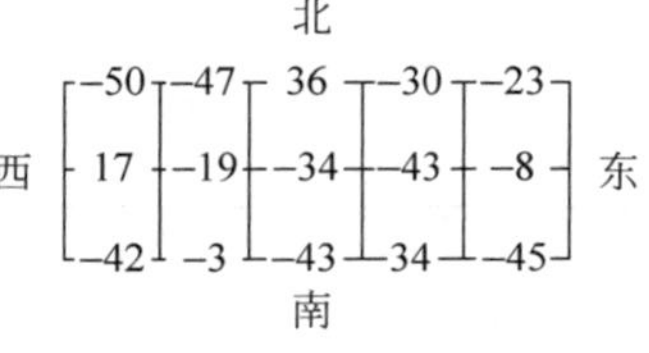

图 4-17　街道图

阿隆想到这个旅游区游玩。他的好友阿福给了他一些建议,用分值表示所有旅游街相邻两个路口之间的道路浏览的必要程度,分值从−100～100的整数,所有林荫道不打分。所有分值不可能全是负值。

阿隆可以从任一路口开始浏览,在任一路口结束浏览。请写一个算法,帮助阿隆寻找一条最佳的浏览路线,使得这条路线的所有分值总和最大。

(12) 仿照分治算法中两个大数相乘的算法策略,完成求解两个 $n \times n$ 阶的矩阵 $\boldsymbol{A}$ 与 $\boldsymbol{B}$ 的乘积的算法。假设 $n=2^k$,要求算法的复杂度要小于 $O(n^3)$。

(13) 在一个 $n \times m$ 的方格中,m 为奇数,放置有 $n \times m$ 个数,如图4-18所示。方格中间的下方有一人,此人可按照5个方向前进但不能越出方格,如图4-19所示。

16	4	3	12	6	0	3
4	−5	6	7	0	0	2
6	0	−1	−2	3	6	8
5	3	4	0	0	−2	7
−1	7	4	0	7	−5	6
0	−1	3	4	12	4	2
			人			

图4-18 方格

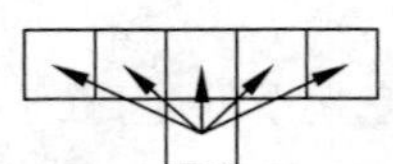

图4-19 前进方向

人每走过一个方格必须取此方格中的数。要求找到一条从底到顶的路径,使其数相加之和为最大。输出最大和的值。

(14) 某工业生产部门根据国家计划的安排,拟将某种高效率的5台机器,分配给所属的3个工厂A,B,C,各工厂在获得这种机器后,可以为国家盈利的情况如表4-10所示。问:这5台机器如何分配给各工厂,才能使国家盈利最大?

表4-10 盈利表 (单位:万元)

S	A	B	C	S	A	B	C
0	0	0	0	3	9	11	11
1	3	5	4	4	12	11	12
2	7	10	6	5	13	11	12

表4-10中,第一列 S 为机器台数,A、B、C 3列为3个工厂在拥有不同台数的机器时的盈利值。

(15) 已知 $f(x)=x_1^2+2x_2^2+x_3^2-2x_1-4x_2-2x_3$,$x_1+x_2+x_3=3$ 且 x_1,x_2,x_3 均为非负整数。求 $f(x)$ 的最小值。

(16) N 块银币中有一块不合格,已知不合格的银币比正常银币重。现有一台天平,请利用它找出不合格的银币,并且要求使用天平的次数最少。

(17) 某一印刷厂有6项加工任务,对印刷车间和装订车间所需时间见表4-11。

表4-11 加工时间表 (时间单位:天)

任务	J1	J2	J3	J4	J5	J6
印刷车间	3	12	5	2	9	11
装订车间	8	10	9	6	3	1

完成每项任务都要先去印刷车间印刷，再到装订车间装订。问怎样安排这6项加工任务的加工工序，使得加工总工时最少？

(18) 有一个由数字1,2,…,9组成的数字串(长度不超过200)，问如何将$M(1\leqslant M\leqslant 20)$个加号插入这个数字串中，使得所形成的算术表达式的值最小？

【注意】 ① 加号不能加在数字串的最前面或最末尾，也不应有两个或两个以上的加号相邻；

② M的值一定小于数字串的长度。

例如：数字串79846，若需加入两个加号，则最佳方案是79+8+46，算术表达式的值是133。

输入格式：从键盘输入文件名。数字串在输入文件的第一行行首(数字串中间无空格且不换行)，M的值在输入文件的第二行行首。

输出格式：在屏幕上输出最小的和。

(19) 编写用动态规划法求组合数(C_n^m)的算法。

(20) 有n个整数排成一圈，现在要从中找出连续的一段数串，使得这串数的和最大。

第5章 图的搜索算法

在"数据结构"课程中,对每种数据结构的基本操作都包括"遍历"操作。这是很容易理解的,如果不能用一定的方法访问问题中的所有对象,其他操作就无从谈起。在学习了第4章的基本算法策略后,还有很多复杂的问题不能解决,本章介绍的是一类适用性较强,但效率有限的又一个蛮力策略实例——搜索算法。

搜索算法(search algorithms)是利用计算机的高性能来有目的地枚举一个问题的部分或所有可能情况,从而找出问题的解。搜索过程实际上是根据初始条件和扩展规则,构造一棵解答树并在其上寻找符合目标状态结点的过程。

5.1 图搜索概述

图的搜索算法

图是一种限制最少的数据结构,因此更接近现实,实际问题中很多数据关系都可以抽象成图,相关问题则可利用图的基本算法进行求解,很早就有专门研究图的一门数学学科"图论",其中的计算问题包括图的搜索、路径问题、连通性问题、可平面性检验、着色问题、网络优化等。图论中的著名算法有:求最小生成树的 Kruskal 算法、求最短路径的 Dijkstra 算法和 Floyd 算法、求二部图最大匹配(指派问题)的匈牙利算法、求一般图最大匹配的 Edmonds"花"算法、求网络最大流和最小流的算法等。其中的一些算法在"数据结构"课程中已经学习过了。

5.1.1 图及其术语

1. 显式图与隐式图

在路径问题、连通性问题、可平面性检验、着色问题和网络优化问题中,图的结构是显式给出的,包括图中的顶点、边及权重,这类图称为显式图,也就是一般意义上的图(graph)。

还有一些求解、最优化或证明类问题,采用的方法是类似枚举的试探搜索方法。问题一般仅给出初始结点和想要达到的目标;解决过程是通过在某个可能的解空间(solution space)内寻找所要的解或最优解。问题的解空间多是树形或图形结构,但并没有显式给出,称为隐式图(implicit graph)。隐式图是由问题的初始结点,为了求解或求证问题,根据题目的规则(一般是由题目的意思隐含给出的),也就是生成子结点的约束条件,逐步扩展结点,直到得到目标结点为止的一个隐式的图。

很多在二维表格上提出的问题,如8皇后问题、老鼠走迷宫,甚至于五子棋、象棋等博弈类问题，问题的描述和解决其实都是隐式图的应用，它们在二维表格上根据不同的规则进行搜索求解或求证问题。

【思考】 “图”一词在“离散数学”“数据结构”课程中都学习过，你思考过它与现实中所说“图”的区别与联系吗？

2. 显式图的常用术语

如图 5-1(a)、(b)、(c)所示的均为显式图 (graph)。它有若干个不同的点 $v_1, v_2, \cdots, v_n$，在其中一些点之间用直线或曲线连接。图中的这些点称为顶点 (vertex)或结点，连接顶点的曲线或直线称为边 (edge)。通常将这种由若干个顶点以及连接某些顶点的边所组成的图形称为图，顶点通常称作图中的数据元素。

带权图：给图 5-1 中各图的边上附加一个代表性的数据（例如表示长度、流量或其他），则称其为带权图，如图 5-2 所示。

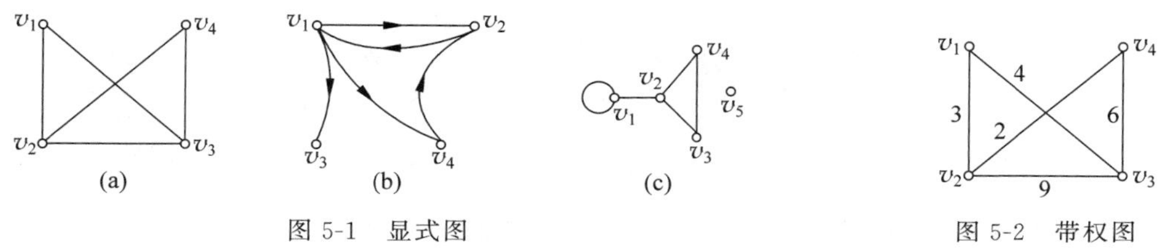

图 5-1 显式图

图 5-2 带权图

环(cycle)：图 5-1(c)所示图中的 v_1 点本身也有边相连，这种边称为环。

有限图：顶点与边数均为有限的图，如图 5-1 中的 3 个图均属于有限图。

简单图：没有环且每两个顶点间最多只有一条边相连的图，如图 5-1(a)所示。

邻接与关联：当(v_1, v_2)(无向边)$\in E$ 或$<v_1, v_2>$(有向边)$\in E$，即 v_1, v_2 间有边相连时，则称 v_1 和 v_2 是相邻的，它们互为邻接点(adjacent)，同时称(v_1, v_2)或$<v_1, v_2>$是与顶点 v_1, v_2 相关联的边。

顶点的度数(degree)：从该顶点引出的边的条数，即与该顶点相关联的边的数目，简称度。

入度(indegree)：有向图中把以顶点 v 为终点的边的条数称为顶点 v 的入度。

出度(outdegree)：有向图中把以顶点 v 为起点的边的条数称为顶点 v 的出度。

终端顶点：有向图中把出度为 0 的顶点称为终端顶点，如图 5-1(b)中的 v_3。

路径与路长：在图 $G=(V,E)$中，如果存在由不同的边(v_{i0}, v_{i1})，(v_{i1}, v_{i2})，…，(v_{in-1}, v_{in})或是$(<v_{i0}, v_{i1}>, <v_{i1}, v_{i2}>, \cdots, <v_{in-1}, v_{in}>)$组成的序列，则称顶点 v_{i0}, v_{in} 是连通的，顶点序列$(v_{i0}, v_{i1}, v_{i2}, \cdots, v_{in})$是从顶点 v_{i0} 到顶点 v_{in} 的一条道路。路长是道路上边的数目，v_{i0} 到 v_{in} 的这条道路上的路长为 n。

连通图：对于图中任意两个顶点 $v_i, v_j \in V$，v_i, v_j 之间有道路相连，则称该图为连通图，如图 5-1(a)所示。

网络：带权的连通图，如图 5-2 所示。

3. 隐式图术语

隐式图没有明确的点和边，一般仅有起点，其他点和边由隐含的规则得出，如博弈树、迷宫问题等。树是图的一个特例，是很多问题的搜索空间。下面就是两种典型的隐式图。

1）子集树

当要求解的问题需要在 n 个元素的子集中进行搜索，其搜索空间树称作子集树(subset tree)。这 n 个元素在子集中或被选取记为 1，不在子集中或被舍去记为 0，这样搜索空间为：

(0,0,…,0,0),(0,0,…,0,1),(0,0,…,1,0),

(0,0,…,1,1),…,(1,1,…,1,1)

共 2^n 个状态。若表示为树形结构就是一棵有 2^n 个叶结点的二叉树，$n=3$ 时的子集树如图 5-3 所示。

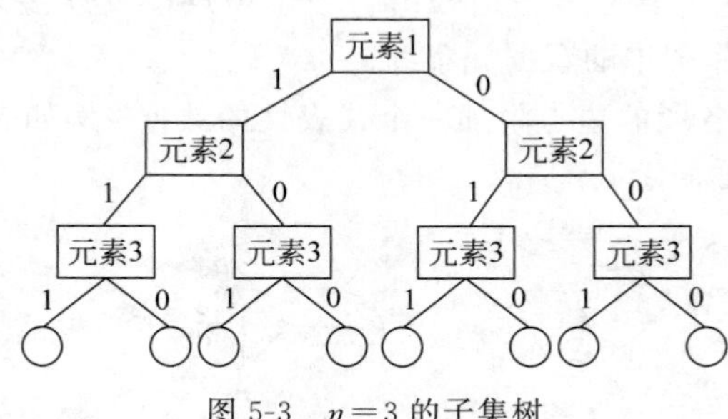

图 5-3　$n=3$ 的子集树

因此，对树中所有分支进行遍历的算法都必须耗时 $O(2^n)$。

2）排列树

当要求解的问题需要在 n 元素的排列中搜索问题的解时，解空间树称作排列树(permutation tree)。搜索空间为：

$(1,2,3,\cdots,n-1,n),(2,1,3,\cdots,n-1,n),(2,3,1,\cdots,n-1,n),$

$(2,3,4,1,\cdots,n-1,n),\cdots,(n,n-1,\cdots,3,2,1)$

第 1 个元素有 n 种选择，第 2 个元素有 $n-1$ 种选择，第 3 个元素有 $n-2$ 种选择，……，第 n 个元素有 1 种选择，共计 $n!$ 个状态。若表示为树形就是一个 n 度树，这样的树有 $n!$ 个叶结点，所以遍历树中所有结点的算法都耗时 $O(n!)$。当 $n=4$ 时的排列树如图 5-4 所示。

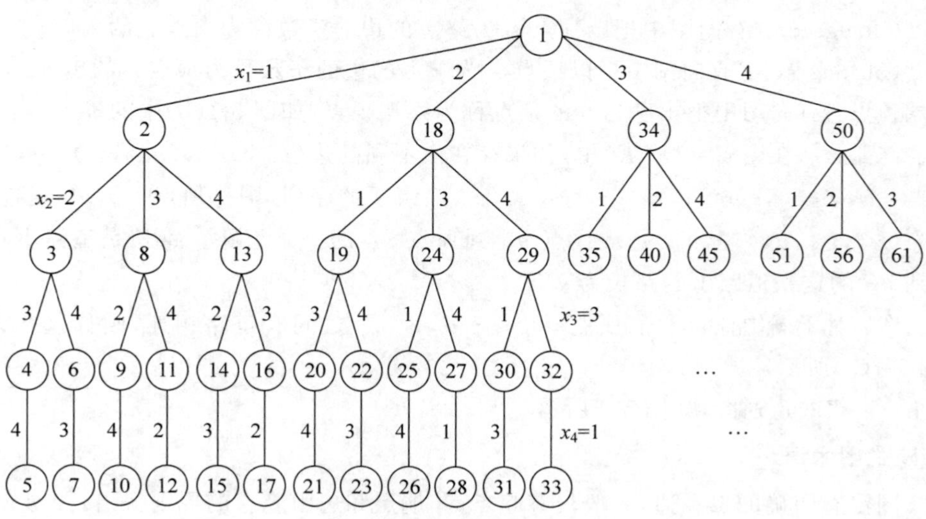

图 5-4　$n=4$ 的排列树

【思考】 根据以上两个隐式图的特例，思考其他隐式图的例子。

4. 图的存储

从隐式图的定义和以上介绍的两个特殊隐式图知道，隐式图是在一定规律下构造的，一般不需要专门的存储，而是搜索中根据隐式图的规律特点确定搜索过程。

而显式图的顶点及顶点之间的关系没有规律可以遵循，只有通过一定的存储方式将其存储后，才能对其进行操作。"数据结构"课程中已经介绍，显式图的最常用的方法有两种：邻接矩阵法和邻接表法。

【思考】 请思考现实中的图应该存储哪些信息。

1）邻接矩阵

邻接矩阵是表示顶点之间相邻关系的矩阵，设 $G=(V,E)$ 是具有 n 个顶点的图，则 G 的邻接矩阵是具有如下性质的 n 阶方阵：

$\mathbf{A}[i,j]=1$，若 (v_i,v_j) 或 $<v_i,v_j>$ 是 $E(G)$ 中的边。

$\mathbf{A}[i,j]=0$，若 (v_i,v_j) 或 $<v_i,v_j>$ 不是 $E(G)$ 中的边。

若 G 是网络，则邻接矩阵可定义为：

$\mathbf{A}[i,j]=W_{ij}$，若 (v_i,v_j) 或 $<v_i,v_j>\in E(G)$。

$\mathbf{A}[i,j]=0$ 或 ∞，若 (v_i,v_j) 或 $<v_i,v_j>\notin E(G)$。

其中，W_{ij} 表示边上的权值，∞ 表示一个计算机允许的，大于所有边上权值的数。

例如，图 5-1(a)的邻接矩阵为：

$$\begin{array}{c@{}c} & \begin{array}{cccc}1 & 2 & 3 & 4\end{array} \\ \begin{array}{c}1\\2\\3\\4\end{array} & \begin{bmatrix}0 & 1 & 1 & 0\\1 & 0 & 1 & 1\\1 & 1 & 0 & 1\\0 & 1 & 1 & 0\end{bmatrix}\end{array}$$

2）邻接表

对于图 G 中的每个结点 v_i，该方法把所有邻接于 v_i 的顶点 v_j 链成一个单链表，这个单链表就称为顶点 v_i 的邻接表。邻接表由顶点表和边表两部分组成。

边表为一个单链表，每个表结点均有两个域：

① 邻接点域 adjvex，存放与 v_i 相邻接的顶点 v_j 的序号 j。

② 链域 next，将邻接表的所有表结点链在一起。

顶点表为一数组，每个元素均有两个域：

① 顶点域 vertex，存放顶点 v_i 的信息。

② 指针域 firstedge，存放 v_i 的边表的头指针。

对于无向图来说，v_i 的邻接表中每个表结点都对应于与 v_i 相关联的一条边，对于有向图来说，v_i 的邻接表中每个表结点对应于 v_i 为始点射出的一条边。

例如，图 5-1(a)的邻接表如图 5-5 所示。

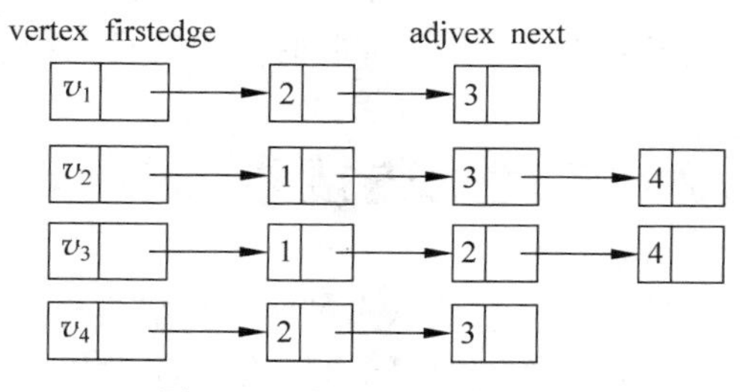

图 5-5　图 5-1(a)的邻接表

5.1.2 图搜索及其术语

1. 穷举搜索与启发式搜索

如果问题的初始状态、算符和目标状态的定义都是完全确定的，就可以决定问题的一个解空间。然后求解问题就在于如何有效地搜索这个给定的解空间，从中找出问题的真正解。

对图的最基本搜索算法是穷举搜索，是蛮力策略的一种表现形式。因为算法要解决的问题只有有限种可能解，在没有更好的算法时，总可以用穷举搜索的办法解决，即逐个地检查所有可能的情况，从中找到解。

可以想象，当问题的解空间状态较多时，穷举搜索方法极为费时。有时并不需要机械地检查每一种状态，常常可以利用一些启发信息，提前判断出先搜索哪些状态有可能尽快找到问题的解或某些情况不可能取到最优解，从而可以提前舍弃对这些状态的尝试。这样也就隐含地检查了所有可能的情况，既减少了搜索量，又保证了不漏掉最优解，这就是启发式搜索。

总之，搜索分为两种：不考虑给定问题的特有性质，按图形特点事先定好的顺序，依次运用规则，即盲目搜索(穷举搜索)；另一种则考虑问题给定的特有性质，选用合适的规则，提高搜索的效率，即启发式的搜索。

一般对显式图的穷举搜索分为深度优先搜索算法和广度优先搜索算法；对隐式图的穷举搜索一般有回溯算法和分支算法。在这些算法中都可以加入提高搜索效率的启发信息，优化成对应的启发式搜索，如分支限界算法等。

2. 相关概念和术语

为便于讨论，引进一些关于搜索解空间树结构的术语。树中的每一个结点确定所求解问题的一个问题状态(problem states)。由根结点到其他结点的所有路径(分支)，就确定了这个问题的状态空间(state space)。解状态(solution states)是这样一些问题状态 S，对于这些问题状态，由根到 S 的那条路径确定了该解空间中的一个元组。答案状态(leaves states，搜索到叶子就是答案状态)是这样的一些解状态 S，对于这些解状态而言，由根到 S 的这条路径确定了该问题的一个解(即它满足隐式约束条件)。解空间的树结构称为状态空间树(隐式图)(state space tree)。

对于任何一个问题，一旦设想出一种状态空间树，那么就可以先系统地生成问题状态，接着确定这些问题状态中的哪些状态是解状态，最后确定哪些解状态是答案状态，从而将问题解出。搜索状态空间树一般都是从根结点开始然后生成其他结点，如果已生成一个结点而它的所有儿子结点还没有全部生成，则这个结点叫作活结点(active node)。当前正在生成其儿子结点的活结点叫 E-结点(expansion node)(正在扩展的结点)。不再进一步扩展或者其儿子结点已全部生成的结点就是死结点(dead node)。

5.2 广度优先搜索

设图 G 的初始状态是所有顶点均未访问过。以 G 中任选一顶点 v 为起点，则广度优先搜索定义为：首先访问出发点 v，接着依次访问 v 的所有邻接点 $w_1, w_2, \cdots, w_t$，然后再依次访问与 $w_1, w_2, \cdots, w_t$ 邻接的所有未曾访问过的顶点。以此类推，直至图中所有和起点 v

有路径相通的顶点都已访问到为止。此时从 v 开始的搜索过程结束。

若 G 是连通图，则一次就能搜索完所有结点；否则，在图 G 中另选一个尚未访问的顶点作为新源点继续上述的搜索过程，直至 G 中所有顶点均已被访问为止。

由于在数据结构中已经学习过广度优先搜索（遍历），这一节的重点并不是学习简单的搜索方法，而是要学习广度优先搜索的应用。

5.2.1 广度优先算法框架

1. 算法的基本思路

此算法主要用于解决在显式图中寻找某一方案的问题，解决问题的方法就是通过搜索图的过程中进行相应的操作，从而解决问题。由于在搜索过程中一般不能确定问题的解，只有在搜索结束（或到达目标）后，才能得出问题的解。这样在搜索过程中，有一个重要操作就是记录当前找到的解决问题的方案。

算法设计的基本步骤如下：

(1) 确定图的存储方式；

(2) 设计图搜索过程中的操作，其中包括为输出问题解而进行的存储操作；

(3) 输出问题的结论。

2. 算法框架

从广度优先搜索定义可以看出活结点的扩展是按先来先处理的原则进行的，所以在算法中要用“队”来存储每个 E-结点扩展出的活结点。为了算法的简洁，抽象地定义：

queue 为队列类型，InitQueue( )为队列初始化函数，EnQueue(Q，k)为入队函数，QueueEmpty(Q)为判断队空函数，DeQueue(Q)为出队函数。

在实际应用中根据操作的方便性，用数组或链表实现队列。

在广度优先扩展结点时，一个结点可能多次作为扩展对象，这是需要避免的。一般开辟数组 visited 记录图中结点被搜索的情况。

在算法框架中以输出结点值表示“访问”，具体应用中可根据实际问题进行相应的操作。在 5.2.2 节的算法应用中，大家会有所体会。

1) 邻接表表示图的广度优先搜索算法

```
int visited[n];                                   // n 为结点个数，数组元素的初值均置为 0
bfs(int k,graph head[])
  {int i;
   queue Q;                                       // 定义队列
   edgenode *p;
   InitQueue(Q);                                  // 队列初始化
   print("visit vertex",k);                       // 访问源点 vk
   visited[k] = 1;
   EnQueue(Q,k);                                  // vk 已访问，将其入队
   while(not QueueEmpty(Q))                       // 队非空则执行
      { i = DeQueue(Q);                           // vi 出队为 E-结点
        p = head[i].firstedge;                    // 取 vi 的边表头指针
        while(p <> null)                          // 扩展 E-结点
          {if(visited[p -> adjvex] = 0)           // 若 vj 未访问过
             { print ("visitvertex",p -> adjvex); // 访问 vj
```

```
                visited[p -> adjvex] = 1;
                EnQueue(Q,p -> adjvex); }              // 访问过的 vj 入队
            p = p -> next;                             // 找 vi 的下一邻接点
          }
       }
   }
```

2）邻接矩阵表示的图的广度优先搜索算法

```
int visited[n];                                    // n 为结点个数,数组元素的初值均置为 0
bfsm(int k,graph g[][100],int n)
  {int i,j;
   queue Q;
   InitQueue(Q);
   print ("visit vertex",k);                       // 访问源点 vk
   visited[k] = 1;
   EnQueue(Q,k);
   while(not QueueEmpty(Q))
     {i = DeQueue(Q);                              // vi 出队
       for(j = 0; j < n; j = j + 1)                // 扩展结点
         if(g[i][j] = 1 and visited[j] = 0)
           {print("visit vertex",j);
            visited[j] = 1;
            EnQueue(Q,j); }                        // 访问过的 vj 入队
       }
   }
```

5.2.2 广度优先搜索的应用

下面通过例题学习广度优先搜索的应用,不同问题的广度优先搜索算法框架虽然是一样的,但在具体处理方法上,编程技巧上不尽相同。

【例 1】 已知若干个城市的地图,求从一个城市到另一个城市的路径,要求该路径经过的城市最少。

算法设计: 图的广度优先搜索类似于树的层次遍历,逐层搜索正好可以尽快找到一个结点与另一个结点相对而言最直接的路径。所以此问题适用于广度优先算法。下面通过一个具体例子来进行算法设计。

图 5-6 表示的是从城市 A 到城市 H 的交通图。从图中可以看出,从城市 A 到城市 H 要经过若干个城市。现要找出经过城市最少的一条路线。

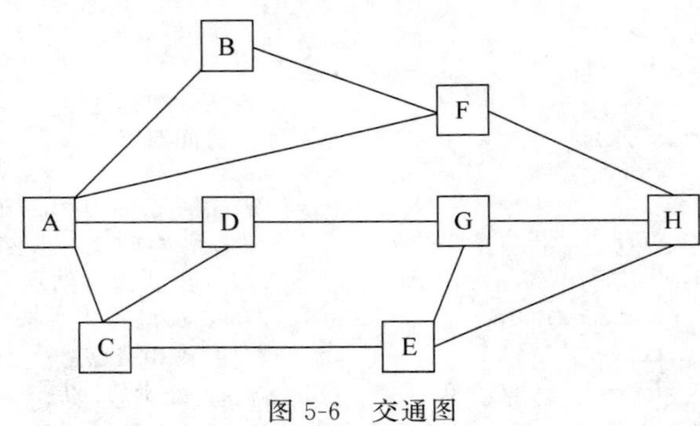

图 5-6 交通图

该图的邻接矩阵表示如表 5-1 所示，0 表示能走，1 表示不能走。

表 5-1　图 5-6 所示交通图的邻接矩阵

城　市	A	B	C	D	E	F	G	H
A	0	1	1	1	0	1	0	0
B	1	0	0	0	0	1	0	0
C	1	0	0	1	1	0	0	0
D	1	0	1	0	0	0	1	0
E	0	0	1	0	0	0	1	1
F	1	1	0	0	0	0	0	1
G	0	0	0	1	1	0	0	1
H	0	0	0	0	1	1	1	0

具体过程如下：

(1) 将城市 A(编号 1)入队，队首指针 qh 置为 0，队尾指针 qe 置为 1。

(2) 将队首指针所指城市的所有可直通的城市入队，当然如果这个城市在队中出现过就不入队，然后将队首指针加 1，得到新的队首城市。重复以上步骤，直到城市 H(编号为 8)入队为止。当搜索到城市 H 时，搜索结束。

(3) 输出经过最少城市的线路。

数据结构设计：考虑到算法的可读性，用线性数组 a 作为活结点队的存储空间。为了方便输出路径，队列的每个结点有两个成员，$a[i]$.city 记录入队的城市，$a[i]$.pre 记录该城市的前趋城市在队列中的下标，这样通过 $a[i]$.pre 就可以倒推出最短线路。也就是说活结点队同时又是记录所求路径的空间。因此，数组队并不能做成循环队列，所谓“出队”只是队首指针向后移动，其空间中存储的内容并不能被覆盖。

和广度优先算法框架一样，设置数组 visited[]记录已搜索过的城市。算法如下：

```
int jz[8][8] = {{0,1,1,1,0,1,0,0},{1,0,0,0,0,1,0,0},{1,0,0,1,1,0,0,0},{1,0,1,0,0,0,1,0},
{0,0,1,0,0,0,1,1},{1,1,0,0,0,0,0,1},{0,0,0,1,1,0,0,1},{0,0,0,0,1,1,1,0}};
struct {int city,pre; }sq[100];
int qh,qe,i,visited[100];
main( )
{int i,n = 8;
  for(i = 1; i< = n,i = i + 1)
    visited[i] = 0;
  search( );
}
search( )
  { qh = 0;
    qe = 1;
    sq[1].city = 1;
    sq[1].pre = 0;
    visited[1] = 1;
    while(qh <> qe)                              // 当队不空
        {qh = qh + 1;                            // 结点出队
        for(i = 1; i< = n,i = i + 1)             // 扩展结点
          if (jz[sq[qh].city][i] = 1 and visited[i] = 0)
            { qe = qe + 1;                       // 结点入队
              sq[qe].city = i;
```

```
                sq[qe].pre = qh;
                visited[i] = 1;
                if (sq[qe].city = 8)
                   {out( );
                   return; }
                }
             }
          print("Non solution.");
         }
out( )                                                    // 输出路径
     {print(sq[qe].city);
        while(sq[qe].pre <> 0)
          { qe = sq[qe].pre;
          print('- -',sq[qe].city); }
     }
```

算法分析：算法的时间复杂度是 $O(n^2)$。算法的空间复杂度为 $O(n^2)$，包括图本身的存储空间和搜索时辅助空间"队"的存储空间。

【思考】 题目是求城市 A 到 H 的路径，而算法输出的结果是城市 H 到 A 的路径，虽然也算解决了问题，还是请读者改写算法给出更合理的输出。

还可以充分利用图的存储空间来记录结点的访问情况，如下面的例子。

【例 2】 走迷宫问题。

迷宫是许多小方格构成的矩形，如图 5-7 所示，在每个小方格中有的是墙(图中的"1")有的是路(图中的"0")。走迷宫就是从一个小方格沿上、下、左、右四个方向到邻近的方格，当然不能穿墙。设迷宫的入口在左上角(1,1)，出口在右下角(8,8)。根据给定的迷宫，找出一条从入口到出口的路径。

1,1

0	0	0	0	0	0	0	0
0	1	1	1	1	0	1	0
0	0	0	0	1	0	1	0
0	1	0	0	0	0	1	0
0	1	0	1	1	0	1	0
0	1	0	0	0	0	1	1
0	1	0	0	1	0	0	0
0	1	1	1	1	1	1	0

8,8

图 5-7 矩形图

算法设计：此题的设计思路与例 1 完全相同，从入口开始广度优先搜索所有可到达的方格入队，再扩展队首的方格，直到搜索到出口时算法结束。

根据迷宫问题的描述，若把迷宫作为图，则每个方格为顶点，其上、下、左、右的方格为其邻接点。迷宫是 8×8＝64 个结点的图，那样邻接矩阵将是一个 64×64 的矩阵，且需要编写专门的算法去完成迷宫的存储工作。这显然是不必要的，因为搜索方格的过程是有规律的。对于迷宫中的任意一点 $A(Y,X)$，有 4 个搜索方向：向上 $A(Y-1,X)$；向下 $A(Y+1,X)$；向左 $A(Y,X-1)$；向右 $A(Y,X+1)$。当对应方格可行(值为 0)，就扩展为活结点，同时注意防止搜索不要出边界就可以了。

数据结构设计：这里同样用数组作队的存储空间，队中结点有3个成员：行号、列号、前一个方格在队列中的下标。与例1不同的是，搜索过的方格不另外开辟空间记录其访问的情况，而是用迷宫原有的存储空间，元素值置为"－1"时，标识已经访问过该方格。

为了构造循环体，用数组 fx[]={1,－1,0,0},fy[]={ 0,0,－1,1 }模拟上下左右搜索时的下标的变化过程。算法如下：

```
int maze[8][8] = {{0,0,0,0,0,0,0,0},{0,1,1,1,1,0,1,0},{0,0,0,0,1,0,1,0},{0,1,0,0,0,0,1,0},
{0,1,0,1,1,0,1,0},{0,1,0,0,0,0,1,1},{0,1,0,0,1,0,0,0},{0,1,1,1,1,1,1,0}};
int fx[4] = {1, - 1,0,0},fy[4] = { 0,0, - 1,1 };      // 下标起点为 1
struct {int x,y,pre; }sq[100];
int qh,qe,i,j,k;
main( )
{search( );
}
search( )
  {   qh = 0;
      qe = 1;
      maze[1][1] = - 1;
      sq[1].pre = 0; sq[1].x = 1; sq[1].y = 1;
      while(qh <> qe)                                    // 当队不空时
         {qh = qh + 1;                                   // 出队
         for(k = 1; k <= 4; k = k + 1)                   // 搜索可达的方格
           {i = sq[qh].x + fx[k];
            j = sq[qh].y + fy[k];
            if(check(i,j) = 1)
              { qe = qe + 1;                             // 入队
               sq[qe].x = i; sq[qe].y = j;
               sq[qe].pre = qh;
               maze[i][j] = - 1;
               if (sq[qe].x = 8 and sq[qe].y = 8)
                 {out( );
                   return; }
               }
         }
         print("Non solution.");
      }
check(int i,int j)
   {int flag = 1;
   if(i < 1 or i > 8 or j < 1 or j > 8)                  // 是否在迷宫内
       flag = 0;
   if(maze[i][j] = 1 or maze[i][j] = - 1)                // 是否可行
       flag = 0;
   return(flag);
   }
out( )                                                   // 输出过程
   {print("(",sq[qe].x,"," sq[qe].y,")");
      while(sq[qe].pre <> 0)
        { qe = sq[qe].pre;
        print('- -',"(",sq[qe].x,"," sq[qe].y,")"); }
   }
```

算法分析：这个题目的搜索空间为 8^2，时间复杂度是 $O(n^2)$。算法的空间复杂度为 $O(n^2)$，包括图本身的存储空间和搜索时辅助空间"队"的存储空间。

5.3 深度优先搜索

给定图 G 的初始状态是所有顶点均未曾访问过，在 G 中任选一顶点 v 为初始出发点(源点或根结点)，则深度优先遍历可定义如下：首先访问出发点 v，并将其标记为已访问过；然后依次从 v 出发搜索 v 的每个邻接点(子结点)w。若 w 未曾访问过，则以 w 为新的出发点继续进行深度优先遍历，直至图中所有和源点 v 有路径相通的顶点(亦称为从源点可达的顶点)均已被访问为止。若此时图中仍有未访问的顶点，则另选一个尚未访问的顶点作为新的源点重复上述过程，直至图中所有顶点均已被访问为止。

深度搜索与广度搜索相近，最终都要扩展一个结点的所有子结点，区别在于扩展结点的过程不同，深度搜索扩展的是 E-结点的邻接结点(子结点)中的一个，并将其作为新的 E-结点继续扩展，当前 E-结点仍为活结点，待搜索完其子结点后，回溯到该结点扩展它的其他未搜索的邻接结点。而广度搜索，则是连续扩展 E-结点的所有邻接结点(子结点)后，E-结点就成为一个死结点。

5.3.1 深度优先算法框架

1. 算法的基本思路

深度优先搜索和广度优先搜索的基本思路相同。由于深度优先搜索的 E-结点是分多次进行扩展的，所以它可以搜索到问题所有可能的解方案。但对于搜索路径的问题，不像广度优先搜索容易得到最短路径。

和广度优先搜索一样，搜索过程中也需要记录解决问题的方案。

深度优先搜索算法设计的基本步骤为：

(1) 确定图的存储方式。

(2) 设计搜索过程中的操作，其中包括为输出问题解而进行的存储操作。

(3) 搜索到问题的解，则输出；否则回溯。

(4) 一般在回溯前应该将结点状态恢复为原始状态，特别是在有多解需求的问题中。

2. 算法框架

从深度优先搜索定义可以看出算法是递归定义的，用递归算法实现时，将结点作为参数，这样参数栈就能存储现有的活结点。当然若是用非递归算法，则需要自己建立并管理栈空间。

同样用“输出结点值”抽象地表示实际问题中的相应操作。

(1) 用邻接表存储图的搜索算法如下：

```
int visited[n];                              // n 为结点个数,数组元素的初值均置为 0
graph head[100];                             // graph 为邻接表存储类型
dfs(int k)                                   // head 图的顶点数组
{ edgenode * ptr;                            // ptr 图的边表指针
  visited[k] = 1;
  print("访问 ",k);
  ptr = head[k].firstedge;                   // 顶点的第一个邻接点
  while (ptr <> NULL)                        // 遍历至链表尾
```

```
        {if (visited[ptr -> vertex] = 0)
             dfs(ptr -> vertex);            // 递归遍历
    ptr = ptr -> nextnode;                  // 下一个顶点
    }
}
```

算法分析：图中有 n 个顶点，e 条边。如果用邻接表表示图，由于总共有 $2e$ 个边结点，所以扫描边的时间为 $O(e)$。而且对所有顶点递归访问 1 次，所以遍历图的时间复杂度为 $O(n+e)$。

(2) 用邻接矩阵存储图的搜索算法如下：

```
int visited[n];                          // n 为结点个数，数组元素的初值均置为 0
int g[n][n];
dfsm(int k)
  {int j;
  print("访问 ",k);
  visited[k] = 1;
  for(j = 1; j <= n; j = j + 1)          // 依次搜索 vk 的邻接点
    if(g[k][j] = 1 and visited[j] = 0)
      dfsm(j);                           // (vk,vj)∈E，且 vj 未访问过，故 vj 为新出发点
  }
```

如果用邻接矩阵表示图，则查找每一个顶点的所有的边，所需时间复杂度为 $O(n)$，则遍历图中所有的顶点所需的时间复杂度为 $O(n^2)$。

5.3.2 深度优先搜索的应用

下面学习深度优先搜索的应用，并通过例子认识广度优先搜索和深度优先搜索应用的不同特点。

【例 3】 走迷宫问题。

问题同 5.2.2 节中例 2，这里用深度优先搜索算法求解。

算法设计：深度优先搜索，就是一直向着可通行的下一个方格行进，直到搜索到出口就找到一个解。若行不通时，则返回上一个方格，继续搜索其他方向。

数据结构设计：广度优先搜索算法的路径是依赖"队列"中存储的信息，在深度优先搜索过程中虽然也有辅助存储空间栈，但并不能方便地记录搜索到的路径。因为并不是走过的方格都是可行路径，也就是通常说的可能走入了"死胡同"。所以，还是利用迷宫本身的存储空间，除了记录方格走过的信息，还要标识是否可行：

```
maze[i][j] = 3                    // 标识走过的方格
maze[i][j] = 2                    // 标识走入死胡同的方格
```

这样，最后存储为"3"的方格为可行的方格。而当一个方格 4 个方向都搜索完还没有走到出口，说明该方格或无路可走或只能走入了"死胡同"。

算法如下：

```
int maze[8][8] = {{0,0,0,0,0,0,0,0},{0,1,1,1,1,0,1,0},{0,0,0,0,1,0,1,0},{0,1,0,0,0,0,1,
0},{0,1,0,1,1,0,1,0},{0,1,0,0,0,0,1,1},{0,1,0,0,1,0,0,0},{0,1,1,1,1,1,1,0}},fx[4] =
{1, - 1,0,0},fy[4] = { 0,0, - 1,1 };      // 下标从 1 开始
int i,j,k,total = 0;
main( )
```

```
{
  maze[1][1] = 3;                          // 入口坐标设置已走标志
  search(1,1);
}
search(int i,int j)
{int k,newi,newj;
    for(k = 1; k <= 4; k = k + 1)          // 搜索可达的方格
      if(check(i,j,k) = 1)
        {newi = i + fx[k];
         newj = j + fy[k];
         maze[newi][newj] = 3;             // 来到新位置后,设置已走过标志
         if (newi = 8 and newj = 8)        // 如到出口则输出,否则下一步递归
            Out( );
         else
            search(newi,newj);
        }
    maze[i][j] = 2;                        // 某一方格只能走入死胡同
    }
Out( )
{int i,j;
 for(i = 1; i <= 8; i = i + 1)
   { print("换行符");
     for(j = 1; j <= 8; j = j + 1)
         if (maze[i][j] = 3)
           {print("V");
           total = total + 1; }            // 统计总步数
       else
           print(" * ");
   }
  print("Total is",total);
}
check(int i,int j,int k)
  {int flag = 1;
   i = i + fx[k];
   j = j + fy[k];
   if(i < 1 or i > 8 or j < 1 or j > 8)    // 是否在迷宫内
       flag = 0;
   else if(maze[i][j]<> 0)                 // 是否可行
       flag = 0;
   return(flag);
   }
```

算法说明:

(1) 本算法和广度优先算法一样每个方格有4个方向可以进行搜索,这样一个结点(方格)有可能多次成为活结点,而在广度优先算法中一个结点(方格)就只有一次成为活结点,出队后就变成了死结点,不再进行操作。

(2) 与广度优先算法相比较,在空间效率上二者相近,都需要辅助空间。

【思考】 用广度优先算法,最先搜索到的就是一条最短路径,而用深度优先搜索则能方便地找出一条可行路径。但若要保证找到最短路径,则需要找出所有路径,再从中筛选出最短路径。请改进算法求问题的最短路径。

从迷宫问题看,似乎广度优先算法优于深度优先算法,但其实它们各有所长,在不知道目标的情况下,要解决以下染色问题,广度优先算法就没有优势了。

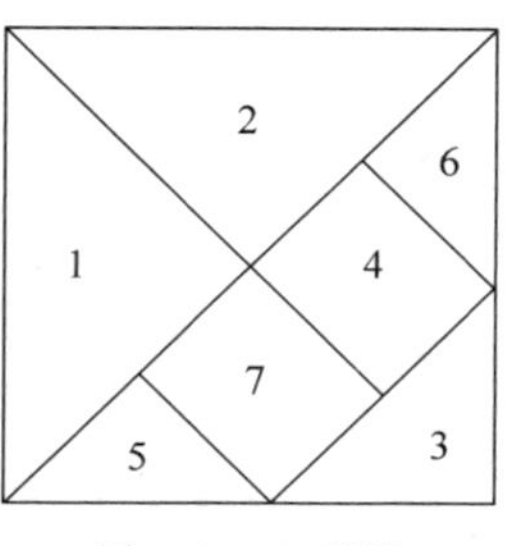

图 5-8 七巧板

【例 4】 有如图 5-8 所示的七巧板，试设计算法，使用至多 4 种不同颜色对七巧板进行涂色（每块涂一种颜色），要求相邻区域的颜色互不相同，打印输出所有可能的涂色方案。

问题分析：本题实际上是一个简化的“4 色地图”问题，无论地图多么复杂，只需要用 4 种颜色就可以将相邻区域区分开。

为了让算法能识别不同区域间的相邻关系，把七巧板上每一个区域看成一个顶点，若两个区域相邻，则相应的顶点间用一条边相连，这样就将七巧板转化为图，于是该问题就是一个图的搜索问题了。数据采用邻接矩阵存储如下（顶点编号如图 5-8 所示）：

0 1 0 0 1 0 1

1 0 0 1 0 1 0

0 0 0 0 1 0 1

0 1 1 0 0 1 1

1 0 0 0 0 0 1

0 1 0 1 0 0 0

1 0 1 1 1 0 0

算法设计：前面已说过，搜索算法是蛮力算法的一个范例，在这个例子中体现得更加突出。在深度优先搜索顶点（即不同区域）时，并不加入任何涂色策略，只是对每一个顶点逐个尝试 4 种颜色，检查当前顶点的颜色是否与前面已确定的相邻顶点的颜色发生冲突（就像枚举算法检查是否满足约束条件），若没有发生冲突，则继续以同样的方法处理下一个顶点；若 4 个颜色都尝试完毕，仍然与前面顶点的颜色发生冲突，则返回到上一个还没有尝试完 4 种颜色的顶点，再去尝试别的颜色。已经有研究证明，对任意平面图至少存在一种 4 色涂色法，所以问题肯定是有解的。

按顺序分别对 1 号，2 号，…，7 号区域进行试探性涂色，用 1，2，3，4 号代表 4 种颜色。则涂色过程如下：

(1) 对某一区域涂上与其相邻区域不同的颜色。

(2) 若使用 4 种颜色进行涂色均不能满足要求，则回溯一步，更改前一区域的颜色。

(3) 转步骤(1)继续涂色，直到全部区域均已涂色为止，输出结果。

算法如下：

```
  int data[7][7],n,color[7],total = 0; // 下标从 1 开始
main( )
  { int i,j;
    for(i = 1; i <= 7; i = i + 1)
      for(j = 1; j <= 7; j = j + 1)
        input(data[i][j]);
     for(j = 1; j <= 7; j = j + 1)
        color[j] = 0;
     total = 0;
     try(1);
     print("换行符,Total = ",total);
  }
try(int s)
```

```
    {int i;
     if (s>7)
        output( );
     else
        for(i=1; i<=4; i=i+1)
           {color[s]=i;
            if (colorsame(s)=0)
               try(s+1);
           }
    }
colorsame(int s)                             // 判断相邻点是否同色
     {int i,flag;
      flag=0;
      for(i=1; i<=s-1; i=i+1)
          if (data[i][s]=1 and color[i]=color[s])
               flag=1;
      return(flag);
      }
output( )
{int i;
 print("换行符,serial number: ",total);
 for(i=1; i<=7; i=i+1)
          {print(color[i]); color[i]=0;}
 total=total+1;
 }
```

【思考】 算法能搜索到问题的全部解吗？或者说函数 try( )在调用了 output( )函数后，还会继续递归调用吗？若不是全部解，如何改进算法实现输出全部解。

【例 5】 割点的判断及消除。

1. 网络安全相关的概念

假设有两个通信网，如图 5-9 和图 5-10 所示。图中结点代表通信站，边代表通信线路。这两个图虽然都是无向连通图，但它们所代表的通信网的安全程度却截然不同。在图 5-9 所代表的通信网中，如果结点 2 代表的通信站发生故障，除它本身不能与任何通信站联系外，还会导致 1,3,4,9,10 号通信站与 5,6,7,8 号通信站之间的通信中断。结点 3 和结点 5 代表的通信站，若出故障也会发生类似的情况。而图 5-10 所示的通信网则不然，不管哪一个站点(仅一个)发生故障，其余站点之间仍可以正常通信。

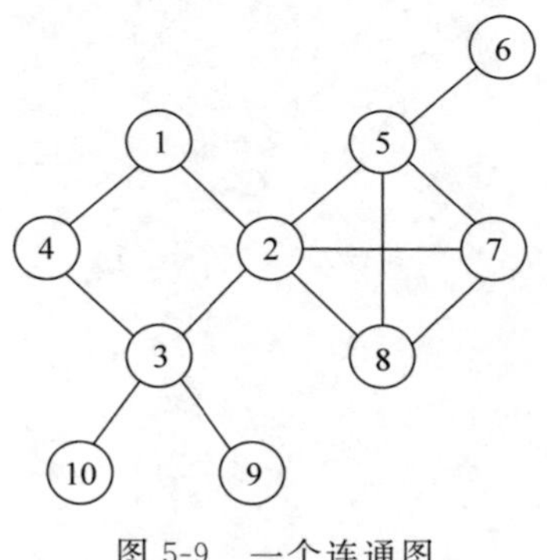

图 5-9　一个连通图

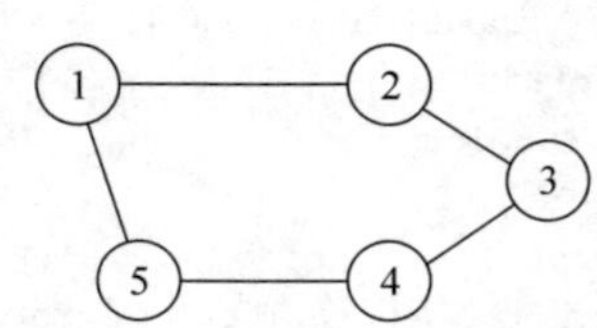

图 5-10　不含割点的连通图

出现以上差异的原因在于，这两个图的连通程度不同。图 5-9 是一个含有称为割点 2，3，5 的连通图，而图 5-10 是不含割点的连通图。在一个无向连通图 G 中，当且仅当删去 G 中的顶点 v 及所有依附于 v 的边后，可将图分割成两个以上的连通分量，则称 v 为图 G 的割点(vertex connectivity)。将图 5-9 的结点 2 和与之相连的所有边删去后留下两个彼此不连通的非空分图，如图 5-11 所示，则结点 2 就是割点。

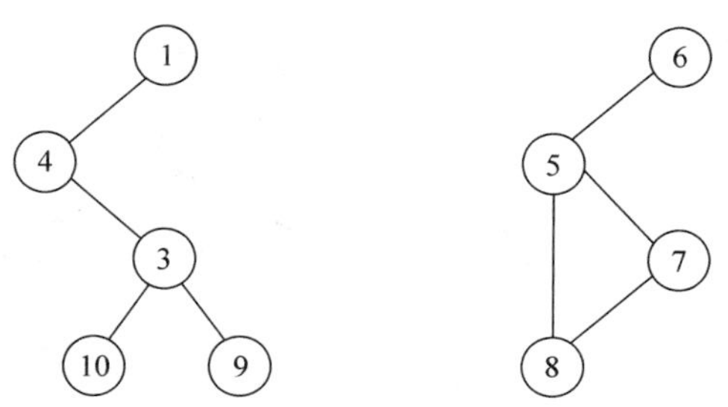

图 5-11　图 5-9 删去割点 2 的结果

没有割点的连通图称为重连通图(biconnected graph)。一个通信网络图的连通度越高，则系统越可靠，无论是哪一个站点单独出现故障或遭到外界破坏，都不影响系统的正常工作；又如，一个航空网若是重连通的，则当某条航线因天气等原因关闭时，旅客仍可从别的航线绕道而行；再如，若将大规模集成电路中的关键线路设计成重连通的，则在某些元件失效的情况下，整个电路的功能不受影响；反之，在战争中，若要摧毁敌方的运输线，仅需破坏其运输网中的割点即可。

网络安全比较低级的要求就是重连通图。在重连通图上，任何一对顶点之间至少存在有两条路径，在删除某个顶点及与该顶点相关联的边时，也不会破坏图的连通性。不是所有的无向连通图都是重连通图，根据重连通图的定义可以看出，其等价定义是“如果无向连通图 G 根本不包含割点，则称 G 为重连通图”。

以重连通图作为通信网络安全的判别及改进，要讨论的问题是：判别一个通信网络是否安全，若不安全则找出改进方法。直接一点说，就是能找出无向图中的割点，并能用简单的方法消灭找到的割点。

2. 连通图 G 的割点的判别

算法设计：从有关图论的资料中不难查到，连通图中割点的判别方法如下。

(1) 从图的某一个顶点开始深度优先遍历图，得到深度优先生成树。

(2) 用开始遍历的顶点作为生成树的根，则：

① 根顶点是图的割点的充要条件是，根至少有两个相邻结点。

② 其余顶点 u 是图的割点的充要条件是，该顶点 u 至少有一个相邻结点 w，从该相邻结点出发不可能通过该相邻结点顶点 w 和该相邻结点 w 的子孙顶点，以及一条回边所组成的路径到达 u 的祖先(图中非生成树的边称为回边)。

③ 特别地，叶结点不是割点。

以上判别方法不能说是一个算法，或者只能说是一个顶层的算法，因为(2)中的②不具有可行性。下面通过例子说明算法设计的过程。

图 5-12(a)和(b)显示了图 5-9 所示的深度优先生成树。图中，每个结点的外面都有一个数，它表示按深度优先检索算法访问这个结点的次序，这个数叫作该结点的深度优先数(DFN)。例如，DFN(1)＝1，DFN(4)＝2，DFN(8)＝10 等。图 5-12 (b)中的实线边构成这个深度优先生成树，这些边是递归遍历顶点的路径，叫作树边，虚线边为回边。

若对图 Graph＝(V，{Edge}) 重新定义遍历时的访问数组 Visited 为 DFN，并引入一个新的数组 L，则由一次深度优先遍历便可求得连通图中存在的所有割点。

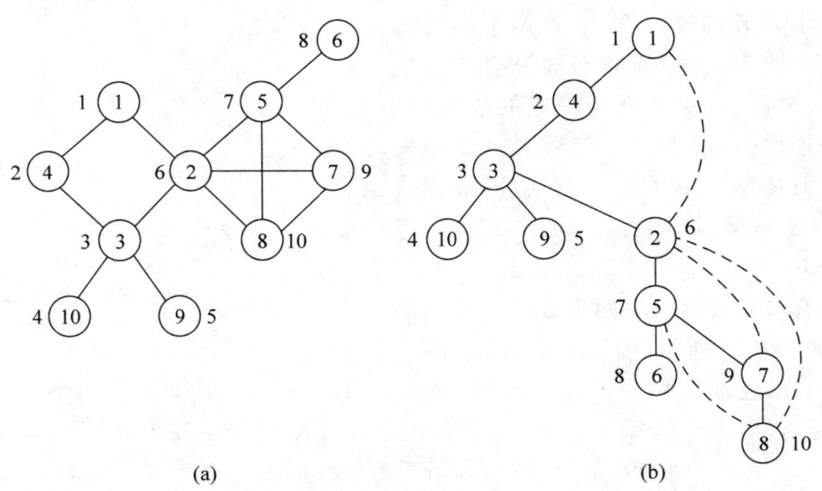

图 5-12　树图

定义：

$$L[u]=\mathrm{Min}\left\{\mathrm{DFN}[u],L[w],\mathrm{DFN}[k]\left|\begin{array}{l}w\text{ 是 }u\text{ 在 DFS 生成树上的孩子结点；}\\k\text{ 是 }u\text{ 在 DFS 生成树上由回边联结的祖先结点；}\\(u,w)\in\text{ 实边；}\\(u,k)\in\text{ 虚边。}\end{array}\right.\right\}$$

显然，$L[u]$是结点 u 通过一条子孙路径且至多关联一条回边，所可能到达的最低深度优先数。如果 u 不是根，那么当且仅当 u 有一个使得 $L[w]\geqslant \mathrm{DFN}[u]$的相邻结点 w 时，u 是一个割点。因为 w 通过一条子孙路径且至多关联一条回边所可能到达的最低深度比 u 的深度优先树还要深，这就意味着去掉 u 后，w 不能有一条路径回到 u 的某个祖先，于是就会产生两个分图，所以 u 就是割点。对于图 5.9(b)所示的生成树，各结点的最低深度优先数是：$L[1:10]=\{1,1,1,1,6,8,6,6,5,4\}$。
由此，结点 3 是割点，因为它的儿子结点 10 有 $L[10]=4>\mathrm{DFN}[3]=3$。同理，结点 2,5 也是割点。

按后根次序访问深度优先生成树的结点，可以很容易地算出 $L[u]$。于是，为了确定图 G 的割点，必须既完成对 G 的深度优先检索，产生 G 的深度优先生成树 T，又要按后根次序访问树 T 的结点。设计计算 DFN 和 L 的算法 TRY，在图搜索的过程中将两件工作同时完成。

由于计算 $L[u]$与 u 结点的父或子结点有关，所以不同于一般深度优先图搜索的函数，这里 TRY 函数有两个参数，一个是深度优先搜索起点结点 u，另一个是它的父亲 v。设置数组 DFN 为全局量，并将其初始化为 0，表示结点还未曾搜索过。用变量 num 记录当前结点的深度优先数，也设置为全局变量，被初始化为 1。变量 n 是 G 的结点数。

算法如下：

```
int  DFN[100] = {0},L[100],num = 1,n;
TRY(int u,int v)
{DFN[u] = num;
 L[u] = num;
 num = num + 1;
 while (每个邻接于 u 的结点 w)
      if (DFN[w] = 0)
```

```
    {  TRY(w,u);
       if(L[u]> L[w])
          L[u] = L[w];
    }
    else if (w <> v)
         if (L[u]> DFN[w])
             L[u] = DFN[w];
}
```

算法说明：算法 TRY 实现了对图 G 的深度优先检索；在检索期间，对每个新访问的结点赋予深度优先数；同时对这棵树中每个结点 u 计算了 $L[u]$的值。

由算法可以看出，在结点 u 检测完毕返回时，$L[u]$已正确地算出。需要指出的是，如果 $w \neq v$，则(u,w)是一条回边或者 $\text{DFN}[w]>\text{DFN}[u] \geq L[u]$。在这两种情况下 $L[u]$都能得到正确修正。

一旦算出 $L[1:n]$，G 的割点就能在 $O(n)$时间识别出来，请读者自行设计完成。最终，识别割点的总时间不超过 $O(n+e)$。

算法分析：如果连通图 G 有 n 个结点 e 条边，且 G 由邻接表表示，算法的计算时间为 $O(n+e)$。

3. 进一步讨论

为了确定使非重连通图转化为重连通图，必然需要增加边集，去除图中割点。一般方法是找出图 G 的最大重连通子图。$G'=(V',E')$是 G 的最大重连通子图，指的是 G 中再没有这样的重连通子图$G''=(V'',E'')$存在，使得 $V' \subset V''$且 $E' \subset E''$。最大重连通子图称为重连通分图。图 5-10 所示的只有一个重连通分图，即这个图的本身。图 5-9 所示的重连通分图在图 5-13 中列出。

两个重连通分图至多有一个公共结点，且这个结点就是割点。因而可以推出任何一条边不可能同时出现在两个不同的重连通分图中(因为这需要两个公共结点)。选取两个重连通分图中不同的结点连接为边，则生成的新图为重连通的。多个重连通分图的情况以此类推。

使用这个方法将图 5-9 变成重连通图，需要对应于割点 3 增加边(4,10)和(10,9)；对应割点 2 增加边(1,5)；对应割点 5 增加(6,7)，结果如图 5-14 所示。

重连通分图的生成和存储比较复杂这里就不深入讨论了。

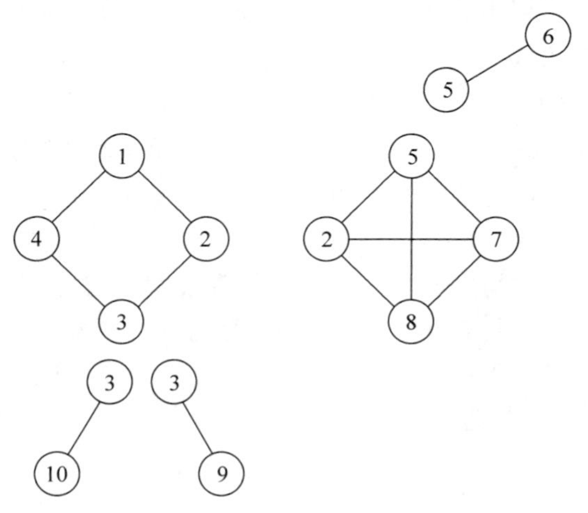

图 5-13　图 5-9 所示的重连通分图

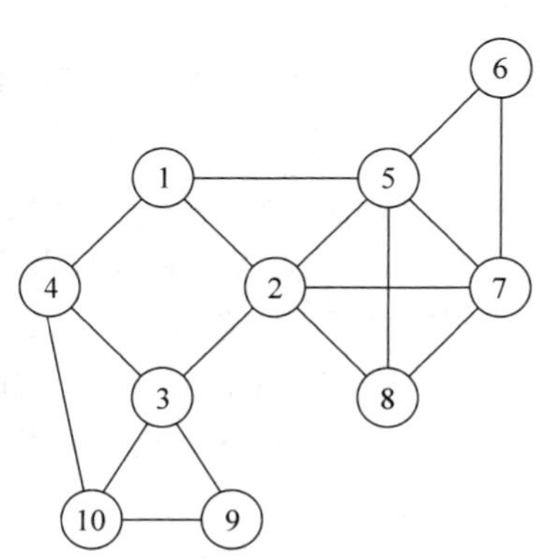

图 5-14　图 5-9 改进为重连通图

5.4 回溯法

在讲解递归算法时已提到回溯(backtracking)这个词,其意义是在递归直到可解的最小问题后,逐步返回原问题的过程。而这里所说的回溯算法实际是一个类似枚举的搜索尝试方法,它的主题思想是在搜索尝试过程中寻找问题的解,当发现已不满足求解条件时,就“回溯”返回,尝试别的路径。

第4章中介绍的基础算法中的贪婪算法、动态规划等都具有“无后效性”,也就是在分段处理问题时,某阶段状态一旦确定,将不再改变。而多数问题很难找到“无后效性”的阶段划分和相应决策,是通过深入搜索尝试和回溯操作完成的。

回溯算法是尝试搜索算法中最为基本的一种算法,其采用了一种“走不通就掉头”的思想,作为其控制结构。在使用回溯算法解决问题中每向前走一步都有很多路径需要选择,但当没有决策信息或决策信息不充分时,只好尝试某一路径向下走,直至走到一定程度后得知此路不通时,再回溯到上一步尝试其他路径;在尝试成功时,则问题得解而算法结束。

5.4.1 认识回溯法

下面看一个回溯算法的经典例题。

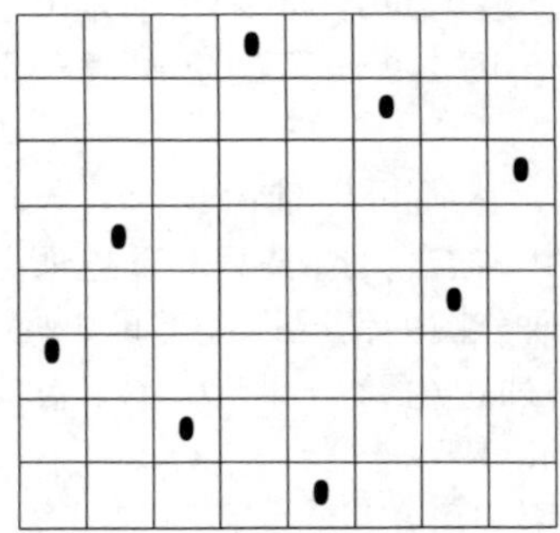

图5-15 8皇后问题

【例6】 8皇后问题:要在8×8的国际象棋棋盘中放8个皇后,使任意两个皇后都不能互相吃掉。规则是皇后能吃掉同一行、同一列、同一对角线的任意棋子。图5-15为一种方案,求所有的解。

模型建立:不妨设8个皇后为x_i,她们分别在第i行$(i=1,2,3,\cdots,8)$,这样问题的解空间,就是一个8个皇后所在列的序号,为n元一维向量$(x_1,x_2,x_3,x_4,x_5,x_6,x_7,x_8)$,搜索空间是$1\leqslant x_i\leqslant 8(i=1,2,3,\cdots,8)$,共$8^8$个状态。约束条件是8个点$(1,x_1),(2,x_2),(3,x_3),(4,x_4),(5,x_5),(6,x_6),(7,x_7),(8,x_8)$不在同一列和同一对角线上。

虽然问题共有8^8个状态,但算法不会真正地搜索这么多的状态,因为前面已经说明,回溯法采用的是“走不通就掉头”的策略,而形如$(1,1,x_3,x_4,x_5,x_6,x_7,x_8)$的状态共有$8^6$个,由于1,2号皇后在同一列不满足约束条件,回溯后这8^6个状态是不会搜索的。

算法设计1:加约束条件的枚举算法。

最简单的算法就是通过八重循环模拟搜索空间中的8^8个状态,按深度优先思想,从第一个皇后开始搜索,确定一个位置后,再搜索第二个皇后的位置……;每前进一步检查是否满足约束条件,不满足时,用continue语句回溯到上一个皇后,继续尝试下一位置;满足约束条件时,开始搜索下一个皇后的位置,直到找出问题的解。

约束条件有3个。

(1) 不在同一列的表达式为:$x_i\neq x_j$;

(2) 不在同一主对角线上的表达式为:$x_i-i\neq x_j-j$;

(3) 不在同一负对角线上的表达式为：$x_i+i \neq x_j+j$。

条件(2),(3)可以合并为一个“不在同一对角线上”的约束条件，表示为：

abs(xi−xj) ≠abs(i−j)(abs( )取绝对值)

算法 1 如下：

```
main( )
{int a[9];
  for (a[1] = 1; a[1]<= 8; a[1] = a[1] + 1)
    for (a[2] = 1; a[2]<= 8; a[2] = a[2] + 1)
      {if (check(a,2) = 0) continue;
        for (a[3] = 1; a[3]<= 8; a[3] = a[3] + 1)
             {if (check(a,3) = 0) continue;
              for (a[4] = 1; a[4]<= 8; a[4] = a[4] + 1)
                {if (check(a,4) = 0) continue;
                 for (a[5] = 1; a[5]<= 8; a[5] = a[5] + 1)
                  {if (check(a,5) = 0) continue;
                    for (a[6] = 1; a[6]<= 8; a[6] = a[6] + 1)
                      {if (check(a,6) = 0) continue;
                       for (a[7] = 1; a[7]<= 8; a[7] = a[7] + 1)
                          {if (check(a,7) = 0) continue;
                            for (a[8] = 1; a[8]<= 8; a[8] = a[8] + 1)
                               {if (check(a,8) = 0)
                                  continue;
                               else
                                 for (i = 1; i <= 8; i = i + 1)
                                    print(a[i]);
                               } } } } } } } }
check(int a[ ],int n)
{   int i;
    for (i = 1; i <= n - 1; i = i + 1)
      if (abs(a[i] - a[n]) = abs(i - n)) or (a[i] = a[n])
         return(0);
    return(1);
}
```

算法分析：前面已经分析过，表面看算法的时间复杂度为 8^8，其实算法在执行中不断运行到 continue 语句回溯，所以算法的复杂度远远低于 8^8。若将算法中，循环嵌套间检查是否满足约束条件的语句：

```
"if(check(a[ ],i) = 0)continue; "    i = 2,3,4,5,6,7;
```

语句都去掉，只保留最后一个检查语句：

```
"if(check(a[ ],8) = 0)continue; "
```

相应地将 check( )函数修改成：

```
_check(int a[ ],int n)
{int i,j;
 for (i = 2; i <= n; i = i + 1)
     for (j = 1; j <= i - 1; j = j + 1)
       if (abs(a[i] - a[j]) = abs(i - j)) or(a[i] = a[j])
          return(0);
 return(1);
}
```

则算法退化成完全的盲目搜索,算法复杂度就是 8^8 了。

算法设计 2:非递归回溯算法。

以上枚举算法有很好的可读性,读者可以从中体会到回溯的思想。不过它只能解决皇后"个数为常量"的问题,却不能解决任意的 n 皇后问题,因此也不是典型的回溯算法模型。下面的非递归算法可以说是典型的回溯算法模型。算法思想同上,用深度优先搜索,并在不满足约束条件时及时回溯。

算法 2 如下:

```
int a[20],n;
main( )
   { input(n);
     backdate(n);
   }
backdate (int n)
  {int k;
   a[1] = 0;
   k = 1;
   while(k > 0)
      {a[k] = a[k] + 1;
       while ((a[k]< = n) and (check(k) = 0))    // 为第 k 个皇后搜索位置
          a[k] = a[k] + 1;
       if(a[k]< = n)
           if (k = n)                  // 找到一组解
             output();
           else
             {k = k + 1;               // 前 k 个皇后找到位置,继续为第 k + 1 个皇后找到位置
              a[k] = 0; }              // 注意下一个皇后一定要从头开始搜索
       else
           k = k - 1;                  // 回溯
      }
  }
check(int k)
  {int i;
   for (i = 1; i < = k - 1; i = i + 1)
     if (abs(a[i] - a[k]) = abs(i - k)) or(a[i] = a[k])
        return(0);
   return(1);
   }
output( )
  {int i;
   for (i = 1; i < = n; i = i + 1)
      print(a[i]);
  }
```

【注意】 与枚举算法比较,此算法也是对 n 个数组元素分别从 $1\sim n$ 进行尝试。可以认为:"数组+循环控制+回溯"实现了任意 n 层循环嵌套的功能。

算法设计 3:递归算法。

对于回溯算法,更方便地是用递归控制方式实现,用这种方式也可以解决任意的 n 皇后问题。算法思想同样用深度优先搜索,并在不满足约束条件时及时回溯。

与上面的两个算法不同,都是用 check( )函数来检查当前状态是否满足约束条件,由于

递归调用、回溯的整个过程是非线性的，用 check( )函数来检查当前状态是否满足约束条件是不充分的，而用_check( )函数(在算法分析 1 中说明)来检查当前状态是否满足约束条件又有太多的冗余。

这里用 3.2.3 节"数组记录状态信息"的技巧，用 3 个数组 c,b,d 分别记录棋盘上的 n 个列、$2n-1$ 个主对角线和 $2n-1$ 个负对角线的占用情况。

以 4 阶棋盘为例，如图 5-16 所示，共有 $2n-1=7$ 个主对角线，对应地也有 7 个负对角线。

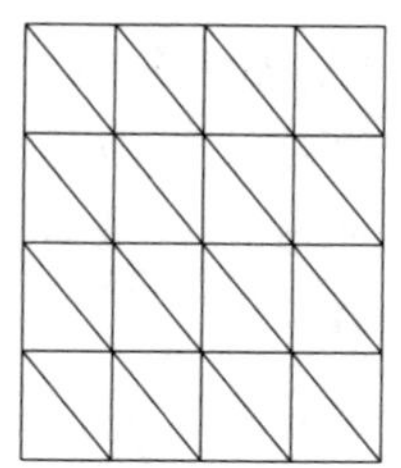
图 5-16　4 皇后棋盘示意图

用 i,j 分别表示皇后所在的行列(或者说 i 号皇后在 j 列)，同一主对角线上的行列下标的差一样，若用表达式 $i-j$ 编号，则范围为 $-n+1 \sim n-1$，所以用表达式 $i-j+n$ 对主对角线编号，范围就是 $1\sim 2n-1$。同样地，负对角线上行列下标的和一样，用表达式 $i+j$ 编号，则范围为 $2\sim 2n$。

算法 3 如下：

```
int a[20],b[20],c[40],d[40],n,t,i,j,k;                    // t 记录解的个数
main( )
  {
    input(n);
    for (i = 1; i < = n; i = i + 1)
     { b[i] = 0;
       c[i] = 0; c[n + i] = 0;
       d[i] = 0; d[n + i] = 0; }
    try(1);
    }
  output( )
  { t = t + 1;
    print(t,'');
    for(k = 1; k < = n; k = k + 1)
      print(a[k],'');
    print(" 换行符");
  }
try(int i);
{int j;
 for (j = 1; j < = n; j = j + 1)                          // 第 i 个皇后有 n 种可能位置
     if (b[j] = 0) and (c[i + j] = 0) and (d[i - j + n] = 0)// 判断位置是否冲突
             {a[i] = j;                                   // 摆放皇后
              b[j] = 1;                                   // 占领第 j 列
              c[i + j] = 1;                               // 占领两个对角线
              d[i - j + n] = 1;
              if (i < n)
                 try(i + 1);                              // n 个皇后没有摆完,递归摆放下一个皇后
              else
                 output( );                               // 完成任务,打印结果
              b[j] = 0;                                   // 回溯释放占用空间
              c[i + j] = 0;
              d[i - j + n] = 0;
              }
}
```

算法说明：递归算法的回溯是由函数调用结束自动完成的，不需要指出回溯点(类似算法 2 中的 $k=k-1$)，但需要"清理现场"——将当前点占用的位置释放，也就是算法 try( )中的后 3 个赋值语句。

5.4.2 回溯算法框架

1. 回溯法基本思想

回溯法是在包含问题的所有解的解空间树(或森林)中,图 5-17 是 4 皇后问题的解空间树。按照深度优先的策略,从根结点出发搜索解空间树。算法搜索至解空间树的任一结点时,总是先判断该结点是否满足问题的约束条件。如果满足进入该子树,继续按深度优先的策略进行搜索;否则,不去搜索以该结点为根的子树,而是逐层向其祖先结点回溯。其实回溯法就是对隐式图的深度优先搜索算法加约束条件。图 5-18 是 4 皇后问题的搜索过程。

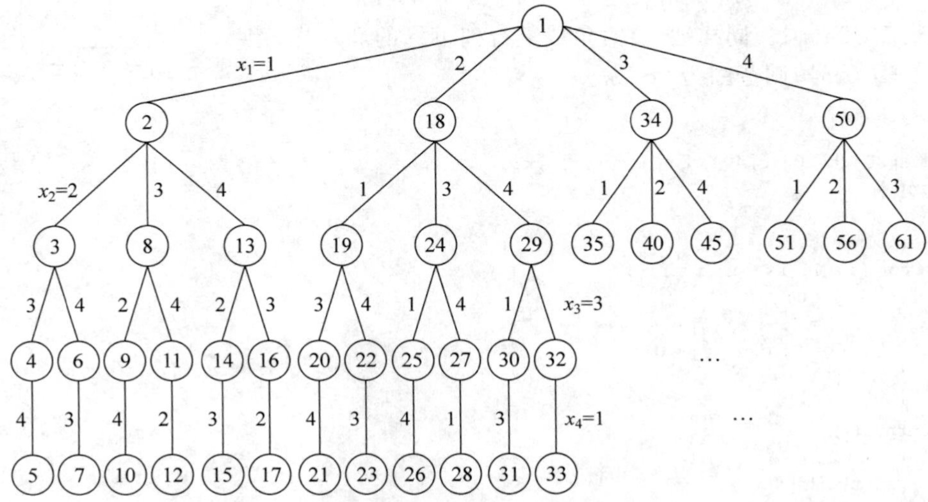

图 5-17　4 皇后问题的解空间树

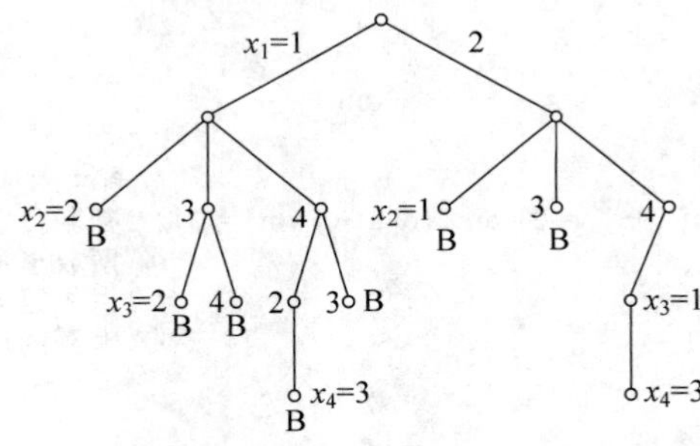

图 5-18　4 皇后问题的部分搜索过程(B 表示失败回溯)

回溯法在用来求问题的所有解时,要回溯到根,且根结点的所有可行的子树都已被搜索遍才结束。而回溯法在用来求问题的任一解时,只要搜索到问题的一个解就可以结束。这就是以深度优先的方式系统地搜索问题解的回溯算法,它适用于解决一些类似 n 皇后问题等求解方案问题,也可以解决一些最优化问题。

2. 算法设计过程

(1) 确定问题的解空间。

应用回溯法解问题时,首先应明确定义问题的解空间。问题的解空间应至少包含问题的一个(最优)解。

(2) 确定结点的扩展规则,如每个皇后在一行中的不同位置移动,而象棋中的马只能走"日"字等。

(3) 搜索解空间。

回溯算法从开始结点(根结点)出发,以深度优先的方式搜索整个解空间。这个开始结点就成为一个活结点,同时也成为当前的扩展结点。在当前的扩展结点处,搜索向纵深方向移至一个新结点。这个新结点就成为一个新的活结点,并成为当前扩展结点。如果在当前的扩展结点处不能再向纵深方向移动,则当前扩展结点就成为死结点。此时,应往回移动(回溯)至最近的一个活结点处,并使这个活结点成为当前的扩展结点。回溯法即以这种工作方式递归地在解空间中搜索,直至找到所要求的解或解空间中已没有活结点时为止。

3. 算法框架

通过 n 皇后问题的学习,对回溯算法,以及它们所能解决的问题类型都已经理解,为了更好地认识回溯算法,并利用它解决问题,下面抽象地给出算法框架。

1) 问题框架

设问题的解是一个 n 维向量$(a_1,a_2,\cdots,a_n)$,约束条件是 $a_i(i=1,2,3,\cdots,n)$满足某种条件,记为 $f(a_i)$。

2) 非递归回溯框架

```
int a[n],i;
初始化数组 a[ ];
i = 1;
While (i > 0(有路可走)) and ([未达到目标])              // 还未回溯到头
  {if (i > n)                                           // 搜索到叶结点
    搜索到一个解,输出;
  else                                                  // 正在处理第 i 个元素
    {a[i]第一个可能的值;
      while (a[i]在不满足约束条件且在搜索空间内)
            a[i]下一个可能的值;
      if (a[i]在搜索空间内)
            {标识占用的资源;
            i = i + 1; }                                // 扩展下一个结点
      else
            {清理所占的状态空间;                        // 回溯
            i = i - 1; }
      }
}
```

3) 递归算法框架

回溯法是对解空间的深度优先搜索,在一般情况下用递归函数来实现回溯法比较简单,其中 i 为搜索深度。框架如下:

```
int a[n];
try(int i)
{if (i > n)
    输出结果;
else
```

```
    for(j = 下界; j <= 上界; j = j + 1)               // 枚举 i 所有可能的路径
        if(f(j))                                   // 满足限界函数和约束条件
          { a[i] = j;
            …                                      // 其他操作
            try(i + 1);
            回溯前的清理工作(如 a[i]置空值等);
          }
}
```

5.4.3 应用1——基本的回溯搜索

【例 7】 象棋中马遍历棋盘的问题。

问题描述：在 $n\times m$ 的棋盘中，马只能走日字。马从位置(x,y)处出发，把棋盘的每一点都走一次，且只走一次，找出所有路径。

问题分析：此问题为博弈算法的基础。马是在棋盘的点上行走的，所以这里的棋盘是指行有 n 条边、列有 m 条边。而一个马在不出边界的情况下有 8 个方向可以行走(走日字)，如当前坐标为(x,y)则行走后的坐标可以为：

$$(x+1,y+2),(x+1,y-2),(x+2,y+1),(x+2,y-1),$$
$$(x-1,y-2),(x-1,y+2),(x-2,y-1),(x-2,y+1)$$

算法设计：搜索空间是整个 $n\times m$ 个棋盘上的点。约束条件是不出边界且每个点只经过一次。结点的扩展规则如问题分析中所述。

搜索过程是从任一点(x,y)出发，按深度优先的原则，从 8 个方向中尝试一个可以走的点，直到走过棋盘上所有 $n\times m$ 个点。用递归算法易实现此过程。

【注意】 问题要求找出全部可能的解，就要注意回溯过程的清理现场工作，也就是置当前位置为未经过。

数据结构设计：

(1) 用一个变量 dep 记录递归深度，也就是走过的点数，当 $dep=n\times m$ 时，找到一组解。

(2) 用 $n\times m$ 的二维数组记录马行走的过程，初始值为 0 表示未经过。搜索完毕后，起点存储的是 1，终点存储的是 $n\times m$。

算法如下：

```
int n = 5, m = 4;
int fx[8] = {1,2,2,1, - 1, - 2, - 2, - 1},fy[8] = {2,1, - 1, - 2, - 2, - 1,1,2},a[5][4];    // 下标从 1 开始
int dep, x, y, count;
main( )
  { int i, j;
    count = 0;
    dep = 1;
    print("input x, y");
    input(x, y);
    if (x > n or y > m or x < 1 or y < 1)
      { print("x, y error!");
        return; }
    for(i = 1; i <= n; i = i + 1)
      for(j = 1; j <= m; j = j + 1)
```

```
        a[i][j] = 0;
    a[x][y] = 1;
    find(x,y,2);
    if (count = 0)
      print("Non solution!");
    else
      print("count = ",count);
    }
  find(int x,int y,int dep)
    {int i,xx,yy;
     for(i = 1; i <= 8; i = i + 1)                  // 加上方向增量,形成新的坐标
      {xx = x + fx[i];
       yy = y + fy[i];
       if (check(xx,yy) = 1)                        // 判断新坐标是否出界,是否已走过
        {a[xx][yy] = dep;                           // 走向新的坐标
         if (dep = n * m)
           output( );
         else
           find(xx,yy,dep + 1);                     // 从新坐标出发,递归下一层
         a[xx][yy] = 0;                             // 回溯,恢复未走标志
         }
      }
    }
output( )
{count = count + 1;
print("换行符");
print("count = ",count);
for(y = 1; y <= n; y = y + 1)
    {print("换行符");
    for(x = 1; x <= m; x = x + 1)
        print(a[y][x]);
    }
}
```

【思考】 请读者仿照前面的例题自己编写判断新坐标是否出界,是否已走过的函数check(x,y)。

【例 8】 素数环问题。

把 1～20 这 20 个数摆成一个环,要求相邻的两个数的和是一个素数。

算法设计:非常明显,这是一道需要进行尝试的题目。而且是在必要时必须进行回溯。尝试搜索从 1 开始,每个空位有 2～20 共 19 种可能,约束条件就是填进去的数满足以下两条。

(1) 与前面的数不相同(填入的数据不重复);

(2) 与前面相邻数据的和是一个素数。

特别注意,第 20 个数还要判断和第 1 个数的和是否素数。

根据模块化的思想,重复判断数据,判断相邻数据的和是否是素数,分别编写成独立的函数。

算法如下:

```
main( )
{int a[20],k;                                       // 下标从 1 开始
```

```
for (k = 1; k <= 20; k = k + 1)
    a[k] = 0;
a[1] = 1;
try(2);
}
try(int i)
{int k
for (k = 2; k <= 20; k = k + 1)
    if (check1(k,i) = 1 and check3(k,i) = 1)
          {a[i] = k;
           if (i = 20)
              output( );
           else
              {try(i + 1);
               a[i] = 0; }
           }
 }
check1(int j,int i)
  {int k;
   for (k = 1; k <= i - 1; k = k + 1)
       if (a[k] = j)
          return(0);
     return(1);
     }
check2(int x)
{int k,n;
 n = sqrt(x);                                        // sqrt()开平方
 for (k = 2; k <= n; k = k + 1)
     if (x mod k = 0)
         return(0);
 return(1);
 }
check3(int j,int i)
{ if (i < 20)
       return(check2(j + a[i - 1]));
   else
       return(check2(j + a[i - 1]) and check2(j + a[1]));
   }
   output( )
   {int k;
    for (k = 1; k <= 20; k = k + 1)
        print(a[k]);
    print("换行符");
    }
```

算法说明:这个算法中也要注意在回溯前要"清理现场",也就是置 $a[i]$为 0。

回溯算法不仅能搜索问题的解,也可能构造问题的解,看以下例子。

【例 9】 找 n 个数中 r 个数的组合。

算法设计:3.1.3 节例 9 中曾利用循环嵌套和递归控制结构解决过这个问题,这里用回溯法来构造自然数的各种组合。

问题的解空间为一组 r 元一维向量$(a_1,a_2,\cdots,a_r)$,$1\leqslant a_i\leqslant n$,$1\leqslant i\leqslant r$。用一维数组 a 存储正在搜索的向量。

怎样进行搜索？怎样表示搜索过程中的约束条件？下面通过实例来归纳这些算法的要点。仍以 $n=5, r=3$ 为例，组合结果如下：

```
5    4    3
5    4    2
5    4    1
5    3    2
5    3    1
5    2    1
4    3    2
4    3    1
4    2    1
3    2    1
```

分析数据的特点，搜索时依次对数组（一维向量）元素 $a[1]$，$a[2]$，$a[3]$进行尝试：

$a[ri]i1\sim i2$，

$a[1]$尝试范围 $5\sim3$，

$a[2]$尝试范围 $4\sim2$，

$a[3]$尝试范围 $3\sim1$，

且有这样的规律：后一个元素至少比前一个数小 1；$ri+i2$ 均为 $4=r+1$，$ri+i1$ 均为 $6=n+1$。

归纳为一般情况：

$a[1]$尝试范围 $n\sim r$，$a[2]$尝试范围 $n-1\sim r-1$，……，$a[r]$尝试范围 $n-r+1\sim1$。

由此，搜索过程中的约束条件为 $ri+a[ri]\geqslant r+1$，若 $ri+a[ri]<r+1$ 就要回溯到元素 $a[ri-1]$搜索，特别地 $a[r]=1$ 时，回溯到元素 $a[r-1]$搜索。

算法如下：

```
main( );
  {int n,r,a[20];
   print("n,r = ");
   input(n,r);
   if (r > n)
     print("Input n,r error!");
   else
     comb(n,r,a);
   }
comb(int n,int r,int a[])
    {int i,ri;
     ri = 1; a[1] = n;
     while (a[1]> r - 1)
       if (ri < r)                          // 没有搜索到底
         {if (ri + a[ri]> = r + 1)          // 是否回溯
            {a[ri + 1] = a[ri] - 1;
              ri = ri + 1; }
          else
              {ri = ri - 1;
                a[ri] = a[ri] - 1; }         // 回溯
```

```
        else
         { for(j = 1; j < = r; j = j + 1)          // 输出组合数
              print(a[j]);
           print("换行符");
           if (a[r] = 1)                           // 是否回溯
             {ri = ri - 1;
              a[ri] = a[ri] - 1; }                 // 回溯
           else
              a[ri] = a[ri] - 1;                   // 搜索到下一个数
           }
   }
```

5.4.4 应用 2——排列及排列树的回溯搜索

有一类问题是应该在排列树中进行搜索的,而 n 个数据的排列是不易枚举的。如 8 皇后问题中,要求各行 8 皇后不同列,则 8 皇后的列号就是 n 个数据的一个排列,问题的解可以在 $n!$ 个排列中搜索。而在 5.4.1 节中是通过枚举了每个皇后可能的 8 个位置,在 8^8 的空间中,并将不同列作为约束条件进行搜索的,这样的效率当然要低一些。5.4.3 节的例 8 也是如此。

本小节先学习用回溯法构造 n 个数据的不同排列,再介绍如何对排列树进行搜索。

下面的例子类似 5.4.1 节中 8 皇后问题的算法 3,也在 n^n 的空间中进行搜索,并用数组记录前面数据的排列情况。

【例 10】 输出自然数 $1\sim n$ 所有不重复的排列,即 n 的全排列。

算法设计:n 的全排列是一组 n 元一维向量,$(x_1,x_2,x_3,\cdots,x_n)$,搜索空间是:

$$1\leqslant x_i\leqslant n\quad i=1,2,3,\cdots,n$$

约束条件很简单,即 x_i 互不相同。

怎样在搜索过程中检查是否满足约束条件呢?一般的方法是与本节例 7 一样设计 check( )函数进行判断,check( )函数中当前元素与前面的元素进行逐个比较。这里采用 3.2.3 节"数组记录状态信息"的技巧,设置 n 个元素的一维数组 d,其中的 n 个元素用来记录数据 $1\sim n$ 的使用情况,已使用置 1,未使用置 0。

算法如下:

```
int p = 0,n,a[100],d[100];
main( )
{int j;
 print('Input n = ');
 input(n);
 for(j = 1; j < = n; j = j + 1)
   d[j] = 0;
 try(1);
}
try(int k)
    {int j;
     for(j = 1; j < = n; j = j + 1)
       {if (d[j] = 0)
         {a[k] = j;
           d[j] = 1; }
```

```
        else
          continue;
        if (k<n)
            try(k+1);
        else
            {p=p+1;
             output(); }
        d[a[k]]=0;
      }
    }
output( )
  {int j;
   print(p,": ")
   for(j=1; j<=n; j=j+1)
      print(a[j]);
   print("换行符");
}
```

算法说明：变量 p 记录排列的组数，k 为当前处理的第 k 个元素。

算法分析：用以上回溯搜索算法完成的全排列问题的复杂度为 $O(n^n)$，不是一个好的算法。因此不可能用它的结果去搜索排列树。下面的全排列算法的复杂度为 $O(n!)$，其结果可以为搜索排列树所用。

【例 11】 全排列算法另一解法——也是搜索排列树的算法框架。

算法设计：根据全排列的概念，定义数组初始值为(1,2,…,n)，这是全排列中的一种结果，然后通过数据间的交换，则可产生所有的不同排列。

算法如下：

```
int a[100],n,s=0;
main( )
{int i;
 input(n);
 for(i=1; i<=n; i=i+1)
    a[i]=i;
 try(1);
 print("换行符","s=",s);
}
try(int t)
{int j;
 if (t>n)
   {output( ); }
 else
    for(j=t; j<=n; j=j+1)
    {swap(t,j);
     try(t+1);
     swap(t,j);                          // 回溯时,恢复原来的排列
    }
 }
output( )
{int j;
 print("换行符");
 for(j=1; j<=n; j=j+1)
   print(a[j]);
```

```
s = s + 1;
}
swap(int t1,int t2)
{int t;
 t = a[t1];
 a[t1] = a[t2];
 a[t2] = t; }
```

算法说明：

(1) 有的读者可能会想 try( )函数中，不应该出现自身之间的交换，for 循环是否应该改为“for(j=t+1; j<=n; j=j+1)”？回答是否定的。以实例说明，当 $n=3$ 时，算法的输出是：123,132,213,231,321,312。排列 123 的输出说明第一次到达叶结点是不经过数据交换的，排列 132 中的 1 也是不进行交换的结果。

(2) for 循环体中的第二个 swap( )调用，是用来恢复原顺序的，这就是前面提到的回溯还原操作。为什么要有如此操作呢？还是通过实例进行说明，排列“132”是由“123”进行 2，3 交换得到的，同样排列“213”是由“123”进行 1,2 交换得到的，所以在每次回溯时，都要恢复本次操作前的原始顺序。

【注意】 对此算法不仅要理解，而且要记忆，因为它是解决所有与排列有关问题的算法框架。

【例 12】 按排列树搜索解决 8 皇后问题。

算法设计： 利用例 11“枚举”出的所有 1～n 排列，从中选出满足约束条件的解来。这时约束条件就只有“皇后不在同一对角线上”，而不需要“皇后在不同列”的约束条件了。

和例 6 的算法 3 一样，用数组 c,d 记录每个对角线的占用情况。

算法如下：

```
int a[100],n,s = 0,c[20],d[20];
main( )
{int i;
 input(n);
 for(i = 1; i < = n; i = i + 1)
   a[i] = i;
 for (i = 1; i < = n; i = i + 1)
 {   c[i] = 0;
     c[n + i] = 0;
     d[i] = 0;
     d[n + i] = 0; }
 try(1);
 print("s = ",s);
 }
 try(int t)
 {int j;
 if (t > n)
   {output( ); }
 else
  for(j = t; j < = n; j = j + 1)
  {swap(t,j);
   if (c[t + a[t]] = 0 and d[t - a[t] + n] = 0)     // 是否满足不在同一对角线
     {c[t + a[t]] = 1;
      d[t - a[t] + n] = 1;
```

```
        try(t+1);
        c[t+a[t]]=0;
        d[t-a[t]+n]=0;
       }
    swap(t,j);
   }
}
output( )
{int j;
print("换行符");
for(j=1; j<=n; j=j+1)
    print(a[j]);
s=s+1;
}
swap(int t1,int t2)
{int t;
 t=a[t1];
 a[t1]=a[t2];
 a[t2]=t; }
```

【思考】 类似地,按排列树搜索方法也可以解决例8素数环等问题,请大家尝试完成。对于解空间为排列树的最优化问题,5.4.5节介绍,基本算法框架是一样的。

5.4.5 应用3——最优化问题的回溯搜索

前面的例题都是在回溯搜索过程中找解决问题的方案,这一节学习用回溯算法解决最优化问题。直观的方法就是在搜索全部解的过程中经过比较,从而确定和保留最优解。如下面的例子。

【例13】 一个有趣的高精度数据:构造一个尽可能大的数,使其从高到低满足前一位能被1整除,前2位能被2整除,……,前n位能被n整除。

数学模型:记高精度数据为$a_1,a_2,\cdots,a_n$,题目很明确有两个要求:

(1) a_1能被1整除且$(a_1\times10+a_2)$能被2整除且……$(a_1\times10^{n-1}+a_2\times10^{n-2}+\cdots+a_n)$能被$n$整除;

(2) 求最大的这样的数。

算法设计:此数只能用从高位到低位逐位尝试,失败回溯的算法策略求解,生成的高精度数据用数组从高位到低位存储,1号元素开始存储最高位。此数的大小无法估计不妨为数组开辟100个空间。

算法中数组A为当前求解的高精度数据的暂存处,数组B为当前最大的满足条件的数。

算法的首位$A[1]$(最高位)从1开始枚举。以后各位从0开始枚举。所以求解出的满足条件的数据之间只需要比较位数就能确定大小。n为当前满足条件的最大数据的位数,i为当前满足条件数据的位数,当$i\geqslant n$就认为找到了更大的解。当$i>n$不必解释,位数多数据一定大;$i=n$时,由于尝试是由小到大进行的,虽然位数相等,但后来满足条件的数据一定比前面的大。

算法细节在算法说明中解释。

算法如下：

```
main( )
{int A[101],B[101];
int i,j,k,n,r;
A[1] = 1;
for(i = 2; i <= 100; i = i + 1)               // 置初值：首位为 1,其余为 0
    A[i] = 0;
n = 1;
i = 1;
while(A[1]<= 9)
  {if (i >= n)                                 // 发现有更大的满足条件的高精度数据
    {n = i;                                    // 转存到数组 B 中
     for (k = 1; k <= n; k = k + 1)
       B[k] = A[k];
     }
  i = i + 1;
  r = 0;
  for (j = 1; j <= i; j = j + 1)               // 检查第 i 位是否满足条件
    {r = r * 10 + A[j];
     r = r mod i; }
  if (r <> 0)                                  // 若不满足条件
    {A[i] = A[i] + i - r;                      // 第 i 位可能的解
     while (A[i]> 9 and i > 1)                 // 搜索完第 i 位的解,回溯到前一位
         {A[i] = 0;
          i = i - 1;
          A[i] = A[i] + i; }
    }
  }
}
```

算法说明：

(1) 从 $A[1]=1$ 开始,每增加一位 $A[i]$(初值为 0)先计算 $r=(A[1]\times10^{i-1}+A[2]\times10^{i-2}+\cdots+A[i])$,再测试 $r=r \bmod i$ 是否为 0。

(2) $r=0$ 表示增加第 i 位后,满足条件,与原有满足条件的数(存在数组 B 中)比较,若前者大,则更新后者(数组 B),继续增加下一位。

(3) $r\neq0$ 表示增加 i 位后不满足整除条件,接下来算法中并不是继续尝试 $A[i]=A[i]+1$,而是继续尝试 $A[i]=A[i]+i-r$,因为若 $A[i]=A[i]+i-r\leqslant9$ 时,$(A[1]\times10^{i-1}+A[2]\times10^{i-2}+\cdots+A[i]-r+i) \bmod i$ 肯定为 0。这样可减少尝试次数。如：17 除 5 余 2,$17-2+5$ 肯定能被 5 整除。

有读者肯定会想$(A[1]\times10^{i-1}+A[2]\times10^{i-2}+\cdots+A[i]-r) \bmod i$ 也肯定为 0,为什么不尝试 $A[i]=A[i]-r$,因 $A[i]$初值为 0,这样必然要退(借)位,就会破坏前 $i-1$ 位已满足条件的前提。

(4) 同理,当 $A[i]-r+i>9$ 时,要进位也不能算满足条件。这时,只能将此位恢复初值 0 且回退到前一位($i=i-1$),尝试 $A[i]=A[i]+i$,以此类推。这正是算法中最后一个 while 循环所做的工作。

(5) 当回溯到 $i=1$ 时,$A[1]$加 1 开始尝试首位为 2 的情况,最后直到将 $A[1]=9$ 的情况尝试完毕,算法结束。

【注意】 最优化问题一般都可以通过找出全部解方法，从而确定其中的最优解，但这样做算法的效率肯定得不到保证。在搜索解的过程中，可以根据前期解的信息，确定某些分支一定达不到最优解而不去搜索这些分支，以提高算法效率。

就本题而言可以考虑每一位都从 9 开始尝试，这样只有搜索到更多位数的解时，才算找到了更大的解，可以减少记录当前最大解的操作。

【例 14】 流水作业车间调度。

n 个作业$\{1,2,\cdots,n\}$要在由两台机器 M_1 和 M_2 组成的流水线上完成加工。每个作业加工的顺序都是先在 M_1 上加工，然后在 M_2 上加工。M_1 和 M_2 加工作业 i 所需的时间分别为 a_i 和 b_i。流水作业调度问题要求确定这 n 个作业的最优加工顺序，使得从第一个作业在机器 M_1 上开始加工，到最后一个作业在机器 M_2 上加工完成所需的时间最少。作业在机器 M_1 和 M_2 的加工顺序相同。

算法设计：

(1) 问题的解空间是一棵排列树，简单的解决方法就是在搜索排列树的同时，不断更新最优解，最后找到问题的解。算法框架和例 11 完全相同，用数组 x(初值为 $1,2,3,\cdots,n$)模拟不同的排列，在不同排列下计算加工耗时情况。

(2) 机器 M_1 进行顺序加工，其加工 f_1 时间是固定的，$f_1[i]=f_1[i-1]+a[x[i]]$。机器 M_2 则有可能空闲(如图 5-19(a)所示)或积压(如图 5-19(b)所示)的情况，总加工时间 f_2，当机器 M_2 空闲时，$f_2[i]=f_1[i]+b[x[i]]$；当机器 M_2 有积压情况出现时，$f_2[i]=f_2[i-1]+b[x[i]]$。总加工时间就是 $f_2[n]$。

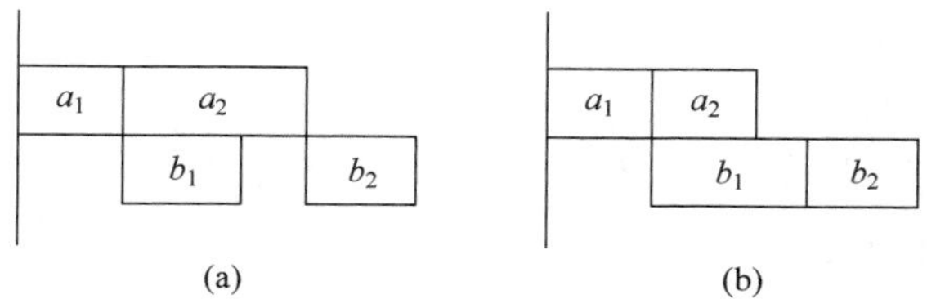

图 5-19 加工顺序

(3) 一个最优调度应使机器 M_1 没有空闲时间，且机器 M_2 的空闲时间最少。在一般情况下，当作业按在机器 M_1 上由小到大排列后，机器 M_2 的空闲时间较少，当然，最少情况一定还与 M_2 上的加工时间有关。所以，还需要对解空间进行搜索，但排序后可以尽快找到接近最优的解。

(4) 经过排序，就会尽快出现一个接近最优的解，在以后的搜索过程中，当某一排列前几步的加工时间，已经大于当前总加工时间的最小值时，就不进行进一步的搜索计算了，这个操作就称为"限界操作"，它减小了搜索范围，提高了搜索效率。

数据结构设计：

(1) 用二维数组 job[100][2]存储作业在 M_1，M_2 上的加工时间。

(2) 由于 f_1 在计算中，只需要当前值，所以用变量存储即可；而 f_2 在计算中，还依赖前一个作业的数据，所以有必要用数组存储。

算法如下：

```
int job[100][2],x[100],bestx[100],n,f1 = 0,bestf,f2[100] = {0};
main( )
```

```
{int i,j;
input(n);
for(i = 1; i <= 2; i = i + 1)
  for(j = 1; j <= n; j = j + 1)
     input(job[j][i]);
bestf = 32767;
for(i = 1; i <= n; i = i + 1)
     x[i] = i;
try(1);
for(i = 1; i <= n; i = i + 1)
     print(bestx[i]);
print(bestf);
}
try(int i)
{int j;
if (i = n + 1)
    {for(j = 1; j <= n; j = j + 1)
      bestx[j] = x[j];
     bestf = f2[i];
     }
else
   for(j = i; j <= n; j = j + 1)
     {f1 = f1 + job[x[j]][1];
      if(f2[i - 1]> f1)
         f2[i] = f2[i - 1] + job[x[j]][2];
     else
         f2[i] = f1 + job[x[j]][2];
     if (f2[i]< bestf)
          {swap(x[i],x[j]);
           try(i + 1);
           swap(x[i],x[j]); }
     f1 = f1 - job[x[j]][1];
    }
}
```

对解空间为排列树的最优化问题,都可以依此算法解决,且可以仿照本例加入相应的限界策略,提高搜索效率。

而对于解空间为子集树的最优化问题,可以仿照本节例 6、例 7、例 8,枚举问题中各元素的选取和不选取两种情况进行搜索,从中找出问题的最优解。

5.5 分支限界法

在现实生活中,有这样一类问题:问题有 n 个输入,而问题的解就由 n 个输入的某种排列或某个子集构成,只是这个排列或子集必须满足某些事先给定的条件。把那些必须满足的条件称为约束条件;而把满足约定条件的排列或子集称为该问题的可行解。满足约束条件的子集可能不止一个,也就是说可行解一般来说是不唯一的。为了衡量可行解的优劣,事先也可给出一定的标准,这些标准一般以函数形式给出,这些函数称为目标函数。那些使目标函数取极值的可行解,称为最优解。如工作安排问题,任意顺序都是问题的可行解,人们真正需要的是最省时间的最优解。

用回溯算法解决问题时，是按深度优先的策略在问题的状态空间中，尝试搜索可能的路径，不便于在搜索过程中对不同的解进行比较，只能在搜索到所有解的情况下，才能通过比较确定哪个是最优解。这类问题更适合用广度优先策略搜索，因为在扩展结点时，可以在E-结点的各个子结点之间进行必要的比较，有选择地进行下一步扩展。这里要介绍的分支限界法就是一种较好的解决最优化问题的算法。分支限界法是由“分支”策略和“限界”策略两部分组成。“分支”策略体现在对问题空间是按广度优先的策略进行搜索；“限界”策略是为了加速搜索速度而采用启发信息剪枝的策略。

5.5.1 分支搜索算法

分支搜索法是一种在问题解空间上进行搜索尝试的算法。所谓“分支”是采用广度优先的策略，依次搜索 E-结点的所有分支，也就是所有的相邻结点。和回溯法一样，在生成的结点中，抛弃那些不满足约束条件(或者说不可能导出最优可行解)的结点，其余结点加入活结点表。然后从表中选择一个结点作为下一个 E-结点，继续搜索。选择下一个 E-结点的方式不同，会出现几种不同的分支搜索方式。

1. FIFO 搜索

先进先出(first in first out，FIFO)搜索算法要依赖“队”做基本的数据结构。一开始，根结点是唯一的活结点，根结点入队。从活结点队中取出根结点后，作为当前扩展结点。对当前扩展结点，先从左到右地产生它的所有孩子，用约束条件检查，把所有满足约束函数的孩子加入活结点队列中。再从活结点表中取出队首结点(队中最先进来的结点)为当前扩展结点，……，直到找到一个解或活结点队列为空为止。

2. LIFO 搜索

后进先出(last in first out，LIFO)搜索算法要依赖“栈”做基本的数据结构。一开始，根结点入栈。从栈中弹出一个结点为当前扩展结点。对当前扩展结点，先从左到右地产生它的所有孩子，用约束条件检查，把所有满足约束函数的孩子入栈，再从栈中弹出一个结点(栈中最后进来的结点)为当前扩展结点，……，直到找到一个解或栈为空为止。

3. 优先队列式搜索

为了加速搜索的进程，应采用有效地方式选择 E-结点进行扩展。优先队列(priority queue)式搜索，对每一活结点计算一个优先级(某些信息的函数值)，并根据这些优先级，从当前活结点表中优先选择一个优先级最高(最有利)的结点作为扩展结点，使搜索朝着解空间树上有最优解的分支推进，以便尽快地找出一个最优解。这种扩展方式要到 5.5.2 节才会用到。

下面用 FIFO 搜索方式为例，学习分支搜索算法。

【例 15】 布线问题：如图 5-20 所示，印制电路板将布线区域划分成 $n \times m$ 个方格。精确的电路布线问题要求确定连接方格 a 的中点到方格 b 的中点的最短布线方案。在布线时，电路只能沿直线或直角布线。为了避免线路相交，已经布线的方格做了封锁标记(图中阴影部分)，其他线路不允许穿过被封锁的方格。

算法选择：题目的要求是要找到最短的布线方案，从图 5-20 的情况看，可以用贪婪算法解决问题,也就是从 a 开始朝着 b 的方向垂直布线即可。实际上,再看一下图 5-21,就知道贪婪算法策略是行不通的。因为已布线的方格是没有规律的,所以直观上说只能用搜索方法去找问题的解。

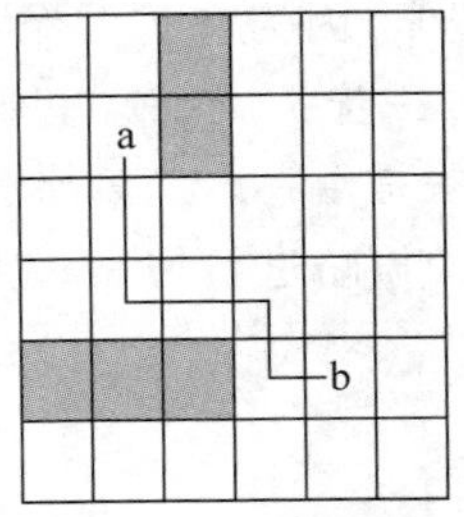

图 5-20　一个布线区域和布线方案

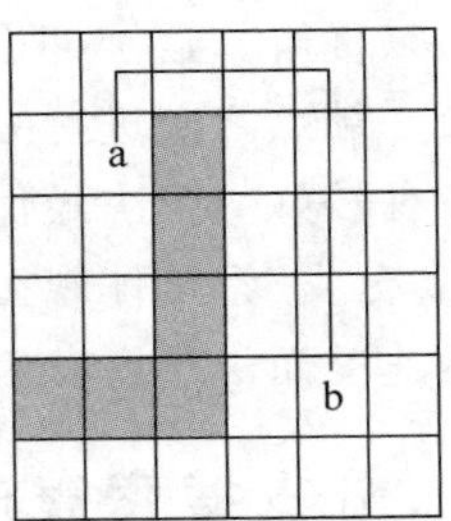

图 5-21　另一个布线区域和布线方案

2	1	2	3	4	5
1	a		4	5	6
2	1		5	6	7
3	2		6	7	8
			7	b	

图 5-22　a 到 b 的扩展活结点的过程

问题分析:根据布线方法的要求,除边界处或已布线处,每个 E-结点分支扩充的方向有 4 个,即上、下、左、右,也就是说一个 E-结点扩充后最多产生 4 个活结点。以图 5-21 的情况为例,图的搜索过程如图 5-22 所示。

搜索以 a 为第一个 E-结点,以后不断扩充新的活结点,直到 b 结束(当然反之也可以)。反过来从 b 到 a,按序号 8-7-6-5-4-3-2-1 就可以找到最短的布线方案。从图中也可以发现最短的布线方案是不唯一的。且由此可以看出,此问题适合用分支搜索方法。

算法设计:

(1) 初始化部分:开辟 $m \times n$ 的二维数组模拟布线区域,初始值均置为-1,表示没有被使用。已使用的位置,通过键盘输入其下标,将对应值置为 0。输入方格 a,b 的下标,存储在变量中。

(2) 用 FIFO 分支搜索的过程。

① 一开始,唯一的活结点是 a。

② 从活结点表中取出后为当前扩展结点。

③ 对当前扩展结点,按"上、下、左、右"的顺序,找可布线的位置,加入活结点队列中。

④ 再从活结点队列中取出一个结点为当前扩展结点……

⑤ 直到搜索到达 b 结点,然后按序号 8-7-6-5-4-3-2-1 输出最短的布线方案,算法结束。或活结点队列已为空,表示无解,算法结束。

(3) 可布线位置的识别。

可布线位置不能简单地认为是结点为-1的点,因为还要考虑数组越界的情况。反过来说不可布线的位置有两种情况。

① 已占用结点,标识为 0;

② 布线区域外的结点,标识比较复杂,是一个含四个关系表达式的逻辑表达式,结点下标(i,j)满足:

```
not (i > 0 and i < = m and j > 0 and j < = n)
```

第二种情况逻辑表达式较复杂,可以用设置“边界空间”的技巧,把以上两种不可布线的情况,都归纳为第一种情况,如图 5-23 所示,把布线区域扩充为 $(m+2)\times(n+2)$ 数组,边界置占用状态,就无须做越界的检查了。

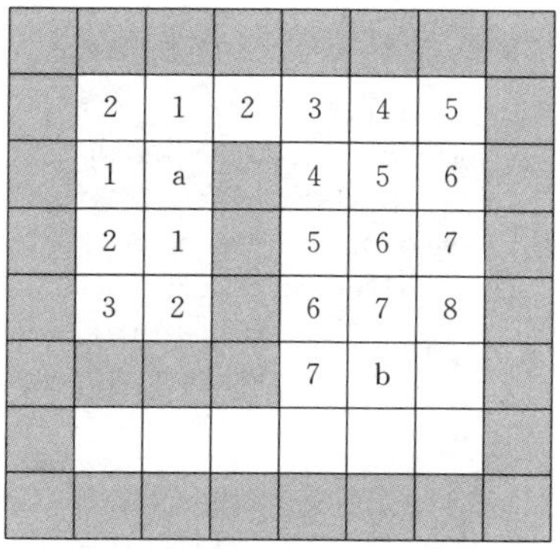

	2	1	2	3	4	5	
	1	a		4	5	6	
	2	1		5	6	7	
	3	2		6	7	8	
				7	b		

图 5-23 有边界的布线区域图

【注意】 这是一个用空间效率换取时间效率的技巧。

(4) 为了突出算法思想,关于队列的结构类型和操作,只用抽象的符号代替:

teamtype 为队列的类型说明符,具体可以是数组或链表;

inq(temp)结点 temp 入队 q;

outq(q)结点从队列 q 中出队,并返回队首结点;

empty(q)判断队列是否为空,空返回“真”,非空返回“假”。

队列操作的详细实现请参照数据结构中的算法。

算法如下:

```
struct node
 {int x,y;
 } stTRY,end;
int a[100][100];
teamtype q;
main( )
{int i,j,k;
struct node temp;
print("How many rows?");
input(m);
print("How many cols?");
input(n);
print("input stTRY and end?");
input(stTRY.x,stTRY.y);
input(end.x,end.y);
if (stTRY.x = end.x or stTRY.y = end.y) error( );
if (stTRY.x < 1 or stTRY.x > m or stTRY.y < 1 or stTRY.y > n) error( );
if (end.x < 1 or end.x > m or end.y < 1 or end.y > n) error( );
for(i = 1; i <= m; i = i + 1)
  for(j = 1; j <= n; j = j + 1)
    a[i][j] = - 1;
for(i = 1; i <= m; i = i + 1)                      // 设置边界
    a[i][0] = a[i][n + 1] = 0;
for(i = 0; i <= n + 1; i = i + 1)
    a[0][j] = a[m + 1][j] = 0;
print("input the node of tie-up");
input(temp.x,temp.y);                              // 设置占用区域
while(x <> 0)
    {a[x][y] = 0;
     input(temp.x,temp.y); }
k = search( );
if (k = - 1)
  print("Non solution");
else
```

```
  output(k);
}
search( )
{ struct node temp,temp1;
  inq(stTRY);
  k = 0;
  while(not empty(q))
      {temp = outq(q);
        if (a[temp.x - 1][temp.y] = - 1)                // 上
          { temp1.x = temp.x - 1;
            temp1.y = temp.y;
            k = k + 1;
            a[temp1.x][temp1.y] = k;
                if (temp1.x = end.x and temp1.y = end.y) return(k);
            inq(temp1);
          }
        if (a[temp.x + 1][temp.y] = - 1)                // 下
         { temp1.x = temp.x + 1;
           temp1.y = temp.y;
           k = k + 1;
           a[temp1.x][temp1.y] = k;
               if (temp1.x = end.x and temp1.y = end.y) return(k);
           inq(temp1);
      if (a[temp.x][temp.y - 1] = - 1)                  // 左
      { temp1.x = temp.x;
        temp1.y = temp.y - 1;
        k = k + 1;
        a[temp1.x][temp1.y] = k;
        if (temp1.x = end.x and temp1.y = end.y) return(k);
         inq(temp1);
      }
      if (a[temp.x][temp.y + 1] = - 1)                  // 右
      { temp1.x = temp.x;
        temp1.y = temp.y + 1;
        k = k + 1;
        a[temp1.x][temp1.y] = k;
        if (temp1.x = end.x and temp1.y = end.y) return(k);
        inq(temp1);
      }
    }
 return( - 1);
 }
 output(int k)
 {int x,y;
  print("(",end.x,",",end.y,")");
  x = end.x;
  y = end.y;
  while(k > 2)
     {k = k - 1;
      if (a[x - 1][y] = k)
        {x = x - 1;
         print("(",x,",",y,")");
         continue; }
     if (a[x + 1][y] = k)
```

```
        {x = x + 1;
         print("(",x,",",y,")");
         continue; }
      if (a[x][y - 1] = k)
        {y = y - 1;
         print("(",x,",",y,")");
         continue; }
      if (a[x][y + 1] = k)
        {y = y + 1;
         print("(",x,",",y,")");
         continue; }
      }
   print("(",stTRY.x,",",stTRY.y,")");
}
```

在回溯算法中，当前的E-结点记为F每次搜索一个孩子结点C，这个孩子结点就变成一个新的E-结点，原来的E-结点仍为活结点。当完全检测了子树C之后F结点就再次成为E-结点，搜索其他孩子。而在FIFO分支搜索方法中，在搜索当前E-结点全部孩子后，其孩子成为活结点，E-结点变为死结点；活结点存储在队列中，队首的活结点出队后变为E-结点，其再生成其他活结点的孩子……直到找到问题的解或活结点队列为空搜索才完毕。

下面再看一个用FIFO分支搜索方法求解最优解的问题。

【例16】 有两艘船和需要装运的 n 个货箱，第一艘船的载重量是 c_1，第二艘船的载重量是 c_2，w_i 是货箱 i 的重量，且 $w_1+w_2+\cdots+w_n \leqslant c_1+c_2$。希望确定是否有一种可将所有 n 个货箱全部装船的方法。若有，则找出该方法。

问题分析：先看一个实例，当 $n=3$，$c_1=c_2=50$，$w=\{10,40,40\}$ 时，可将货箱1，2装到第一艘船上，货箱3装到第二艘船上。但如果 $w=\{20,40,40\}$，则无法将货箱全部装船。由此可知问题可能有解、可能无解，也可能有多解。下面以找出问题的一个解为目标设计算法。

虽然是关于两艘船的问题，其实只讨论一艘船的最大装载问题即可。因为当第一艘船的最大装载为bestw时，若 $w_1+w_2+\cdots+w_n-\text{bestw} \leqslant c_2$ 则可以确定一种解，否则问题就无解。这样问题转化为第一艘船的最大装载问题。

算法设计1：转化为一艘船的最优化问题后，问题的解空间为一个子集树。也就是算法要考虑所有物品取、舍情况的组合，n 个物品的取舍组合共 2^n 次个分支，搜索子集树是NP-复杂问题。图5-24是 $n=3$ 的子集树，它是用FIFO分支搜索算法解决该问题的扩展结点的过程编号的。

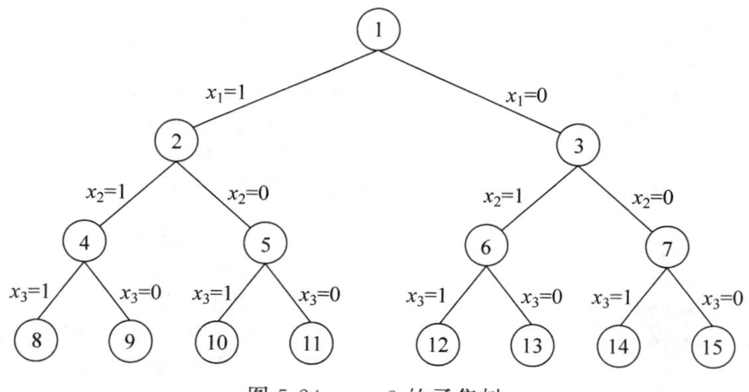

图5-24 $n=3$ 的子集树

(1) 用 FIFO 分支搜索所有的分支,并记录已搜索分支的最优解,搜索完子集树也就找出了问题的解。图 5-24 中结点 1 为第 0 层,是初始 E-结点;扩展后结点 2,3 为第 1 层……最后结点 8,9,10,…,15 为第 3 层。

(2) 要想求出最优解,必须搜索到叶结点。所以要记录树的层次,当层次为 $n+1$ 时,搜索完全部叶结点,算法结束。不同于回溯算法,分支搜索过程中活结点的"层"是需要标识的,否则在入队后无法识别结点所在的层。下面算法,每处理完一层让"-1"入队,以此来标识"层",并用记数变量 i 来记录当前层。

(3) 每个活结点要记录当前船的装载量。

(4) 为了突出算法思想,对数据结构队及其操作只进行抽象描述。用 Queue 代表队列类型,则 Queue Q; 定义了一个队列 Q,相关操作有:

add(Q,…)表示入队;

Empty(Q)测试队列是否为空,为空返回真值;

Delete(Q,…); 表示出队。

算法 1 如下:

```
float bestw,w[100];
int n;
Queue Q;
main( )
 { float c1,c2,s = 0;
    int i;
    input(c1,c2,n);
    for(i = 1; i < = n; i = i + 1)
       {input(w[i]);
          s = s + w[i]; }
    if (s < = c1 or s < = c2)
       {print("need only one ship");
         return; }
    if (s > c1 + c2)
       {print("Non solution");
          return; }
    MaxLoading(c1);
    if (s-bestw < = c2);
        {print("The first ship loading",bestw);
         print("The second ship loading",s-bestw); }
    else
        print("Non solution");
 }
MaxLoading(float c)                          // 返回最优装载值
{ Add(Q, - 1);                               // 初始化活结点队列,标记分层
   int i = 1;                                // E-结点的层
   ew = 0;                                   // 当前船的装载量
   bestw = 0;                                // 目前的最优值
   while (not Empty(Q))                      // 搜索子集空间树
       {if (ew + w[i]< = c)                  // 检查 E-结点的左孩子,物品 i 是否可以装载
           AddLiveNode(ew + w[i],i);         // 物品 i 可以装载
       AddLiveNode(ew,i);                    // 右孩子总是可行的,不装载物品 i
       Delete(Q,ew);                         // 取下一个 E-结点
       if (ew = - 1)                         // 到达层的尾部
```

```
        { if (Empty(Q)) return bestw;
          Add(Q, -1);                        // 添加分层标记
          Delete(Q,ew);                      // 取下一个 E-结点
          i = i + 1; }                       // ew 的层
      }
}
AddLiveNode(float wt, int i)
{if (i = n)
    { if (wt > bestw)                        // 是叶子
      bestw = wt; }
else
    Add(Q,wt);                               // 不是叶子
}
```

算法分析：子集树搜索的时间与空间复杂度均为 $O(2^n)$。

5.5.2 分支限界搜索算法

这里先通过实际的例子认识“分支限界(branch and bound)搜索算法”，接 5.5.1 节继续讨论例 16。

算法设计 2：用 FIFO 分支限界搜索算法解决例 16 的问题。

5.5.1 节例 16 的算法 1 存在的问题与改进方法如下。

(1) 在可解的情况下，没有给出每艘装载物品的方案。

回溯法是用一个数组在搜索中记录解方案的，数组的大小与解向量的大小相同。而分支搜索算法以广度优先的思想搜索，同时存在的活结点很多，用固定大小的一维数组不易存储它们，且活结点之间的扩展关系也不能准确存储。要想记录第一艘船最大装载的方案，可以像 5.2.2 节中的例子用一个结点较大的数组队列记录解方案。

这里采用显式地构造解空间二叉树的方法，问题的解就是二叉树中的某一个分支。这个解是要搜索到二叉树的叶结点才能确定的，且只需要记录最优解的叶结点，就能找到问题的解。比较方便的存储方式是二叉树要有指向父结点的指针，以便从叶结点回溯寻找解的方案。又为了方便知道当前结点对物品的取舍情况，还要记录当前结点是父结点的哪一个孩子。

数据结构：由上面的分析，树中结点的信息包括物品重量 Weight、父指针 Parent、是否左孩子 Lchild(值为 1 为左孩子，表示取该物品；值为 0 为右孩子，表示不取该物品)。同时这些结点的地址又是搜索队列的元素，队列操作与算法 1 相同。

(2) 算法 1 是在对子集树进行盲目搜索，是 NP 类问题。虽然不能将搜索算法改进为多项式级的复杂度，但若在算法中加入了“限界”技巧，还是能降低算法的复杂度的。

要想进行算法改进，当前最大装载 bestw 就不能只是在搜索到叶结点才确定，而是每次搜索到要装载的情况(搜索左孩子)时，都要重新确定 bestw 的值。一个简单的现象，若当前分支的“装载上界”比当前的最大装载 bestw 小，则该分支就无须继续搜索。而一个分支的“装载上界”也是容易求解的，就是假设装载当前物品以后的所有物品。

举一个简单的例子，有 3 件物品重量为 $w=\{50,10,10\}$，装载量为 $c_1=60$。问题所构成的子集树如图 5-25 所示，x_i 为 1 表示选取第 i 件物品，x_i 为 0 表示不选取第 i 件物品。

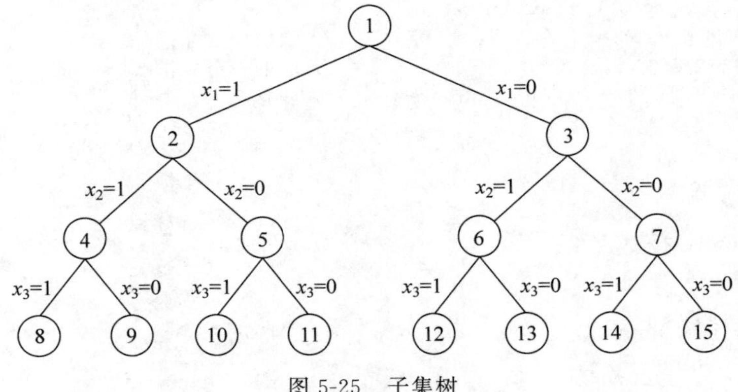

图 5-25　子集树

搜索结点 3 时可以确定它不必被扩充为活结点；因为扩展结点 1 后，就知道最大装载量不会小于 50，而扩展结点 3 时发现此分支的"装载上界"为 $w_2+w_3=20<50$，无须搜索此分支，结点 3 不必入队。

数据结构：为了方便计算一个分支的"装载上界"，用变量 r 记录当前层以下分支的最大重量。

算法 2 如下：

```
float bestw,w[100],bestx[100];
int n;
Queue Q;
struct QNode
  { float weight;
    QNode * parent;
    QNode LChild;
  };
main( )
  {int c1,c2,n,s = 0,i;
    input(c1,c2,n);
    for(i = 1; i < = n; i = i + 1)
      {input(w[i]);
        s = s + w[i]; }
    if (s < = c1 or s < = c2)
       {print("need only one ship");
        return; }
    if (s > c1 + c2)
       {print("Non solution");
        return; }
    MaxLoading(c1);
    if (s-bestw < = c2);
      {print("The first ship loading",bestw,"choose: ");
       for(i = 1; i < = n; i = i + 1)
         if(bestx[i] = 1)
           print(i,",");
      print("换行符 The second ship loading",s-bestw,"choose");
       for(i = 1; i < = n; i = i + 1)
          if(bestx[i] = 0)
            print(i,",");
      }
```

```
   else
     print("Non solution");
}
AddLiveNode(folat wt,int i,QNode * E,int ch)
{ Qnode * b;
  if (i = n)                              // 若是叶子
  { if (wt > bestw)                        // 目前的最优解
    { bestE = E;
      bestx[n] = ch; }                     // bestx[n] 取值为 ch
  return;
    }
  b = new QNode;                           // 不是叶子,添加到队列中
  b -> weight = wt;
  b -> parent = E;
  b -> LChild = ch;
  add (Q,b);
  }
MaxLoading(int c)
{Qnode * E;                                // 活结点队列
  int i = 1;                               // E-结点的层
  add (Q,0);                               // 0 代表分层标记
  E = new QNode;
  E -> weight = 0;                         // E-结点的重量
  E -> parent = null;
  E -> Lchild = 0;
  add (Q,E);
  Ew = 0;                                  // E-结点的重量
  bestw = 0;                               // 迄今得到的最优值
  r = 0;                                   // E-结点中余下的重量
  for (int j = 2; j <= n; j = j + 1)
     r = r + w[j];
  while (true)                             // 搜索子集空间树
  { wt = Ew + w[i];                        // 检查 E-结点的左孩子
    if (wt <= c)                           // 可行的左孩子
      { if (wt > bestw)
          bestw = wt;
        AddLiveNode(wt,i,E,1);
      }
    if (Ew + r > bestw)                    // 检查右孩子
          AddLiveNode(Ew,i,E,0);
    Delete (Q,E);                          // 下一个 E-结点
     if (E = 0)                            // 层的尾部
      {if (Empty(Q))
         break;
        add (Q 0);                         // 分层标记
        Delete(Q,E);                       // 下一个 E-结点
        i = i + 1;                         // E-结点的层次
```

```
            r = r - w[i]; }                    // E-结点中余下的重量
            Ew = E -> weight;                  // 新的 E-结点的重量
            }
        for (j = n - 1; j > 0; j = j - 1)      // 沿着从 bestE 到根的路径构造 bestx
            {bestx[j] = bestE -> LChild;
             bestE = bestE -> parent; }
    return bestw;
    }
```

算法设计 3：用优先队列式分支限界搜索算法解决例 16 的问题。

5.5.1 节介绍了 3 种不同的分支搜索方式：FIFO、LIFO 和优先队列，前面介绍的算法都是用 FIFO 搜索方式。当然用 LIFO 搜索方式也同样可以设计出对应的算法，请读者尝试。

对于优先队列式扩展方式，不加入限界策略其实是无意义的，因为要说明解的最优性，必须搜索完问题全部解空间，才能下结论。那么先搜索哪一个结点就不重要了，也就是说考虑扩充结点的优先级就没有任何意义了。

优先队列式搜索通过结点的优先级，可以使搜索尽快朝着解空间树上有最优解的分支推进，这样当前最优解一定较接近真正的最优解。其后将当前最优解作为一个"标准"，对上界(或下界)不可能达到(或大于)这个"标准"的分支，则不去进行搜索，这样剪枝的效率更高，能较好地缩小搜索范围，从而提高搜索效率。这种搜索策略称为优先队列式分支限界法，即"LC-搜索"。

优先队列式分支限界搜索算法进行算法设计的要点如下。

(1) 结点扩展方式：无论哪种分支限界搜索算法，都需要有一张活结点表。优先队列的分支限界搜索算法将活结点组织成一个优先队列，并按优先队列中规定的结点优先级选取优先级最高的下一个结点成为当前扩展结点。

(2) 结点优先级确定：优先队列中结点优先级常规定为一个与该结点相关的数值 w，w 一般表示以该结点为根的子树中的分支(其中最优的分支)接近最优解的程度。

在本例中，以当前结点所在分支的装载上界为优先值。

(3) 优先队列组织：结点优先级确定后，按结点优先级进行排序，就生成了优先队列。

排序算法的时间复杂度较高，考虑到搜索算法每次只扩展一个结点，使用数据结构中介绍的堆排序比较合适，这样每次扩展结点时，交换的次数最少。

在本例中，采用最大堆来实现优先队列。为了突出算法本身的思想，对堆操作也只进行抽象的描述。

用 HeapNode 代表堆类型，则"HeapNode H;"表示定义了一个堆 H，相关操作有：

"Insert(H,…);"表示入堆；

"DeleteMax(H,…);"表示取出堆中的最大值。

数据结构设计：

(1) 要输出解的方案，在搜索过程中仍需要生成解结构树，其结点信息包括指向父结点的指针和标识物品取舍(或是父结点的左、右孩子)。

(2) 堆结点首先应该包括结点优先级信息：结点所在分支的装载上界 uweight；堆中无法体现结点的层次信息(Level)，只能存储在结点中。

AddLiveNode 用于把 bbnode 类型的活结点加到子树中，并把 HeapNode 类型的活结点插入最大堆。

选取 E-结点是在堆上进行的，堆结点增加指针类型成员 ptr，指向解结构树对应结点。

(3) 不同于算法 2，由于扩展结点不是按层进行的，在计算结点的所在分支的装载上界时，要用数组变量 r 记录各层以下的最大重量，这样可以随时方便使用各层结点的装载上界。

算法 3 如下：

```
HeapNode H[1000];
struct bbnode
{bbnode * parent;                              // 父结点指针
  int LChild; };                               // 当且仅当是父结点的左孩子时,取值为 1
struct HeapNode
{bbnode * ptr;                                 // 活结点指针
  float uweight;                               // 活结点的重量上限
  int level; };                                // 活结点所在层
AddLiveNode(float wt, int lev, bbnode * E, int ch)
{bbnode * b = new bbnode;
 b -> parent = E;
 b -> LChild = ch;
 HeapNode N;
 N.uweight = wt;
 N.level = lev;
 N.ptr = b;
 Insert(H,N);
}
MaxLoading(float c, int n, int bestx[])
{froat r[100],Ew,bestw = 0;                    // r[j]为 w [ j + 1: n ]的重量之和
 r[n] = 0;
 for (int j = n - 1; j > 0; j = j - 1)
     r[j] = r[j + 1] + w[j + 1];
 int i = 1;                                    // 初始化 E-结点的层
 bbnode * E = 0;                               // 当前 E-结点
 Ew = 0;                                       // E-结点的重量
 // 搜索子集空间树
 while (i <> n + 1)                            // 不在叶子上
    { if (Ew + w[i]<= c)                       // 可行的左孩子
         {AddLiveNode(Ew + w[i] + r[i], i + 1, E, 1); }
     if (bestw < Ew + w[i])
         bestw = Ew + w[i];
     if(bestw < Ew + r[i])                     // 可行的右孩子
         AddLiveNode(Ew + r[i], i + 1, E, 0);
     DeleteMax(H,E);                           // 取下一个 E-结点
     i = N.level;
     E = N.ptr;
     Ew = N.uweight - r[i - 1];
    }
 for (int j = n; j > 0; j = j - 1)             // 沿着从 E-结点 E 到根的路径构造 bestx[]
     {bestx[j] = E -> LChild;
       E = E -> parent;
     }
 return Ew;
}
```

算法说明：算法的复杂度仍为 $O(2^n)$，但通过限界策略，并没有搜索子集树中的所有结点，且由于每次都是选取的最接近最优解的结点扩展，所以当搜索到叶结点作 E-结点时，算

法就可以结束了。算法结束时堆并不一定为空。

算法 2 中在 FIFO 搜索算法中加入了“限界”策略，但由于 FIFO 搜索是盲目地扩展结点，当前最优解与真正的最优解距离较大，作为剪枝“标准”的界 bestw 所起到的作用很有限，不能有效提高搜索速度。

为了进一步理解算法，并与 FIFO 分支限界搜索算法进行比较，看下面一个简单的例子。

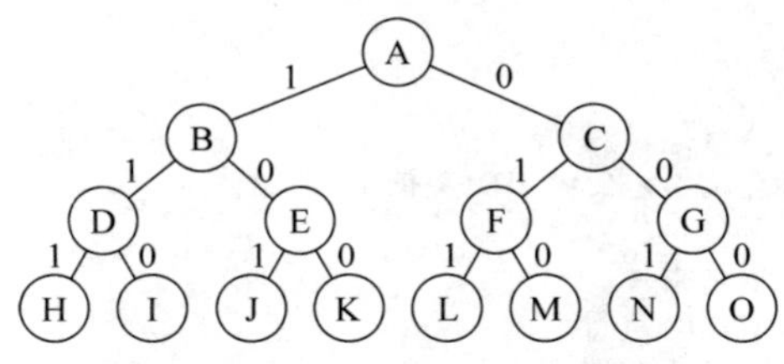

图 5-26 问题所构成的子集树

例如，当有 3 件物品重量为 $w=\{10,30,50\}$，装载量为 $c_1=60$。问题所构成的子集树如图 5-26 所示，1 表示取物品，0 表示不取物品。

FIFO 分支限界搜索过程为：

(1) 初始队列中只有结点 A。

(2) 结点 A 变为 E-结点扩充 B 入队，bestw=10；结点 C 的装载上界为 30+50=80>bestw，也入队。

(3) 结点 B 变为 E-结点扩充 D 入队，bestw=40；结点 E 的装载上界为 60>bestw，也入队。

(4) 结点 C 变为 E-结点扩充 F 入队，bestw 仍为 40；结点 G 的装载上界为 50>bestw，也入队。

(5) 结点 D 变为 E-结点，叶结点 H 超过容量，叶结点 I 的装载为 40，bestw 仍为 40。

(6) 结点 E 变为 E-结点，叶结点 J 装载量为 60，bestw 为 60；叶结点 K 被剪掉。

(7) 结点 F 变为 E-结点，叶结点 L 超过容量，bestw 为 60；叶结点 M 被剪掉。

(8) 结点 G 变为 E-结点，叶结点 N，O 都被剪掉。

(9) 此时队列空算法结束。

而 LC-搜索的过程如下：

(1) 初始队列中只有结点 A。

(2) 结点 A 变为 E-结点扩充 B 入堆，bestw=10；结点 C 的装载上界为 30+50=80>bestw，也入堆。且在堆中结点 B 的上界为 90，在优先队列首。

(3) 结点 B 变为 E-结点扩充 D 入堆，bestw=40；结点 E 的装载上界为 60>bestw，也入堆；此时堆中结点 D 的上界为 90，在优先队列首。

(4) 结点 D 变为 E-结点，叶结点 H 超过容量，叶结点 I 的装载为 40 入堆，bestw 仍为 40；此时堆中结点 C 的上界为 80，在优先队列首。

(5) 结点 C 变为 E-结点扩充 F 入堆，bestw 仍为 40；结点 G 的装载上界为 50>bestw，也入堆；此时堆中结点 E 的上界为 60，在优先队列首。

(6) 结点 E 变为 E-结点，叶结点 J 装载量为 60 入堆，bestw 变为 60；叶结点 K 上界为 10<bestw 被剪掉；此时堆中 J 上界为 60，在优先队列首。

(7) 结点 J 变为 E-结点，扩展的层次为 4，算法结束。虽然此时堆并不空，但可以确定已找到了最优解。

FIFO 分支限界搜索算法搜索解空间的过程是按图 5-26 子集树中字母序进行的，而优先队列分支限界搜索算法搜索解空间的过程是：A-B-D-C-E-J。

看了上面的例子大家会发现，优先队列法扩展结点的过程，一开始实际是在进行类似“深度优先”的搜索。

5.5.3 算法框架

5.5.2 节的例子是求最大值的最优化问题，下面以求找最小成本的最优化问题，给出 FIFO 分支限界搜索算法框架。

假定问题解空间树为 T，T 至少包含一个解结点(即答案结点)。u 为当前的最优解，初值为一个较大的数；E 表示当前扩展的活结点，x 为 E 的孩子，$s(x)$为结点 x 的下界函数，当其值比 u 大时，不可能为最优解，不继续搜索此分支，该结点不入队；当其值比 u 小时，可能达到最优解，继续搜索此分支，该结点入队；cost(X)为当前叶结点所在分支的解。

算法框架如下：

```
search(T)                                  // 为找出最小成本答案结点检索 T
  { leaf = 0;
   初始化队;
   ADDQ(T);                                // 根结点入队
   parent(E) = 0;                          // 记录扩展路径,当前结点的父结点 parent
   while (队不空)
     {DELETEQ(E)                           // 队首结点出队为新的 E-结点;
     for (E 的每个孩子 X)
     if (s(X)< u)                          // 当是可能的最优解时入队
        { ADD Q(X);
          parent(X) = E;
        if (X 是解结点)                     // x 为叶结点
            {U = min(cost(X),u);
            leaf = x; }                    // 方案的叶结点存储在 leaf 中
        }
     }
print("least cost = ",u);
  while (leaf <> 0)                        // 输出最优解方案
        {print(leaf);
        leaf = parent(leaf); }
}
```

找最小成本的 LC 分支限界搜索算法框架与 FIFO 分支限界搜索算法框架结构大致相同，只是扩展结点的顺序不同，因而存储活结点的数据结构不同。FIFO 分支限界搜索算法用队存储活结点，LC 分支限界搜索算法用堆存储活结点，以保证比较优良的结点先被扩展。且对于 LC 分支限界搜索算法，当扩展到叶结点就已经找到最优解，可以停止搜索。

5.6 图的搜索算法小结

1. 深度优先搜索与广度优先搜索算法

通常深度优先搜索法不全部保留结点，扩展完的结点从数据存储结构栈中弹出删去，这样，一般在数据栈中存储的结点数就是解空间树的深度，因此它占用空间较少。所以，当搜索树的结点较多，用其他方法易产生内存溢出时，深度优先搜索不失为一种有效的求解方法。

广度优先搜索算法，一般须存储产生的所有结点，占用的存储空间要比深度优先搜索大得多，因此，程序设计中，必须考虑溢出和节省内存空间的问题。但广度优先搜索法一般无回溯操作，即入栈和出栈的操作，所以运行速度比深度优先搜索要快些。

2. 回溯法与分支限界法

回溯法以深度优先的方式搜索解空间树 T,而分支限界法则以广度优先或以最小耗费优先的方式搜索解空间树 T。由于它们在问题的解空间树 T 上搜索的方法不同,适合解决的问题也就不同。一般情况下,回溯法的求解目标是找出 T 中满足约束条件的所有解的方案,而分支限界法的求解目标则是找出满足约束条件的一个解,或是在满足约束条件的解中找出使用某一目标函数值达到极大或极小的解,即在某种意义下的最优解。相对而言,分支限界法的解空间比回溯法大得多,因此当内存容量有限时,回溯法成功的可能性更大。

表 5-2 列出了回溯法和分支限界法的一些区别。

表 5-2 回溯法和分支限界法的比较

方 法	对解空间树的搜索方式	存储结点的常用数据结构	结点存储特性	主要应用
回溯法	深度优先搜索	堆栈	活结点的所有可行子结点被遍历后才被从栈中弹出	找出满足约束条件的所有解
分支限界法	广度优先或最小消耗优先搜索	队列、优先队列、堆	每个结点只有一次成为活结点的机会	找出满足约束条件的一个解或特定意义下的最优解

在处理最优问题时,采用穷举法、回溯法或分支限界法都可以通过利用当前最优解和上界函数加速。仅就限界剪枝的效率而言,优先队列的分支限界法显然要更充分一些。在穷举法中通过上界函数与当前情况下函数值的比较可以直接略过不合要求的情况而省去了更进一步的枚举和判断;回溯法则因为层次的划分,可以在上界函数值小于当前最优解时,剪去以该结点为根的子树,也就是节省了搜索范围;分支限界法在这方面除了可以做到回溯法能做到的之外,若采用优先队列的分支限界法,用上界函数作为活结点的优先级,一旦有叶结点成为当前扩展结点,就意味着该叶结点所对应的解即为最优解,可以立即终止其余的过程。在前面的例题中曾说明,优先队列的分支限界法更像是有选择、有目的地进行深度优先搜索,时间效率、空间效率都是比较高的。

3. 动态规划与搜索算法

撇开时空效率的因素不谈,在解决最优化问题的算法中,搜索可以说是"万能"的。所以动态规划可以解决的问题,搜索也一定可以解决。动态规划要求阶段决策具有无后向性,而搜索算法没有此限制。

动态规划是自底向上的递推求解,而无论深度优先搜索或广度优先搜索都是自顶向下求解。利用动态规划法进行算法设计时,设计者在进行算法设计前已经用大脑自己构造好了问题的解空间,因此可以自底向上递推求解;而搜索算法是在搜索过程中根据一定规则自动构造,并搜索解空间树的。由于在很多情况下,问题的解空间太复杂用大脑构造有一定困难,仍然需要采用搜索算法。

另外动态规划在递推求解过程中,需要用数组存储有关信息,而数组的下标只能是整数,所以要求问题中相关的数据必须为整数(如 4.5.3 节例 25"资源分配问题"中的资金就必须为整数),对于这类信息非整数或不便于转换为整数的问题,同样需要采用搜索算法。

一般来说,动态规划算法在时间效率上的优势是搜索无法比拟的,但动态规划总要遍历所有的状态，而搜索可以排除一些无效状态。更重要的是搜索还可以剪枝，可以剪去大量不必要的状态，因此在空间开销上往往比动态规划要低很多。如何协调好动态规划的高效率与高消费之间的矛盾呢？有一种折中的办法就是记忆化限界搜索算法。

记忆化限界搜索以搜索算法为核心，只不过使用“记录求过的状态”的办法，来避免重复搜索，这样，记忆化限界搜索的每一步，也可以对应到动态规划算法中去。记忆化限界搜索有优化方便、调试容易、思维直观的优点，但是效率上比循环的动态规划差一个常数，但是时间和空间复杂度是同一数量级的（尽管空间上也差一个常数，那就是堆栈空间）。当 n 比较小的时候，可以忽略这个常数，从而记忆化限界搜索可以和动态规划达到完全相同的效果。记忆化限界搜索算法在求解时，还是按着自顶向下的顺序，但是每求解一个状态，就将它的解保存下来，以后再次遇到这个状态的时候，就不必重新求解了。这种方法综合了搜索和动态规划两方面的优点，因而还是很有实用价值的。

习题

（1）括号检验：输入一个代数表达式，表达式只能含有＋，－，＊，/，(，)，1，2，3，4，5，6，7，8，9，0 字符且每个数字均小于 10，设表达式除括号匹配有误外，再无其他错误。编写算法对输入的表达式进行检验，判断括号匹配是否正确。

正确的：	错误的：
1 + 2 + 4	(1 +)2
(1 + 2) + 4	(1 + 2(4 + 3))
(1 + 2)	(1 + 2 + 3 * (4 + 5( )))
	1 + 2 + 3 * (4 + 5))

（2）有一个由数字 1，2，3，…，9 组成的数字串（长度不超过 200），问如何将 $M(M\leqslant 20)$ 个加号（“＋”）插入这个数字串中，使所形成的算术表达式的值最小。请编写算法解决这个问题。

【注意】 加号不能加在数字串的最前面或最末尾，也不应有两个或两个以上的加号相邻。M 要小于数字串的长度。

例如：数字串 79846，若需要加入两个加号，则最佳方案为 79＋8＋46，算术表达式的值为 133。

（3）有分数 1/2，1/3，1/4，1/5，1/6，1/8，1/10，1/12，1/15，求将其中若干个分数相加和恰好为 1 的组成方案，并打印成等式。例如：

① 1/2＋1/3＋1/6＝1

② …

（4）是否存在一个由 1～9 组成的 9 位数，每个数字只能出现一次，且这个 9 位数由高位到低位前 i 位能被 i 整除。

（5）一个整数 $n(n\leqslant 100)$ 可以有多种分划，分划整数之和为 n。例如：

```
输入：n = 6
6
5 1
4 2
```

```
4  1  1
3  3
3  2  1
3  1  1  1
2  2  2
2  2  1  1
2  1  1  1  1
1  1  1  1  1  1
total = 11 {表示分划数有 11 种}
```

求 n 的分划数。

(6) 旅行售货员问题：某售货员要到若干城市去推销商品，已知各城市之间的路程(或旅费)。他要选定一条从驻地出发，经过每个城市一遍，最后回到驻地的路线，使总的路程(或总旅费)最小。

(7) 将 $M\times N$ 个 0 和 1 填入一个 $M\times N$ 的矩阵中，形成一个数表 A，数表 A 中第 i 行数的和记为 $r_i(i=1,2,\cdots,m)$，它们叫作 A 的行和向量，数表 A 第 j 列的数的和记为 $q_j(j=1,2,\cdots,m)$，它们叫作 A 的列和向量。已知数表 A 的行数和列数，以及行和向量与列和向量，编写算法求出满足条件的所有数表 A。

(8) 翻币问题：有 N 个硬币($N\geqslant10$)，正面向上排成一排，每次必须翻 5 个硬币，直到全部反面向上。

(9) 等分液体，在一个瓶子中装有 8(N 偶数)L 汽油，要平均分成两份，但只有一个装 3($N/2-1$)L 的量杯和装 5($N/2+1$)L 的量杯(都没有刻度)。打印出所有把汽油分成两等分的操作过程。若无解打印"NO"，否则打印操作过程。

(10) 有一个自然数的集合，其中最小的数是 1，最大的数是 100。这个集合中的数除 1 外，每个数都可由集合中的某两个数(这两个数可以相同)求和得到。编写一个程序，求符合上述条件的自然数的个数为 10 的所有集合。

(11) 设有 A,B,C,D,E 5 人从事 J1,J2,J3,J4,J5 5 项工作，每人只能从事一项，他们的效益如图 5-27 所示，求最佳安排使效益最高。

	J1	J2	J3	J4	J5
A	10	11	10	4	7
B	13	10	10	8	5
C	5	9	7	7	4
D	15	12	10	11	5
E	10	11	8	8	4

图 5-27 效益图

(12) 一个正整数有可能可以被表示为 $n(n\geqslant2)$ 个连续正整数之和，如 $n=15$ 时：

$$15=1+2+3+4+5$$

$$15=4+5+6$$

$$15=7+8$$

请编写算法，根据输入的任何一个正整数，找出符合这种要求的所有连续正整数序列。

第4篇 应用篇

本篇内容：

第6章 概率算法

概率论是研究随机性或不确定性等现象的数学分支。更精确地说,概率论是用来模拟试验在同一环境下会产生不同结果的情况。典型的随机实验有掷骰子、扔硬币、抽扑克牌以及轮盘游戏等。在实际应用中,随机的概念在游戏软件中无所不在,为了增加游戏的趣味性、探索性和吸引力,游戏中的角色、奖品或武器等出现的位置、时间等都是随机的(不确定的)。在多数情况下,当算法在执行过程中面临一个选择时,随机性选择一般比最优选择省时,因此概率算法可在很大程度上降低算法复杂度。本章将利用数据序列的随机性和概率分布等特点,设计解决问题的算法或提高已有算法的效率。

6.1 概述

1. 随机性及随机序列

随机性(randomness)是偶然性的一种形式,是某一事件集合中的各个事件所表现出来的不确定性。产生某一随机性事件集合的过程,是一个不定因子不断产生的重复过程,但它可能遵循某个概率分布。

随机序列(random sequence),更确切地,应该叫作随机变量序列,也就是随机变量形成的序列。一般地,如果用 $X_1,X_2,\cdots,X_n$ 代表随机变量,这些随机变量如果按照一定顺序出现,就形成了随机序列。这种随机序列具备两个关键的特点:其一,序列中的每个变量都是随机的;其二,序列本身就是随机的。

为了说明什么是随机序列,举两个例子。

假设持续扔一个骰子,那么这个随机序列应该包括:扔第一次骰子得到的点数,扔第二次得到的点数,……,直到扔第 n 次得到的点数。把每次扔的点数按顺序分别记作 X_1,$X_2,\cdots,X_n$,这个序列满足随机序列的两个关键特点。这里每个 X 的取值可能为1、2、3、4、5、6之一,如果骰子均匀时,随机序列中1、2、3、4、5、6出现的概率是相同的,则称为均匀概率分布(概率分布的定义请查阅相关的概率书籍)。

假设一个高速路收费站有10个出口。把车辆经过收费站出口的编号记作随机变量 X_n,那么,按照时间顺序观察产生序列 $X_1,X_2,\cdots,X_n$,序列中每个元素的取值可能为1,2,3,4,5,6,7, 8 ,9 ,10之一。不难得出这是一个随机序列,当然这个序列的概率分布一般不是均匀的,因为车辆对出口的选择会有一定的偏好。

2. 随机函数

先假设一种简单的现实需求。为提高小学生的运算速度,现需要用计算机为小学一年级的同学出10道加法运算题。思考一下,这时需要什么样的数据序列呢?

(1) 要有范围的要求,比如0~100;

(2) 题目(数据)重复率要低,也就是说产生的数据序列应该均匀分布。

程序设计语言一般都提供了随机函数,也就是产生随机序列的程序。程序设计语言提供的随机函数一般是伪随机函数。

【思考】 你理解“伪随机函数”的含义吗?

这些随机函数满足以上要求吗?我们看一下随机函数采用的数学模型,通常随机函数采用线性同余法产生随机数序列,设随机数序列为a_0,a_1,…,a_n,则满足:

$$\begin{cases} a_0 = d \\ a_n = (ba_{n-1} + c) \bmod m \quad n = 1,2,\cdots \end{cases} \tag{6.1}$$

其中,$b \geqslant 0, c \geqslant 0, m > 0, d \leqslant m$。$d$为随机序列的第一个数,称为随机数发生器的随机种子(random seed),当b、c和m的值确定后,给定一个随机种子,由式(6.1)产生的数据序列也就确定了。下面讨论这个随机函数的相关问题。

(1) 因为mod是求余运算,所以随机序列的范围为$0 \sim m-1$。

(2) 由于式(6.1)的计算结果不是显而易见的,所以用它迭代计算出的数列模拟随机序列。如何选取该方法中的常数b、c和m直接关系到所产生的随机序列的随机性能(如是否均匀分布),这是随机性理论研究的内容,已超出本书讨论的范围。从直观上看,m应取得足够大,可取m为机器大数,另外应取m、b互质,即它们的最大公约数为1,记为$\gcd(m,b)=1$,最简单的情况是取b为一素数。

(3) 若随机种子d的值不变,随机函数产生的是一个伪随机序列,一次产生的数列内部是随机的,但多次产生的数列永远不变,不满足随机序列的第二个特点。为了克服解决这一缺陷,程序设计语言一般还提供了设置随机种子的函数(也就是给随机种子赋初值),随机种子一般设置为与时间等随时变化的数据。

例如:设sandrand(d)是设置随机种子的函数,其中d为随机函数的随机种子。time()函数返回自格林尼治时间1970年0时至现在所经过的秒数,程序设计语言提供这个函数。

使用sandrand((time( ))函数可以保证每次运行随机函数时得到不同的随机序列。

(4) 为便于算法理解,本书约定可用的随机函数有:

```
① Random(long m,long n)            //产生 m 到 n 的随机整数
② fRandom(float x, float y )       //产生[x,y]区间的随机实数
③ 设 X 是非空有限集,SRandom (X)     //产生的随机数∈X
```

【思考】 在一个网络游戏中,利用随机函数分别实现如下两个要求:一是随机出现强度为10~1的装备(对应装备的成功率为100%~10%);二是开宝箱游戏,宝箱内包含10种物品,稀有物品3种,高档物品3种,普通物品4种,用随机函数如何实现?

6.2 统计模拟

蒙特卡罗算法(Monte Carlo method)也称统计模拟方法，是一种以概率统计理论为指导的一类非常重要的数值计算方法，是指使用随机数(或更常见的伪随机数)来解决很多计算问题的方法。蒙特卡罗方法在金融工程学，宏观经济学，计算物理学(如粒子输运计算、量子热力学计算、空气动力学计算)等领域应用广泛。

6.2.1 数值计算方法

数值随机算法就是利用随机序列均匀分布的特点，模拟随机过程解决计算问题。

【例 1】 利用随机函数计算圆周率 π。

数学模型：计算圆周率 π 的方法很多，这里介绍的是利用圆的面积和随机序列来求圆周率 π。

将 n 根飞镖随机投向一正方形的靶子，计算落入此正方形的内切圆中的飞镖数目 k。假定飞镖击中正方形靶子任一点的概率相等。

设圆的半径为 r，圆的面积 $s_1 = \pi r^2$，正方形面积 $s_2 = 4r^2$。

由随机序列均匀分布的假设可知落入圆中的飞镖和正方形内的飞镖平均比为：

$$k : n = \pi r^2 : 4r^2$$

这里利用“随机序列均匀分布”的假设，认为两个均匀分布的随机序列，构成随机均匀分布的点序列，则面积大小与面积中点的多少成正比。

由此可知：$\pi = 4k : n$。

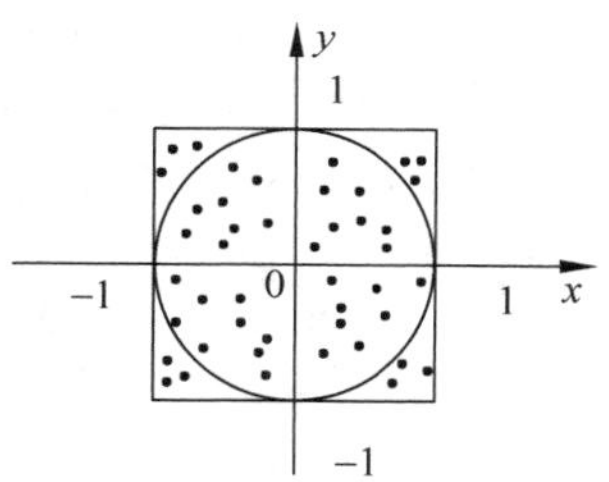

图 6-1 正方形与圆的关系

实现要点：当半径为 1 时，圆的面积等于圆周率 π，图 6-1 中正方形和圆关于 x 轴和 y 轴对称，总面积是第一象限部分面积的 4 倍。选取第一象限部分研究，长方形的坐标范围是 $0 \leqslant x \leqslant 1$，$0 \leqslant y \leqslant 1$；圆的坐标范围是 $x^2 + y^2 \leqslant 1$。

```
main( )
{  long total,inside,i;
   float x,y;
   input (total);                        // 读入要产生的随机点的数目
   inside = 0;
    for(i = 1;i <=  total;i++)
      { x =  fRandom(0,1);
        y =  fRandom(0,1);
        if (x * x + y * y <= 1)
             inside = inside + 1;
      }
     print(4 * inside/total);
}
```

【提示】 模仿以上例题，可以利用随机函数计算其他可用函数表示图形的面积。

【例 2】 设 $f(x)$ 是[0,1]上的连续函数，且 $0 \leqslant f(x) \leqslant 1$。需要计算的积分为 $I = \int_0^1 f(x)\mathrm{d}x$，积分值等于图中的面积 G。

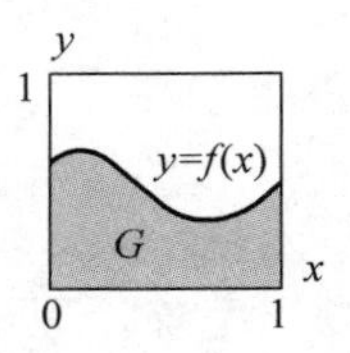

图 6-2 正方形与函数的关系

数学模型：如图 6-2 所示单位正方形内均匀地作投点试验，则随机点落在曲线下面的概率为：

$$P_r\{y \leqslant f(x)\}=\int_0^1\int_0^{f(x)} \mathrm{d}y\mathrm{d}x=\int_0^1 f(x)\mathrm{d}x$$

假设向单位正方形内随机地投入 n 个点(x_i, y_i)，$i=1,2,\cdots,n$。如果有 m 个点落入 G 内，则随机点落入 G 内的概率 $P_r \approx \frac{m}{n}$。

算法如下：

```
main( )
{  long total, inside, i;
   float x, y;
   input (total);                          // 读入要产生的随机点的数目
   inside = 0;
    for(i = 1;i <=  total;i++)
      { x = fRandom(0,1);
            y = fRandom(0,1);
            if (y <= f(x))                 // 可以事先编写函数 f(x)
              inside = inside + 1;
      }
      print(inside/total);
}
```

算法分析：这个随机算法适应于对任意可积函数进行积分计算，通用性强。且程序的主要操作就是一个计数器，算法简单，且效率高，时间复杂度为 $O(n)$，n 为随机序列的长度。算法的缺点是当 n 不是太大时，计算结果的精度有限，若要追求高精度，则需要选取 n 值很大，也就是数学上说的收敛速度慢。

【例 3】 连续抛掷一枚均匀的硬币三次，正好出现一次正面向上的概率是多少？

问题分析：

这是一道概率问题，根据概率知识不难得到问题的解。出现 1 次正面共有三种情况：(1)第一次正面，其余反面；(2)第二次正面，其余反面；(3)第三次正面，其余反面。每种情况出现的概率是 0.5(正)×0.5(反)×0.5(反)=0.125，因此，概率是 3×0.125=0.375=3/8。这个结果也可以通过随机序列模拟出结果。

算法设计：

用随机函数产生 0～1 的数据，用 1 代表正面，用 0 代表反面。每次产生三个数，若共实验 1000 次，统计其中满足三次中一次正面的次数，除以 1000 就是问题的解。

算法如下：

```
main( )
{  long total, n = 0, m, i, x, y, z;
   input(total);
   for(i = 1;i <= total;i = i + 1)
   { m = 0;
        x = Random(0,1);
        y = Random(0,1);
        z = Random(0,1);
        if(x = 1 and y = 0 and z = 0) m = m + 1;
        if(y = 1 and x = 0 and z = 0) m = m + 1;
```

```
            if(z = 1 and x = 0 and y = 0) m = m + 1;
            if(m = 1)
              n = n + 1;
        }
        print(1.0 * n/total);
    }
```

【提示】 程序的解只是接近 0.375 的一个值，当然 total 的值越大，程序的解越接近 0.375。

参考上例完成下面的问题：

(1) 掷一枚不均匀硬币，正面朝上的概率为 2/3，将此硬币连掷 4 次，则恰好 3 次正面朝上的概率是多少？

(2) 假设有甲、乙、丙、丁四支球队。根据他们过去比赛的成绩，得出每个队与另一个队对阵时取胜的概率表，如表 6-1 所示。

表 6-1　概率表

球　队	甲	乙	丙	丁
甲	—	0.1	0.3	0.5
乙	0.9	—	0.7	0.4
丙	0.7	0.3	—	0.2
丁	0.5	0.6	0.8	—

数据含义：甲对乙的取胜概率为 0.1，丙对乙的胜率为 0.3，……

现在要举行一次锦标赛。双方抽签，分两个组比，获胜的两个队再争夺冠军。请你进行 10 万次模拟，计算出甲队夺冠的概率。

以上两个问题均可以通过概率知识计算出结果，当然也可以通过随机序列模拟出结果。其中问题(2)需要 4 个模拟变量，分别模拟抽签结果和三场比赛的结果。

6.2.2　考虑正确概率的算法——蒙特卡罗算法

就像天气预报一样，有些软件的功能不能达到百分之百的正确率，如自动翻译系统、机器问答系统等，蒙特卡罗算法也是一种“在一般情况下保证对问题的所有实例都以高概率给出正确解”的算法策略，但是算法通常无法判定一个具体解是否正确。

蒙特卡罗算法(简称 MC 算法)的相关术语和结论如下：

(1) p 正确(p-correct)：如果一个蒙特卡罗算法对于问题的任一实例得到正确解的概率不小于 p，p 是一个实数，且 $1/2 \leqslant p < 1$，则称 $p-1/2$ 是该算法的优势(advantage)。

(2) 一致的(consistent)：如果对于同一实例，蒙特卡罗算法不会给出 2 个不同的解答。

(3) 偏真(true-biased)算法：当讨论的问题为判断题时，蒙特卡罗算法返回 true 时的解总是正确的，返回 false 时的解不一定正确；反之，称为偏假(false-biased)算法。

(4) 偏 y_0 算法(y_0-biased)：更一般的情况，所讨论的问题不一定是一个判定问题，一个 MC 算法是偏 y_0 的算法(y_0 是某个特定解)，即如果存在问题实例的子集 X 使得：

当 $x \notin X$ 时，算法 MC(x)返回的解总是正确的(无论返回 y_0 还是非 y_0)；

当 $x \in X$ 时,正确解是 y_0,但 MC 算法并非对所有这样的实例 x 都返回正确解 y_0。

(5) 重复调用一个一致的 p 正确偏 y_0 MC 算法 k 次,可得到一个$[1-(1-p)^k]$正确的 MC 算法,且所得算法仍是一个一致的偏 y_0 MC 算法。

【例 4】 素数测试:判断给定整数是否为素数。

算法设计 1:

至今没有发现素数的解析式表示方法,判定一个给定的整数是否为素数一般通过枚举算法来完成:

```
int prime(int n)
{   for (i = 2; i <= n - 1; i++)
        if (n mod i =  = 0) return 0;
    return 1;
}
```

算法的时间复杂度是 $O(n)$,可以缩小枚举范围为 $2 \sim n^{1/2}$,算法的时间复杂度是 $O(n^{1/2})$。但对于一个 m 位正整数 n,算法的时间复杂度仍是 $O(10^{m/2})$。也就是说,这个算法的时间复杂度关于位数是指数阶的。

算法设计 2:

用简单的随机算法随机选择一个数,若该数是 n 的因数,则 n 不是素数,否则 n 是素数。

```
prime(int n)
{   d = Random(2,sqrt(n));              // 产生 2～n^(1/2) 的随机整数
    if (n mod d = 0) return 0;
    else return 1;
}
```

若返回 0,则算法幸运地找到了 n 的一个非平凡因子,n 为合数,算法完全正确,因此这是一个偏假算法。若返回 1,则未必是素数。实际上,若 n 是合数,prime 也可能以高概率返回 1。

例如:$n=61\times43$,$\sqrt{n}\approx51$,prime 在 $2\sim51$ 内随机选一整数 d。

成功:$d=43$,算法返回 false(概率为 2%),结果正确。

失败:$d\neq43$,算法返回 true(概率为 98%),结果错误。

当 n 增大时,情况更差。

算法设计 3:

为了提高算法的正确率,先看以下定理及分析。

(1) 威尔逊定理:对于给定的正整数 n,判定 n 是一个素数的充要条件是$(n-1)! \bmod n \equiv -1$。

威尔逊定理实际用于素数测试所需要计算量太大,无法有效实现对较大素数的测试。

【思考】 如何理解$(n-1)! \bmod n \equiv -1$? 上网学习威尔逊定理的证明就能理解了。

(2) 费马小定理:如果 n 是一个素数,a 为正整数且 $0<a<n$,则 $a^{n-1} \bmod n \equiv 1$。$a^{n-1} \bmod n \equiv 1$ 是 n 为一个素数的必要条件。

费马小定理表明,如果存在一个小于 n 的正整数 a,使得 $a^{n-1} \bmod n \neq 1$,则 n 肯定是合数。但如果存在一个小于 n 的正整数 a,使得 $a \bmod n=1$,并不能确定 n 是素数,但 n 是素数的概率已经很高了。

(3) 二次探测定理：如果 n 是一个素数，且 $0<x<n$，则方程 $x^2\equiv1(\bmod\ n)$ 的解为 $x=1$ 和 $n-1$。

和费马小定理一样，若方程 $x^2\equiv1(\bmod\ n)$ 的解不为 $x=1$ 和 $n-1$，则说明 n 一定是合数；若方程 $x^2\equiv1(\bmod\ n)$ 的解为 $x=1$ 和 $n-1$ 并不能说明 n 一定是素数，但 n 是素数的概率非常高。

依据费尔马小定理和二次探测定理，对随机生成的数 a，计算 $a^{n-1}\bmod n$，并同时实施对 n 的二次探测，二次探测的序列为 a^2，$(a^2\bmod n)^2$，…这样可以更高概率地保证算法的正确性。

算法如下：

```
power(int a, int b, int n)
{ int y = 1,m = n,z = a;
  while(m > 0)                                //计算 a^(n-1) mod n
    { while(m mod 2 = 0)
        { int x = z;
          z = z * z mod n;
          m = m/2;
        if ((z = 1) and(x <> 1) and (x <> n - 1))  // n 为合数
            return 1;
        }
      m --;
      y = y * z mod n;
    }
   if (y = 1) return 0;                       //n 高概率为素数
   return 1;                                  //n 为合数
}
  prime(unsigned int n)                       // 素数测试的蒙特卡罗算法
{  int i,a, q = n - 1;
   for(i = 1;i < log(n);i++)
        {a = Random(2,n - 1);
         if(power(a,n - 1,n)return 0;         // n 为合数
        }
     return 1;                                //n 高概率为素数
}
```

算法分析：

算法 power 的时间复杂度为 $\log_2 n$，算法 prime 中 $\log_2 n$ 次调用算法 power，所以总的时间复杂度为 $O((\log_2 n)^2)$。所以，关于位数 m 的时间复杂度为 $O(m^2)$。prime 是一个偏假算法，是正确率很高的蒙特卡罗算法。

算法的高效率和高正确率依赖的不仅仅是随机序列，更重要的是相关的数学模型，正如 3.4 节的例题一样，算法模型的改进，可以从本质上改进算法的复杂度和算法的正确率。

【思考】 素数判断为什么如此重要呢？

6.3 随机序列提高算法的平均复杂度——舍伍德算法

算法的平均时间复杂度主要依赖数据的规模，其次很多算法还依赖于数据的初始状态，典型的有插入排序、快速排序和搜索算法等都是如此。特别是快速排序，平均时间复杂度为

$O(n\log_2 n)$,但在数据基本有序时最坏时间复杂度为 $O(n^2)$。舍伍德(Sherwood)算法的思想就是应用随机序列减少最坏情况的出现,提高算法的平均时间复杂度。

【例 5】 快速排序改进。

快速排序中利用随机序列选取轴值,可以提高快速排序的平均效率,避免最差情况的出现。

快速排序算法的关键在于一次划分中选择合适的轴值作为划分的基准,如果轴值是序列中最小(或最大)记录时,则一次划分后,由轴值分割得到的两个子序列不均衡,使得快速排序的时间性能降低。舍伍德型概率算法在一次划分之前,根据随机数在待划分序列中随机确定一个记录作为轴值,并把它与第一个记录交换,则一次划分后得到期望均衡的两个子序列,从而使算法的行为不受待排序序列初始状态的影响,使快速排序在最坏情况下的时间性能趋近于平均情况的时间性能。

随机快速排序算法如下:

```
void QuickSort(int r[ ], int low, int high)
{
    if (low < high) {
        i = Random(low, high);
        r[low]←→r[i];
        k = Partition(r, low, high);
        QuickSort(r, low, k-1);
        QuickSort(r, k + 1, high);
    }
}
Partition(int a[], int left, int right)
{ int i ,j, pivot;
  if (left >= right) return left;
  pivot = a[left];                          //把最左面的元素作为分界数据(轴)
  i = left + 1;                             //从左至右的指针
  j = right;                                //从右到左的指针
  while (1)                    //把左侧≥pivot的元素与右侧≤pivot的元素进行交换
      {do {                                 // 在左侧寻找>= pivot的元素
          i = i + 1;
          } while (a[i] < pivot);
      do {                                  // 在右侧寻找≤pivot的元素
          j = j - 1;
          } while (a[j] > pivot);
      if (i >= j) break ;                   // 未发现交换对象
      swap(a[i], a[j]);                     //交换a[i], a[j]
      }
  a[left] = a[j];                           // 存储pivot
  a[j] = pivot;
  return j;
)
```

随机数发生器在第 i 次随机产生的轴值记录恰好都是序列中第 i 小(或第 i 大)记录,这种情况的出现概率是微乎其微的,这样,输入记录的任何排列,都不可能出现使算法处于最坏的情况。因此,该算法的期望时间复杂度是 $O(n\log_2 n)$。

如果一个算法无法直接利用随机序列改造成舍伍德算法,则可借助于随机预处理技术,即不改变原有的算法,仅对其输入实例进行随机排列(称为洗牌)。假设输入实例为整型,下面的随机洗牌算法可在线性时间实现对输入实例的随机排列。

【例 6】 随机洗牌算法。

```
void RandomShuffle(int n, int r[ ])
{ for (i = 0; i < n; i++)
    {  j = Random(0, n - i - 1);
       swap(r[i], r[j]);                        //交换 r[i], r[j]
    }
}
```

舍伍德算法不是一定能避免算法的最坏情况发生,而是设法消除了算法的不同输入实例对算法时间性能的影响,对所有输入实例而言,舍伍德算法的运行时间相对比较均匀,其时间复杂度与原有的确定性算法在平均情况下的时间复杂度相当。

【思考】 “j=Random(0, n−i−1);”改为“j=Random(0, n);”好吗? 为什么?

6.4 随机生成答案并检测答案正确性——拉斯维加斯算法

现实中很多问题及其解无规律可言,无法使用递推、贪婪法、分治法或动态规划法解决,只能把所有可能的结果列举出来,逐一判断哪个是正确的。这种方法只能按一定规律从小到大或从大到小枚举,而问题的答案一般是中间的数据,这样,算法的效率往往较低。拉斯维加斯(Las Vegas)算法的思想是用随机序列代替有规律的枚举,然后判断随机枚举结果是否问题的正确解。此方法在不需要全部解时,一般可以快速找到一个答案;当然也有可能在限定的随机枚举次数下找不到问题的解,只要这种情况出现的概率不占多数,就认为拉斯维加斯算法是可行的。当出现失败情况时,还可以再次运行概率算法,还有成功的可能。

【例 7】 n 皇后问题的改进。

问题分析:对于 n 皇后问题的任何一个解而言,每一个皇后在棋盘上的位置无任何规律,不具有系统性,而更像是随机放置的。由此容易想到下面的拉斯维加斯算法。

算法设计:在棋盘上的各行随机地放置皇后,并注意使新放置的皇后与已放置的皇后互不攻击,当 n 个皇后均已相容地放置好,或已没有下一个皇后的可放置位置时为止。直到找到一解或尝试次数大于 1000 次,算法结束。

数据结构设计:用数组元素 try[1]~try[8]存放结果,try[i]表示第 i 个皇后放在(i,try[i])位置上。

算法如下:

```
void Queens()
{   int try[8] = {0}, success = 0, n = 0;
    while (!success and n < 1000)
        {success = LV(try);n++}
    if(success)
        for(i = 1;i <= 8;i++) print(try[i]);
    else
        print("not find");
}
LV (int try[])
{   for(i = 1;i <= 8;i++)
      {try[i] = Random(1,8);
```

```
            if( !check(try,i)) return 0;
        }
    return 1;
}
check(int a[ ],int n)
{int i;
 for (i = 1;i <= n - 1;i = i + 1)
     if (abs(a[i] - a[n]) = abs(i - n)) or (a[i] = a[n])
         return(0);
 return(1);
}
```

算法分析：如果将上述随机放置策略与回溯法相结合，可能会获得更好的效果。可以先在棋盘的若干行中随机地放置皇后，然后在后继行中用回溯法继续放置，直至找到一个解或宣告失败。随机放置的皇后越多，后继回溯搜索所需的时间就越少，但失败的概率也就越大。

从以上例题可以体会到，拉斯维加斯算法所做的随机性决策有可能导致算法找不到所需的解，但找到某个解时，一定是正确的。

对于只求一个解的情况，n 皇后问题的拉斯维加斯算法平均可以在 $O(n^2)$时间内求得。

【例 8】 求因子问题：设 $n>1$ 是一个整数。若 n 是合数，则 n 必有一个非平凡因子 x（不是 1 和 n 本身）。给定合数 n，求 n 的一个因子。

算法设计 1：

一个数的因子没有统一的规律，只能通过枚举算法来枚举可能的因子，算法如下：

```
int Split(int n)
{  int m.i;
   m  = sqrt(n);                                    // sqrt(n)为开方函数
   for (i = 2; i <= m; i++)
     if (n mod i == 0) return i;
   return 1;
}
```

算法 Split(int n)是试除而得到范围在 $2\sim n^{1/2}$ 的任一整数的因子分割。平均时间复杂度为 $O(n^{1/2})$；若其位数为 k，则算法的时间复杂度是 $O(10^{k/2})$。假定每次循环只需要 1ns，一个 40 位左右的合数(密码学中需要研究大整数的分解)也需要花费 1000 年的时间来分解。到目前为止，还没有找到求解因子问题关于位数的多项式时间算法。

例 1 的算法是直接用随机序列模拟并检测问题的解，随机序列分布均匀性的特点并不能保证快速找到问题的解，下面结合随机序列与递推公式模拟问题的解，效率会有所提高。递推公式是在分析问题和其解的数学特性下给出的，需要较多的数学知识，下面仅通过例题认识这一过程。

算法设计 2：

利用拉斯维加斯算法的思想，在开始时选取 $0\sim n-1$ 范围内的随机数 x_1，然后用 $x_i=(x_{i-1}^2-1)\bmod n$ 递推产生无穷序列 $x_1, x_2, \cdots, x_k, \cdots$。

对于 $i=2^k$，以及 $2^k<j\leqslant 2^{k+1}$，算法计算出 x_i-x_j 与 n 的最大公因子 $d=\gcd(x_i-x_j, n)$。如果 d 是 n 的非平凡因子，则算法输出 n 的因子 d。

```
int Pollard(int n)
{ int i = 1,x,y,d;
```

```
    print(n, " = ");
    x = Random(0,n - 1);                          // 随机整数
    y = x, k = 2;
    while (1)
      {i++;
       x = (x * x - 1)mod n;                      // 求 n 的非平凡因子
       d = gcd (y - x , n);                       // gcd(a , b)求 a 和 b 的最大公因子
       if ((d > 1) && (d < n)) return d;
       if (i == k)
          {y = x;
           k * = 2;
          }
      }
}
```

算法分析：若 Pollard 算法输出 n 的一个因子 p，算法执行 while 循环约为 $p^{1/2}$ 次，由于 n 的最小因子 $p \leqslant n^{1/2}$，故 Pollard 算法可在 $O(n^{1/4})$ 时间内找到 n 的一个因子。

【思考】 还有哪些问题适合用拉斯维加斯算法来解？算法的时间复杂度如何估算？

第7章 自然语言处理及算法

党的二十大报告指出:“推动战略性新兴产业融合集群发展,构建新一代信息技术、人工智能、生物技术、新能源、新材料、高端装备、绿色环保等一批新的增长引擎。”而构建新一代信息技术包括自然语言处理。自然语言处理(natural language processing,NLP)正是计算机科学、人工智能和语言学领域的一个交叉学科,主要研究如何让计算机能够理解、处理、生成和模拟人类语言,从而实现与人类进行自然对话。通过自然语言处理技术,可以实现机器翻译、问答系统、情感分析、文本摘要等多种应用。随着深度学习技术的发展,人工神经网络和其他机器学习方法已经在自然语言处理领域取得了重要的进展。未来的发展方向包括更深入的语义理解、更好的对话系统、更广泛的跨语言处理和更强大的迁移学习技术。

最近流行的ChatGPT就是一个人工智能问答聊天工具,基于OpenAI开发的大型语言模型GPT,ChatGPT广泛的应用和发展,推动了人工智能和自然语言处理的发展。ChatGPT采用了许多自然语言处理技术和人工智能深度学习算法,恰好是作者学校的两个研究方向。因此本章主要从应用的角度介绍一些自然语言处理的基本操作如分词、词性标注和语义表示等。

7.1 中文分词中的算法

7.1.1 中文分词概述

分词是中文自然语言处理的基础,没有中文分词,计算机很难对语言量化,进而很难运用数学的知识去解决问题。中文分词指的是将一个汉字序列切分成一个一个单独的词。汉字与拉丁语系不同,因为拉丁语系的词语之间由空格分隔,可以利用空格把单词分开,而汉字序列之间没有空格。分词就是将连续的汉字序列按照一定的规范重新组合成词序列的过程。这些词汇序列是中文语言的基本单位,它们构成了中文文本的基础。在中文分词过程中,需要识别和切分出词汇和短语,同时还需要处理一些复杂的语言现象,如歧义和未登录词等问题。

7.1.2 基于词表的分词算法

分词是自然语言处理中最基本的任务之一,而词典分词是最常见的分词算法,仅需一部词典和一套查词典的规则即可。词典容易理解，就是把可能出现的词语放到一个数据结构中。基本思路是对要分词的文本从左至右或从右至左扫描一遍，遇到字典里有最长的词就标识出来，遇到不认识的字串就分割成单字词。常见的方法有正向最大匹配、逆向最大匹配和双向最大匹配三种。

1. 正向最大匹配算法(FMM)

正向最大匹配法是对输入文本从左到右，以贪心的策略切分出当前位置上长度最大的词。其分词原理是：单词的颗粒度越大，表示的含义越确切。正向最大匹配法的主要步骤为：

(1) 一般从一个字序列的开始位置，选择一个最大长度的词长的片段，如果序列不足最大词长，则选择全部序列。

(2) 首先看该片段是否在词典中，如果是，则标注出一个词，如果不是，则从右边开始，减少一个字符，然后看短一点的这个片段是否在词典中，依次循环，直到只剩下一个字。

(3) 序列变为第(2)步截取分词后，剩下的部分序列重复步骤。

正向最大匹配法从左向右将待分词文本中的几个连续字符与词表匹配，如果匹配上，则切分出一个词。但有一个问题：要做到最大匹配，并不是第一次匹配到就可以切分的。比如有待分词文本：sentence[]={"计","算","语","言","学","课","程","有","意","思"}和词表：dict[]={"计算","计算语言学","课程","有","意思"}。

(1) 从 sentence[1]开始，当扫描到 sentence[2]的时候，发现"计算"已经在词表 dict[]中了。但还不能切分出来，因为我们不知道后面的词语能不能组成更长的词(最大匹配)。

(2) 继续扫描 content[3]，发现"计算语"并不是 dict[]中的词。但是我们还不能确定前面找到的"计算语"是否已经是最大的词了。因为"计算语"是 dict[2]的前缀。

(3) 扫描 content[4]，发现"计算语言"并不是 dict[]中的词，但是是 dict[2]的前缀。继续扫描。

(4) 扫描 content[5]，发现"计算语言学"是 dict[]中的词。继续扫描下去。

(5) 当扫描 content[6]的时候，发现"计算语言学课"并不是词表中的词，也不是词的前缀。因此可以切分出前面最大的词——"计算语言学"。

由此可见，最大匹配出的词必须保证下一个扫描不是词表中的词或词的前缀才可以结束。

所以得出输出结果：['计算语言学','课程','有','意思']。

代码实现算法如下。

```
def cut_words(raw_sentence,words_dic)
{
    max_length = max(len(word) for word in words_dic);       //统计词典中最长的词
    sentence = raw_sentence.strip();                          //统计序列长度
    words_length = len(sentence);                             //存储切分好的词语
    cut_word_list = [];
    while( words_length > 0)
        max_cut_length = min(max_length, words_length);
        subSentence = sentence[0 : max_cut_length];
        while (max_cut_length > 0)
            if( subSentence in words_dic)
                {cut_word_list.append(subSentence);
```

```
                break;}
            elif max_cut_length == 1:
              { cut_word_list.append(subSentence);
                break;}
            else:
             { max_cut_length = max_cut_length - 1;
                subSentence = subSentence[0:max_cut_length];}
        sentence = sentence[max_cut_length:];
        words_length = words_length - max_cut_length;
    words = "/".join(cut_word_list);
    return words;
}
```

2. 逆向最大匹配算法(BMM)

逆向最大匹配法与正向方法类似,只不过是对输入文本从左到右,以贪心策略切分出当前位置上长度最大的词。逆向最大匹配法的主要步骤为:

(1) 一般从一个字序列的开始位置,选择一个最大长度的词长的片段,如果序列不足最大词长,则选择全部序列。

(2) 首先看该片段是否在词典中,如果是,则标注出一个词,如果不是,则从左边开始,减少一个字符,然后看短一点的这个片段是否在词典中,依次循环,直到只剩下一个字。

(3) 序列变为第(2)步截取分词后,剩下的部分序列重复以上步骤。

基本原理与正向最大匹配法类似,只是分词顺序变为了从右至左。比如有待分词文本:sentence[]={"计","算","语","言","学","课","程","有","意","思"}和词表:dict[]={"计算","计算语言学","课程","有","意思"}。

首先我们定义一个最大分割长度5,从右向左开始分割:

(1) 首先取出来的候选词W是"课程有意思";

(2) 查词表,W不在词表中,将W最左边的第一个字去掉,得到W"程有意思";

(3) 查词表,W也不在词表中,将W最左边的第一个字去掉,得到W"有意思";

(4) 查词表,W也不在词表中,将W最左边的第一个字再去掉,得到W"意思";

(5) 查词表,W在词表中,就将W从整个句子中拆分出来,此时原句子为"计算语言学课程有";

(6) 根据分割长度5,截取句子内容,得到候选句W是"语言学课程有";

(7) 查词表,W不在词表中,将W最左边的第一个字去掉,得到W"言学课程有";

(8) 查词表,W也不在词表中,将W最左边的第一个字去掉,得到W"学课程有";

(9) 以此类推,直到W为"有"一个词的时候,这时候将W从整个句子中拆分出来,此时句子为"计算语言学课程";

(10) 根据分割长度5,截取句子内容,得到候选句W是"算语言学课程";

(11) 查词表,W不在词表中,将W最左边的第一个字去掉,得到W"语言学课程";

(12) 以此类推,直到W为"课程"的时候,这时候将W从整个句子中拆分出来,此时句子为"计算语言学";

(13) 根据分割长度5,截取句子内容,得到候选句W是"计算语言学";

(14) 查词表,W在词表,分割结束。

得出输出结果：[‘计算语言学’,‘课程’,‘有’,‘意思’]。

代码实现与正向匹配算法类似。

```
cut_words(raw_sentence,words_dic)
  { max_length = max(len(word) for word in words_dic);          //统计词典中词的最长长度
    sentence = raw_sentence.strip();                            //统计序列长度
    words_length = len(sentence)                                //存储切分出来的词语
    cut_word_list = []                                          //判断是否需要继续切词
    while (words_length > 0)
        max_cut_length = min(max_length, words_length);
        subSentence = sentence[ - max_cut_length];
        while (max_cut_length > 0)
            if (subSentence in words_dic)
                {cut_word_list.append(subSentence);
                break;}
            else if (max_cut_length == 1)
                {cut_word_list.append(subSentence);
                break;}
            else
                {max_cut_length = max_cut_length - 1;
                subSentence = subSentence[ - max_cut_length];}
        sentence = sentence[0: - max_cut_length];
        words_length = words_length - max_cut_length;
    cut_word_list.reverse();
    words = "/".join(cut_word_list);
    return words;
}
```

3. 双向最大匹配算法

当原始句子为“发展中国家”,使用正向最大匹配算法有可能得到“发展/中国/家”,使用逆向最大匹配算法有可能得到“发展/中/国家”。由此可知正向最大匹配算法和逆向最大匹配算法对于一些有歧义的词处理能力一般。而双向最大匹配算法是将正向最大匹配法得到的分词结果和逆向最大匹配法得到的结果进行比较,从而决定正确的分词方法,解决歧义。根据 SunM. S. 和 Benjamin K. T. 研究表明,中文大概有 90%左右的句子,正向最大匹配算法和逆向最大匹配算法完全重合且正确,只有约 9.0%的句子两种切分方法得到的结果不一样,但其中必有一个是正确的(歧义检测成功),只有不到 1.0%的句子,或者正向最大匹配算法和逆向最大匹配算法的切分虽重合却是错的,或者正向最大匹配算法和逆向最大匹配算法切分不同但两个都不对(歧义检测失败)。这正是双向最大匹配算法在实用中文信息处理系统中得以广泛使用的原因所在。双向最大匹配算法的主要步骤为：

(1) 如果正、反向分词结果词数不同,则取分词数量较少的那个。

(2) 如果分词结果词数相同：分词结果相同,就说明没有歧义,可返回任意一个；分词结果不同,返回其中单字较少的那个。

在正向最大匹配算法和逆向最大匹配算法的基础上实现双向最大匹配算法。

```
cut_words(raw_sentence,words_dic)
  { rmm_word_list = RMM.cut_words(raw_sentence,words_dic);
   fmm_word_list = FMM.cut_words(raw_sentence,words_dic);
   rmm_word_list_size = len(rmm_word_list);
   fmm_word_list_size = len(fmm_word_list);
```

```
    if (rmm_word_list_size != fmm_word_list_size);
        if (rmm_word_list_size < fmm_word_list_size);
            return rmm_word_list;
        else
            return fmm_word_list;
    else
       {FSingle = 0;
        BSingle = 0;
        isSame = True;
        for( i in rangelen(fmm_word_list))
            if (fmm_word_list[i] not in rmm_word_list)
                isSame = False;
            if (len(fmm_word_list[i]) == 1)
                FSingle = FSingle + 1;
            if (len(rmm_word_list[i]) == 1)
                BSingle = BSingle + 1;
          }
        if (isSame)
            return fmm_word_list;
        else if (BSingle > FSingle)
            return fmm_word_list;
        else
            return rmm_word_list;
}
```

基于词表的方法是经典的传统分词方法，这种方式很直观，从大规模的训练语料中提取分词词库，并同时将词语的词频统计出来，可以通过正向最大匹配、逆向最大匹配等分词方法对句子进行切分。基于词表的分词方法非常直观，可以很容易地通过增减词典来调整最终的分词效果，比如当发现某个新出现的名词无法被正确切分的时候，可以直接在词典中进行添加，以达到正确切分的目的；同样地，过于依赖于词典也导致这种方法对于未登录词的处理不是很好，并且当词典中的词出现公共子串的时候，就会出现歧义切分的问题，这需要语料库足够丰富，才能够对每个词的频率有一个很好的设置。

7.2 词性标注中的算法

7.2.1 词性标注概述

词性是根据词在句子中扮演的语法角色，以及和周围词的关系对词进行的一个分类，因此，词性也被称为词类(part of speech，POS)。例如，通常表示事物的名字(“钢琴”)、地点(“上海”)被归为名词，而表示动作(“踢”)、状态(“存在”)的词被归为动词。通过词性，可以大致圈定一个词在上下文环境中有可能搭配的词的范围(介词“in”后面通常跟名词短语而非动词短语)，从而为语法分析、语义理解提供帮助。由此，词性也被称为带有“分布式语法”(syntactic distributional properties)的信息。

根据词性，词通常被划分成为两类：开放词类(open class)和封闭词类(close class)，也被称为实词(content words)和虚词(function words)。顾名思义，随着语言的应用，开放词类通常接纳新的词。名词作为开放词类，名词的集合通常会不断地变化。例如，“区块链”作为一个新技术的名字，被加入名词集合中。相比而言封闭词类相对固定。例如，英文中介词集合（“in”“on”等）通常不随语言使用而产生大的变化。换句话说，想象两个不同领域的专家（数学家和语言学家），他们的论著中可能使用的开放词类差别较大，但对封闭词类的使用都是相同的。

在英文中，开放词类通常为名词、动词、形容词和副词。

名词（noun）通常充当表示具体或者抽象事物的语法角色。包括大多数人、地点等。名词可以进一步分为专有名词（proper noun）和普通名词（common noun）。专有名词通常表示一些特定的名称，例如特定公司名“Facebook”，特定的工具名“StarCraf”等，相比而言“book”“table”等为普通名词。名词也可以分为可数名词和不可数名词。可数名词通常有单数和复数两种词形变化，并且与它们相关联的冠词、动词也会不同。

动词（verb）通常表示动作和状态。

形容词（adjective）通常用于修饰名词或者名词短语，如“beautiful”“fast”等。

副词（adverb）是一类较为混杂的词类。通常情况下用来修辞动词，如“carefully”“strongly”等。更进一步细分可以分为表方位的副词（locative adverb，表示一个方位以及和这个方位间的联系），如“home”“here”“there”等；表时间的副词（time adverb），如“already”“soon”“yesterday”等；表程度的副词（degree adverb），如“quite”“too”“extremely”“perfectly”等；表情态的副词（manner adverb，表示一个动作或过程的执行状态），如“slowly”“powerfully”等。

英文的封闭词类的几个主要的类别如下。

介词（preposition），如“on”“in”“with”等。

限定词（determiner），包括冠词（article，如“a”“an”“te”等 ），指示代词（demonstrative，如“him”“that”等），物主代词（possessive determiners，如“my”“your”等），数词（numeral，如“one”“two”等），量词（quantifiers，如“all”“some”“many”等），相互代词（distributive pronoun，如“each”“other”“any”等），疑问代词（interrogative determiners，如“who”“when”等）。

连词（conjunction），如“and”“but”“if”等。

助词（auxiliaries），如“can”“must”“do”等。

表 7-1 列出了在宾州大学树库（PTB）中标注的词性。

表 7-1　宾州大学树库中的词性标签

标　签	描　述	标　签	描　述
CC	并列连词	RBR	副词比较级
DT	限定词	RP	小品词
FW	外来词	TO	to
J	形容词	VB	动词
JS	形容词最高级	VBG	动词现在进行式
MD	情态助动词	CD	数字
NNS	名词复数	IN	介词或从属连词
NNPS	专有名词复数	JJR	形容词比较级
POS	所有格结束词	LS	列表项标记
PRPS	物主代词	NN	名词单数

续表

标　签	描　述	标　签	描　述
NNP	专有名词单数	SYM	符号
PDT	前限定词	UH	叹词
PRP	人称代名词	VBD	动词过去式
RB	副词	VBN	动词过去分词
RBS	副词最高级		

7.2.2 基于转换的错误驱动的词性标注方法

E. Brill 于 1995 年提出了基于转换的错误驱动方法来进行词性标注处理,核心是通过迭代不断修正错误得到正确结果。它的基本处理步骤是:先为每个句子赋以初始词性序列,然后将这些句子与训练语料中带有正确词性标注的句子进行比较,在这个过程中可以通过自动学习获得一系列转换规则。标注时,先为待标注语料赋予初始词性,再将训练时获取的规则按次序作用于待标注语料,通过这些规则的转换作用,词语的初始词性会转换为更加合适的词性,逐步得到正确的词性标注。实验结果显示,此方法可以用较小的训练集达到较高的准确度。

转换规则通常由两部分组成——改写规则与激活(触发)环境。通常改写规则为:将一个词的词性标记 x 改写为 y;激活环境可能为以下情况:

- 当前词的前(后)面一个词的词性标记是 z1;
- 当前词的前(后)面第二个词的词性标记是 z2;
- 当前词的前(后)面两个词中有一个词的词性标记是 z3;

……

其中,x,y,z 是任意的词性标记。

规则的触发类型一般包括:上下文词性标记、上下文词、其他形态触发。具体的示例如下:

句子初标结果:他/r 做/v 了/u 一/m 个/q 报告/v

正确标注结果:他/r 做/v 了/u 一/m 个/q 报告/n

基于上述例子可以学习到如下转换规则 T:

激活环境——当前词左边第一个词的词性是量词 q,左边第二个词的词性是数词 m;

改写部分——将当前词的词性从动词 v 改为名词 n。

图 7-1 给出了转换方法的工作流程示意图。

算法描述如下:

(1) 首先对未标注的语料 C_{0_raw} 进行初始标注,得到带有词性标记的语料 $C_i(i=1)$。

(2) 将 C_i 跟正确的语料 C_0 比较,可以得到 C_i 中总的词性标注错误和候选规则集。

(3) 依次从候选规则集中取出一条规则 $T_m(m=1,2,\cdots)$,每用一条规则对 C_i 中的词性标注结果进行一次修改,就会得到一个新版本的语料库,不妨记做 $C_i^m(m=1,2,3,\cdots)$,将每个 C_i^m 跟 C_0 比较,可计算出每个 C_i^m 中的词性标注错误数。假定其中错误数最少的那个是 C_i^j(可预期 C_i^j 中的错误数一定少于 C_i 中的错误数),产生它的规则 T_j 就是这次学习得

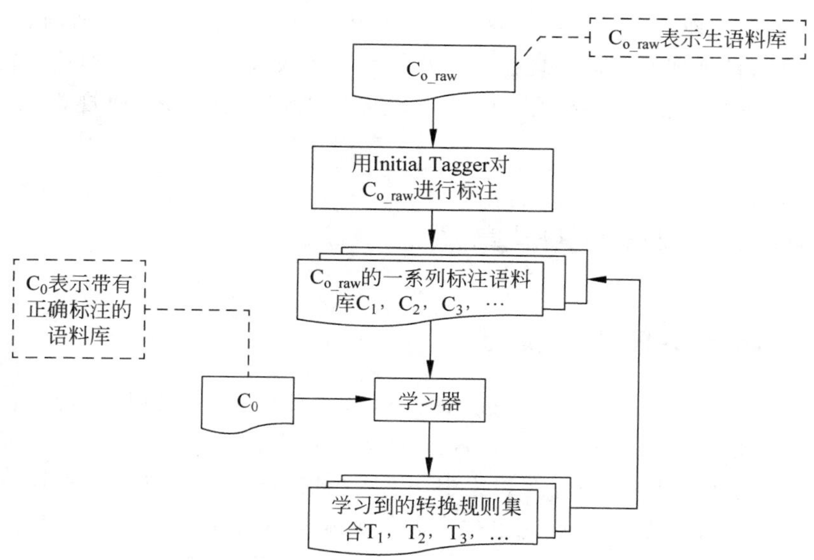

图 7-1　基于转换的错误驱动的方法工作流程图

到的转换规则；此时 C_i^j 成为新的待修改语料库。

(4) 重复第(3)步的操作，得到一系列的标注语料库 C_1，C_2，C_3，…后一个语料库中的标注错误数都少于前一个的错误数，每次都学习到一条令错误数降低最多的转换规则。直至运用所有规则后，都不能降低错误数，学习过程结束。这时得到一个有序的转换规则集合 $\{T_1, T_2, T_3, \cdots\}$。

基于上述算法描述可以看出算法的核心是：①根据错误对比得到转换规则；②需要预先确定转换规则的形式，即获取什么样的上下文信息；③规则的评价，即利用该规则转换后使语料中的错误数最少。

图 7-2 展示了一个具体的基于转换的错误驱动方法的学习例子。

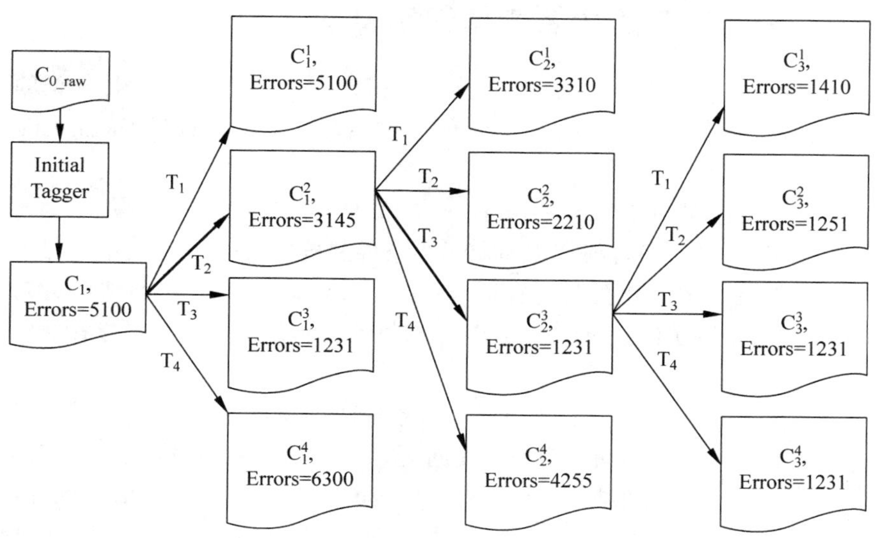

图 7-2　基于转换的错误驱动方法的学习例子

基于转换的错误驱动方法也可以看作是一种基于规则的方法,但规则的制定是从语料中自动学习到的,且规则的覆盖率较强。因此这种方法获取的语言信息颗粒度较小,可以获得比人工制定规则更好的标注效果。但是在较大的训练语料中,转换规则的学习过程很漫长。

7.3 命名实体识别中的算法

7.3.1 命名实体识别概述

命名实体识别(named entity recognition,NER),又称为“专名识别”,是指识别文本中具有特定意义的实体,主要包括人名、地名、机构名、专有名词等。

命名实体识别是信息抽取和信息检索中一项重要的任务,其目的是识别出文本中表示命名实体的成分,并进行分类,因此有时也称为命名实体识别和分类(named entity recognition and classification,NERC)。命名实体作为文本中重要的语义知识其识别和分类已成为一项重要的基础性研究问题,然而由于命名实体本身的随意性、复杂性、多变性等特点,该问题还远没有达到可以完全解决的地步,命名实体识别仍然是一个重要且具有挑战性的研究课题。

命名实体(named entity,NE)作为一个明确的概念和研究对象,是在1995年11月的第六届MUC会议(the Sixth Message Understanding Conferences, MUC-6)作为一个子任务被提出的。当时关注的焦点仅是人名、地名、组织机构名等结构化信息的核心元素,随后在MUC-7中,命名实体类别被细化成了多类,规定了NER需要识别的三大类(命名实体、时间表达式、数量表达式)、七小类,其中命名实体分为:人名、机构名和地名。MUC-7之后的ACE将命名实体中的机构名和地名进行了细分,增加了地理-政治和设施两种实体,之后又增加了交通工具和武器。

7.3.2 基于CRF的命名实体识别算法

条件随机场(conditional random fields,CRF)假设 X 和 Y 分别表示待标记的观测序列以及对应的标记序列,那么 $P(Y|X)$ 是在给定 X 的条件下 Y 的条件概率,若随机变量 Y 满足马尔可夫独立性假设,即

$$P(Y_v \mid X, Y_w, w \neq v) = P(Y_v \mid X, Y_w, w \sim v)$$

对于任意的 v 都成立,则称条件概率 $P(Y|X)$ 为条件随机场,其中 $w \sim v$ 表示结点 v 的所有邻结点 w,$w \neq v$ 表示结点 v 以外的所有结点 w,Y_v 和 Y_w 表示结点 v 和结点 w 对应的随机变量。换句话说,对于一个结点 v,在给定与它相邻的所有结点 w 时,它与其他所有结点都是独立的。

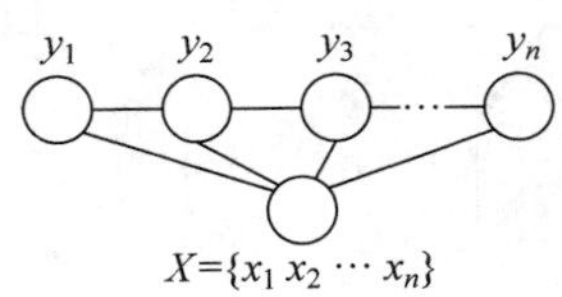

图7-3 条件随机场示意图

如图7-3所示,条件随机场本质是一个无向图,可以应用于不同类型的标注问题,如:单个目标的标注、序列结构的标注和图结构的标注等。假设有一堆小明日常生活的照片,可能的状态有吃饭、洗澡、刷牙等,大部分情况,我们是能够识别出小明的状态的,但是如果你看到一张小明露出牙齿的照片,在没有

相邻的小明的状态为条件的情况下，是很难判断他是在吃饭还是刷牙的。这时，就可以用CRF。假设有一句话，这里假设是英文，我们要判断每个词的词性，那么对于一些词来说，如果不知道相邻词的词性，是很难准确判断每个词的词性的。这时，也可以用CRF。

CRF中有两类特征函数，分别是状态特征和转移特征，状态特征用当前结点（某个输出位置可能的状态中的某个状态称为一个结点）的状态分数表示，转移特征用上一个结点到当前结点的转移分数表示。其损失函数定义如下：

$$\text{LossFunction} = \frac{P_{\text{RealPath}}}{P_1 + P_2 + \cdots + P_n}$$

CRF损失函数的计算，需要用到真实路径分数（包括状态分数和转移分数），其他所有可能的路径的分数（包括状态分数和转移分数）。这里的路径用实体识别来举例就是一句话对应的实体标注序列，真实路径表示真实的实体序列，其他可能的路径表示其他的实体序列。

在只有CRF情况下，上面说的两类特征函数都是人工设定好的。实体识别的表现取决于两种特征模板设定的好坏。由BERT学习序列的状态特征，从而得到一个状态分数，该分数直接输入到CRF层，省去了人工设置状态特征模板。实体标注通常用BIO标注，B表示词的开始，I表示词的延续，O表示非实体词，比如下面的句子和其对应的实体标注（假设我们要识别的是人名和地点）：

小 明 爱 北 京 的 天 安 门 。

B-Person I-Person O B-Location I-Location O B-Location I-LocationI-Location O

也就是说，BERT层学到了句子中每个字符最可能对应的实体标注是什么，这个过程是考虑到了每个字符左边和右边的上下文信息的，但是输出的最大分数对应的实体标注依然可能有误，不会100%正确的，出现B后面直接跟着B，后者标注以I开头了，都是有可能的，而降低这些明显不符规则的问题的情况的发生概率，就可以进一步提高BERT模型预测的准确性。此时就有人想到用CRF来解决这个问题。

CRF算法中涉及2种特征函数，一个是状态特征函数，计算状态分数，另一个是转移特征函数，计算转移分数。前者只针对当前位置的字符可以被转换成哪些实体标注，后者关注的是当前位置和其相邻位置的字符可以有哪些实体标注的组合。BERT层已经将状态分数输出到CRF层了，所以CRF层还需要学习一个转移分数矩阵，该矩阵表示了所有标注状态之间的组合，比如我们这里有B-Person I-Person B-Location I-Location O共5种状态，有时还会在句子的开始和结束各加一个START和END标注，表示一个句子的开始和结束，那么此时就是7种状态了，那么2个状态（包括自己和自己）之间的组合就有7×7=49种，上面说的转移分数矩阵中的元素就是这49种组合的分数（或称作非规范化概率），表示了各个组合的可能性。这个矩阵一开始是随机初始化的，通过训练后，会知道哪些组合符合规则，哪些不符合规则。从而为模型的预测带来类似如下的约束：

（1）句子的开头应该是“B-”或“O”。

（2）“B-label1 I-label2 I-label3…”，在该模式中，类别1，2，3应该是同一种实体类别。比如，“B-Person I-Person”是正确的，而“B-Person I-Organization”则是错误的。

（3）“O I-label”是错误的，命名实体的开头应该是“B-”而不是“I-”。

7.4 中文信息处理中的语义应用

7.4.1 语义知识概述

人类进入大数据时代,IT 由"信息技术"(information technology)进化为"智能技术"(intellectual technology)。所谓机器阅读,即使机器变得聪明,并且可以通过阅读和理解大量文字来有效地整理和总结人类所需要的信息。机器阅读是一门边缘科学,涉及语言学、心理学、逻辑学和计算机科学等多个研究领域。目前,美国、日本、英国、韩国、法国和加拿大等国家的类人智能研究,都以机器阅读为基础[1]。我国的类人智能研究处于起步阶段,百度智能搜索、淘宝智能推荐等系统,也都以机器阅读为基础[2]。阅读理解是人类进行沟通的最基本能力,为提升我国的类人智能水平,机器阅读成为自然语言处理研究的一大任务[3]。机器阅读极具现实挑战性,意义也是非常重大的。

ChatGPT 是由美国人工智能公司 Open AI 开发 的自然语言处理模型,它在 2022 年 11 月底正式推出。这个模型使用了 Transformer 模型作为基础架构,并经过了大量的文本数据训练,从而具备了阅读理解问题文本,并生成和回答问题的能力。

人理解篇章需要很多背景知识,机器理解篇章同样需要附加信息,如语义信息、语法信息、常识等。语义是一个涉及语言学、逻辑学、计算机科学、自然语言处理、认知科学、心理学等诸多领域的一个术语。虽然各个学科之间对语义学的研究有一定的共同性,但是具体的研究方法和内容大相径庭。语义学的研究对象是自然语言的意义,这里的自然语言可以是词汇、句子、篇章等不同级别的语言单位。但是各个领域里对语言的意义的研究目的不同:语言学的语义学研究目的是找出语义表达的规律、内在解释,不同语言在语义表达方面的个性以及共性;逻辑学的语义学是对一个逻辑系统的解释,着眼点在于真值条件,不直接涉及自然语言;计算机科学相关的语义学研究在于机器对自然语言的理解;认知科学对语义学的研究在于人脑对语言单位的意义的存储及理解的模式。为了使机器理解自然语言,计算机和语言专家设计出许多种语义表示方法,其中语义知识库是较常用的语义表示方法。

7.4.2 语义知识库介绍

当前语义知识表示方法丰富,常用语义知识库见表 7-2。

表 7-2 语义知识库项目简表

项目名称	开始时间	研制者	语言、规模	语义描述内容	构建方式
WordNet	1985 年	美国普林顿大学	英语,207 016 个概念:名词、动词、形容词、副词	同义词集合,概念、层级关系	手工构建
MindNet	1993 年	美国微软公司	英语,日语 15.9 万个词(名词、动词、形容词)	语义关系描述	自动构建
FrameNet	1997 年	美国加州大学	英语,1280 个框架;名词、动词、形容词、介词	框架语义学为基础,框架、框架元素、配价模式,框架及框架关系	手工构建

续表

项目名称	开始时间	研制者	语言、规模	语义描述内容	构建方式
HowNet	1988 年	董振东等	汉语，81 062 个汉语词，76 526 个英语词，95 690 个汉语义项，95 935 个英语义项，24 089 个概念	义原分析；语义角色、语义关系描述	手工构建
CCD	2000 年	北京大学	汉英双语，近 6 万个概念	类似 WordNet 的语义知识表述框架	手工构建

其中 FrameNet 的框架语义学(Frame Semantics)是由语言学家 Charles Fillmore 主持建设的。FrameNet 框架语义网是现阶段影响较大的一个语义词典，其目的在于研究英语中语义结构和语法功能之间的关系。框架语义学通过将背景动因进行描述，来解释这个词语的意义。用经验主义方法，寻找语言和人类经验之间的紧密关系，并研究一种可行的描述方式。汉语框架语义网(Chinese FrameNet，CFN)包括框架库、句子库和词元库，将词义、句子意义和文本意义统一用“框架”(Frame)进行描述，旨在服务计算机对自然语言的识别。

下面以例子说明汉语框架语义网在机器阅读中的作用。2004 年北京高考语文有一问句是：“文中揭示的可能的记忆存储手段是什么？请简要回答。”篇章中有语句：“此次研究揭示了可能的存储手段，不过让人惊奇的是，‘朊毒体活动’竟然在其中发挥着作用。”基于汉语框架语义网资源，句子框架级的语义分析示例如下：

此次< tgt＝研究 研究>< tgt＝证明 揭示>了可能的< tgt＝储存 存储>手段，不过让人< tgt＝心理刺激惊奇>的是，‘朊毒体活动’竟然在其中发挥着作用。

这句话一共有四个目标词：研究、证明、存储、惊奇。“tgt＝”后面的词语，是该目标词激起的框架。汉语框架语义网，为答案句与问题句之间提供了关联。①一个框架下的词元从不同的尺度或角度表示一个共同的语义场景，例如“表明”“揭示”“印证”等汉语词语都表示以一个现象或事实作为证据，支持一个观点或行为过程，因此汉语框架语义网中用一个框架“证明”进行描述。②框架与框架之间的关系，也就是语义场景之间的关系，使得在词层面无法解决的难题，可能在语义场景层得到一定程度的解决。由此，机器阅读此题获 6 分(满分 7 分)。语言理解的层次和深度各有不同，具体来说，有了 CFN，句子标注了框架元素信息，通过机器学习、框架排歧等算法，就能使机器识别出以下三组句子的语义：

<1>他在看窗户上的树影儿。(用眼睛感受外界事物)

<1>我看那孩子不会学好了。(经过观察，断定要出现某种趋势)

<1>他们看到了精彩的表演。(获得了对事物的视觉上的认识)

<1>他们看表演去了。(可能看到了，也可能没有看到)

<1>他正在看语文书。(通过眼睛用大脑阅读理解)

<2>他爱吃米饭。

<2>他爱吃食堂。(<2>的两句语法结构完全相同，但组合模式不同)

阅读理解需要进行篇章与问句关联分析，因此，除了对词语进行语义描述外，还需要描述词语(框架)之间的关系，语义关系还可为复杂推理提供可能，如：

<3>我用五元钱从小王那儿买了一本书。

该句就可以实现这样的理解：“我”放弃了“五元钱”，拥有了“一本书”；“小王”放弃了

"一本书",拥有了"五元钱",即双方的所有权关系发生了变化。根据这种理解,一个应用系统就有可能正确回答这样的问题:交易之后,钱属于谁?书属于谁?

基于以上例子,机器阅读理解,除了需要开发一系列软件外,还需要构建一个具有一定层级关系抽象化的语义网络,使得应用系统有可能从句子中获取语义信息进行推理,或提高推理的效率;为计算机较准确地完成阅读理解问题提供语义支持。

7.4.3 语义应用步骤

机器阅读其实就是软件通过对篇章和问题及标注的信息,利用深度学习、智能计算等方法,在文本和问题间建立关系寻求答案。机器阅读系统中,语义知识库建设是不可或缺的基础性资源,是语义应用的基础。要想实现语义应用需要依据不同算法开发一系列软件,步骤如下:

【注意】 以下每一步都可以作为研究生的课题。

(1) 语义知识库构建。

如前介绍,由于语义的复杂性,语义知识库的构建可以是手工或开发软件人机交互方式完成。

(2) 语义标注。

人理解文本并回答问题需要相关概念、知识和推理,同样,机器阅读也需要附加"相关的信息",这个过程称为文本语义标注。

根据语义知识库的研究对象(词、句等),对文本(或篇章)进行前期处理。由于语义知识应用广泛,语义标注对象很多,需要开发软件自动完成,当然由于语义和复杂性,也可以人机交互半自动方式完成。

(3) 语义分析应用。

应用语义推理等技术,进行篇章的词法分析、句法分析、语法分析、语境分析,最终进行篇章和问题的阅读理解,通过篇章解决问题。

(4) 生成问题答案。

根据给定的问题和篇章找出答案,生成自然语言的表述。表述要求是流畅的、合乎语法的。

习题

(1) 以"我们在野生动物园玩"为例子,假设词典是:['我们','在','在野','生动','野生','动物园','野生动物园','物','玩'],分别使用正向最大匹配算法、逆向最大匹配算法和双向最大匹配算法完成切分并得出结果。

(2) 请查阅其他不同的词性标注方法,试分析基于转换的错误驱动的词性标注方法的优缺点,以及与其他不同方法的区别。

(3) 自定义模型完成基于 CRF 的命名实体识别,包括基于机器学习的方法、基于深度学习的方法和基于与训练的方法。

(4) 了解和应用你所感兴趣的语义表示方法。

第8章 算法设计实践

第 4 章、第 5 章介绍了一些算法策略和算法框架，但在解决实际问题时，不要太过拘泥于模式，否则就会限制思维，扼杀优良算法思想的产生。在解决问题时，不妨更多地发挥创造性，突破现有模式，有时可能会收到意想不到的效果。

本章针对同一个问题，用不同的算法策略、不同的数据结构或不同的数学模型进行了多方位的算法设计。当然，所给出的算法并不是说都是好的设计，都值得读者去认真模仿。学习多种解法，一方面为了更好地巩固前面学过的内容，灵活掌握和应用算法策略；另一方面为了拓宽读者解决问题的思路，提高算法设计和识别算法优劣的能力。

【思考】 *好多学生反映算法设计很难学，其实是因为解决不同的问题，没有固定的步骤和方法，只有多方位思考，才能找到解决问题的思路，下面所讲的一题多解可以启发读者寻找解决问题的思路。*

8.1 循环赛日程表(4 种)

问题描述：设有 $n=2^k$ 个运动员要进行网球循环赛。现要设计一个满足以下要求的比赛日程表。

(1) 每个选手必须与其他 $n-1$ 个选手各赛一次；

(2) 每个选手一天只能参赛一次；

(3) 循环赛在 $n-1$ 天内结束。

请按此要求将比赛日程表设计成有 n 行和 $n-1$ 列的一个表。在表中的第 i 行，第 j 列处填入第 i 个选手在第 j 天所遇到的选手，其中 $1\leqslant i\leqslant n, 1\leqslant j\leqslant n-1$。

本节将以不同的算法策略解决这个问题。

1. 二分策略递归算法

问题分析：按二分策略，可以将所有的选手分为两半，则 n 个选手的比赛日程表可以通过 $n/2$ 个选手的比赛日程表来决定。递归地用这种一分为二的策略对选手进行划分，直到只剩下两个选手，比赛日程表的制定就变得很简单。算法只需要安排任意两个选手进行比赛就可以了。

一定有读者会想，这样分解的子问题独立吗？其实这不是主要问题，关键是看找到的子问题是否容易独立求解，而且由子问题的解能否简单地合并为相应的父问题的解。

按要求用一个二维表表示 n 个人(行号)$n-1$ 天(列号)的比赛日程，如果只有 2 人参赛,比赛日程表如表 8-1 所示,第一列是参赛运动员的编号,后一列为第一天与第一列运动员比赛的运动员编号。

若是 4 人参赛,分解为两个规模为 2 的子问题,则两个子问题的解,也就是前两人、后两人各自的比赛日程表,如表 8-2 和表 8-3 所示。

表 8-1　运动员编号表

1	2
2	1

表 8-2　子问题 1 的比赛日程表

1	2
2	1

表 8-3　子问题 2 的比赛日程表

3	4
4	3

怎样将这两个子问题的解构造成 4 人参赛问题的结果,也就是 4 人的比赛日程表呢?如表 8-4 所示。

表 8-4 是正好 4 人参赛日程表的一种。第一列是参赛运动员的编号,后三列为 3 天的比赛情况。注意表中的双线分隔,并不是按逻辑意义把第一列独立出来,而是将表进行了"十字分隔",因为只有这样分隔,才容易看出表 8-4 是由表 8-2 和表 8-3 构造而来的:

左上、右下两部分就是表 8-2;

右上、左下两部分就是表 8-3。

同理,可进一步构造出 8 人比赛的日程,如表 8-5 所示。

表 8-4　4 人的比赛日程表

	1	2	3
1	2	3	4
2	1	4	3
3	4	1	2
4	3	2	1

表 8-5　8 人的比赛日程表

1	2	3	4	5	6	7	8
2	1	4	3	6	5	8	7
3	4	1	2	7	8	5	6
4	3	2	1	8	7	6	5
5	6	7	8	1	2	3	4
6	5	8	7	2	1	4	3
7	8	5	6	3	4	1	2
8	7	6	5	4	3	2	1

由此可以肯定,当 $n=2^4$ 时该问题可以用二分策略来解决。

下面先用递归来实现算法。

数据结构设计:若想用递归算法在子问题中直接输出比赛日程表的结果是不可能实现的,因为在字符模式下,无论是 BASIC 语言系列的有定位函数(只能在一行内定位)的程序设计语言,还是像 C 语言没有定位函数的程序设计语言(C++也可以在一行内定位输出),都无法实现按行进行定位输出。也就是说不能先输出第二行的部分内容,再输出第一行的内容。所以用二分策略来解决该问题是要付出空间代价的,也就是说必须将所有子问题的解——排列结果,存储起来,从而构成整个问题的解。

按题目要求二维数组应该定义为 $n\times(n-1)$,也就是比赛日程表中的第一列无须存储,依靠行下标就能识别运动员号。由以上算法设计可以理解,为了方便地合并子问题,应该用 $n\times n$ 的二维数组存储比赛日程表。为避免不必要的参数栈,将此数组定义为全局变量。

算法设计:确定了存储方式后,算法的详细设计如下。

和第4章4.3节分析的一样，对二维表进行二分分解得到的应该是4个子问题，对于比赛日程表比较特殊，4个子问题中有两个是重复的。

以表8-5为例，把$n=2$当作最小子问题，这样需要解决的是4个子问题。可以把数组前两行的每两列看作一个子问题，也可以把数组前两列的每两行看作一个子问题，下面采用后者。这样标识一个子问题就需要两个信息——子问题的起始行和子问题的规模，子问题的终止行可以由这两个信息计算得到。为了简便把这3个信息都作为递归函数的参数，这样函数dimidiate(int i,int j,int n)表示起始行号为i，终止行号为j，规模为n的循环赛日程表问题。用二分法分解这个二维表，可分解出4个部分(4个子问题)左上、左下、右上和右下，以左上、左下为其子问题递归求解，调用“dimidiate(i,i+n/2−1,n/2);”和“dimidiate(i+n/2,j,n/2);”，右上和右下则根据循环赛日程表的规律，右上与左下数据相同，右下与左上数据相同，使问题得到解决。

综上算法1如下：

```
int a[50][50];
table1( )
{int k,n = 1,i,j;
 input(k);
 for (i = 1; i <= k; i = i + 1) n = n * 2;
 dimidiate(1,n,n);
 for (i = 1; i <= n; i = i + 1)
 {print(换行);
   for (j = 1; j <= n; j = j + 1)
       print(a[i][j]); }
 }
dimidiate(int i,int j,int n)
{int k1,k2;
 if (n = 2)
  {a[i][n] = j;
   a[j][n] = i;
   a[i][n - 1] = i;
   a[j][n - 1] = j;
}
else
  {dimidiate(i,i + n/2 - 1,n/2);                  // 处理左上角数据
   dimidiate(i + n/2,j,n/2);                      // 处理左下角数据
   for(k1 = n; k1 > n/2; k1 = k1 - 1)
    {for(k2 = i; k2 <= i - 1 + n/2; k2 = k2 + 1)  // 处理右上角数据
         a[k2][k1] = a[k2 + n/2][k1 - n/2];
     for(k2 = i + n/2; k2 <= i - 1 + n; k2 = k2 + 1)  // 处理右下角数据
         a[k2][k1] = a[k2 - n/2][k1 - n/2];
    }
  }
}
```

算法说明：

(1) 算法中的递归分解，在算法设计中已经讲解清楚。算法中和算法设计的例子一样以$n=2$为边界条件，其实用$n=1$作为算法的边界条件一样是正确的算法，局部算法如下：

```
if (n = 1)
   a[i][n] = i;
```

```
else
   {…}
```

(2) 这里就合并过程,做简单说明:$k1$ 模拟的是循环赛日程表的列号,每次合并将子问题中已解出的前 $n/2$ 列的内容,复制到后 $n/2$ 列中。$k2$ 模拟的是循环赛日程表的行号,由于前 $n/2$ 行与后 $n/2$ 行下标变化规律不同,所以分成两部分完成。

算法分析:

(1) 算法的递归方程为:$T(n)=2T(n/2)+O(n^2/2)$,则其复杂度为 $O(n^2)$。另需要 $3k$ 个整型栈辅助空间。

(2) 算法中多次出现 $n/2$,要进行多次重复的除法运算,应该用变量取代。在下面的算法 2 中用变量 $n0$ 存储 $n/2$ 的结果。

2. 二分策略非递归算法

设计过程和算法 1 相同,这里以规模为 1 作为最小子问题。根据循环赛日程表中子问题与问题间的关系,不难写出非递归算法。

算法 2 如下:

```
int a[50][50];
table2( )
{int n = 1,n0,m,i,j,k1,k2;
 input(k);
 for (i = 1; i <= k; i = i + 1) n = n * 2;
 for (j = 1; j <= n; j = j + 1)                      // n 个规模为 1 的子问题
    a[j][1] = j;
 m = n;
 for(n = 2; n <= m; n = n * 2)                       // n 控制问题的规模
    {n0 = n/2;
      for(k1 = n; k1 > n0; k1 = k1 - 1)
        for (i = 1; i < m; i = i + n)
          {for(k2 = i; k2 <= i - 1 + n0; k2 = k2 + 1)   // 处理右上角数据
              a[k2][k1] = a[k2 + n0][k1 - n0];
           for(k2 = i + n0; k2 <= i - 1 + n; k2 = k2 + 1)   // 处理右下角数据
               a[k2][k1] = a[k2 - n0][k1 - n0];
          }
      }
  for (i = 1; i <= m; i = i + 1)
    { print(换行);
      for (j = 1; j <= m; j = j + 1)
         print(a[i][j]);
    }
}
```

算法说明:算法中变量的含义为,变量 n 模拟的是问题规模;$k1$ 模拟的是应该处理的循环赛日程表的列下标;变量 i 模拟的是每个子问题的起始行下标,并同时控制了子问题的个数;$k2$ 模拟的是正在处理的循环赛日程表的行下标。

算法分析:

(1) 因为循环赛日程表是一个 $n\times n$ 方阵,所以算法的时间复杂度就是 $O(n^2)$,以下的其他解法,不再进行时间复杂度分析。

(2) 现在回答前面提出的"此问题用二分法分解得到的是独立子问题吗?"答案是否定

的。只是在 $n=2^k$ 时，通过观察排列结果的特点，原问题可以用子问题的解合并构造而成，才使问题得到解决；在 $n\neq 2^k$ 时，这个问题不能用二分策略解决！

3. 利用数据间的规律构造算法

这个算法不用分治算法的思想也可以完成，只要找到数据间的规律，就可设计出算法。分析表 8-5，可找出数据间规律。

第一行为自然数列；将其余行分成 k（表 8-5 中 $k=3$）组，每组分别包括 $2^0,2^1,2^2,\cdots,2^{k-1}$ 行，再看每组的规律如下：

(1) 第二行独立为一组，其中每两个数(2^1)为一小组，共 4 个小组；

(2) 第三、四行为一组，其中 4 个数(2^2)为一小组，共两个小组；

(3) 第四到第八行为一组，其中 8 个数(2^3)为一小组，只有一个小组。

每小组的规律是，数据在组内互换位置，且各行的交换跨度各不相同。每组中数据个数、具体交换位置的跨度，阅读算法 3 就能理解，这里就不重复了。算法中 s 模拟的是进行 k 次分组处理，t 模拟的是每组中的小组数，i 模拟的是数组行下标，j,t,m 共同控制数组列下标。m 模拟的是 i 行与 $i-m$ 行数据间移动的跨度。

算法 3 如下：

```
int a[50][50];
table3( )
{int n,k,i,j,m,s,t;
 n = 1;
 input(k);
 for (i = 1; i <= k; i = i + 1) n = n * 2;
  for (i = 1; i <= n; i = i + 1) a[1][i] = i;
  m = 1;
  for (s = 1; s <= k; s = s + 1)
      { n = n / 2;
        for (t = 1; t <= n; t = t + 1)
         for(i = m + 1; i <= 2 * m; i = i + 1)
            for(j = m + 1; j <= 2 * m; j = j + 1)
              { a[i][j + (t - 1) * m * 2] = a[i - m][j + (t - 1) * m * 2 - m];
                a[i][j + (t - 1) * m * 2 - m] = a[i - m][j + (t - 1) * m * 2];
              }
             m = m * 2;
      }
      for (i = 1; i <= m; i = i + 1)
        { print(换行);
          for (j = 1; j <= m; j = j + 1)
              print(a[i][j]);
        }
}
```

算法分析：算法中虽然用了四重循环，但处理的数据的总数为 $n\times n$ 个，所以算法的复杂度还是 $O(n^2)$。

算法 3 中所利用的数据关系，虽然已经做了一定的解释，但一定有读者还是不理解算法中数组下标表达式的意义。其实循环赛日程表的数据一定还有其他规律，也可以用来设计解决问题的算法，若再加入一些数学技巧，也许会找到效率更高且简单的算法，读者可以大胆尝试。

下面是针对循环赛日程表的其他规律,设计的一种递推算法。

4. 二维递推算法

在 4.1 节中学习的递推法,简单易懂,在解决问题时可以首先进行考虑。在 4.1 节学习的递推关系是一维的,数据序列是线性的,这里一起认识一下二维递推关系。

以 $n=8$ 为例,如表 8-6 所示,表 8-6 与表 8-5 的数据一样,只是加入了体现不同规模解的分隔线,有了这些分隔线,不同规模数据间的递推关系就容易发现和理解了。

表 8-6　8 个人的比赛日程表

1	2	3	4	5	6	7	8
1	2	3	4	5	6	7	8
2	1	4	3	6	5	8	7
3	4	1	2	7	8	5	6
4	3	2	1	8	7	6	5
5	6	7	8	1	2	3	4
6	5	8	7	2	1	4	3
7	8	5	6	3	4	1	2
8	7	6	5	4	3	2	1

先做出规模为 1 的问题的解,也就是左上角的 1×1 方阵,以后分别对规模为 2,4,8,…规模进行二维的递推。规模增加的过程,就是在原规模上扩展左下、右上、右下 3 部分形成新的方阵。这 3 部分可以由上一规模的解递推解出,过程如下。

(1) 左下角新增加的每一行列的数据是其"对应行列"数据+规模/2。

这里的"对应行列"是行号=当前行号-规模/2,列号与当前列号相同,例如:

(2,1)=(1,1)+1

(3,1)=(1,1)+2,(4,1)=(2,1)+2;(3,2)=(1,2)+2,(4,2)=(2,2)+2;(5,1)=(1,1)+4,…,(5,2)=(1,2)+4,…,(5,3)=(1,3)+4…

(2) 右上角与左下角数据一样,可以和算法 1,2 一样根据规律将左下角的数据赋给右上角,也可继续用递推关系,推出左下角的数据是其"对应行列"数据+规模/2。

这里的"对应行列"是行号与当前行号相同,列号=当前列号-规模/2,例如:

(1,2)=(1,1)+1

(1,3)=(1,1)+2,(1,4)=(1,2)+2,(2,3)=(2,1)+2,(2,4)=(2,2)+2;

(1,5)=(1,1)+4,(2,5)=(2,1)+4…

(3) 右下角与左上角数据一样,可以和算法 1,2 一样根据规律将左下角的数据赋给右上角,也可继续用递推关系,推出左下角的数据是其"对应行列"数据-规模/2。

这里的"对应行列"可以是:

行号=当前行号-规模/2,列号与当前列号相同

也可以是:

行号与当前行号相同,列号=当前列号-规模/2

以后者为例:

(2,2)=(2,1)-1

(3,3)=(3,1)-2,(3,4)=(3,2)-2,(4,3)=(4,1)-2,(4,4)=(4,2)-2;

(1,5)=(1,1)+4,(2,5)=(2,1)+4…

至此,左下、右上、右下3部分的递推关系均已找到。

算法4如下:

```
int a[50][50];
table4( )
{int n,n0,i,j,k,k0;
 a[1][1] = 1;
 input(k);
 n0 = 1;
 n = 2;
 for (k0 = 1; k0 <= k; k0 = k0 + 1)
  {for (i = n0 + 1; i <= n; i = i + 1)                // 递推左下角
       for (j = 1; j <= n; j = j + 1)
           a[i][j] = a[i - n0][j] + n0;
    for (j = n0 + 1; j <= n; j = j + 1)               // 递推右上角
       for (i = 1; i <= n0; i = i + 1)
           a[i][j] = a[i][j - n0] + n0;
    for (j = n0 + 1; j <= n; j = j + 1)               // 递推右下角
         for (i = n0 + 1; i <= n; i = i + 1)
             a[i][j] = a[i][j - n0] - n0;
    n0 = n;
    n = n * 2;
  }
  n = n/2;
 for (i = 1; i <= n; i = i + 1)
  { print(换行);
    for (j = 1; j <= n; j = j + 1)
        print(a[i][j]);
  }
}
```

这个算法简单明了,不必进行解释说明。

无论以上哪一种解法都是通过具体的实例进行分析设计的,从具体到抽象是认识世界的基本方法,也是进行算法设计的基本方法。

8.2　求3个数的最小公倍数(4种)

问题描述:对任给的3个正整数,求它们的最小公倍数。

看完题目,读者一定会回忆起最小公倍数的定义,以及用短除法求解3个数的最小公倍数,甚至想到了最大公约数与最小公倍数的换算公式,……其实,与问题相关的每一个经验和思路,都可能是解决这个问题的一种方法,下面就给出用这3种思路,进行算法设计的过程。

1. 用最小公倍数定义进行算法设计

3个数据最小公倍数的定义为“3个数的公倍数中最小的一个”。直接用最小公倍数的定义进行算法设计,这其实就是用蛮力法进行算法设计。按定义将其中一个数逐步从小到大扩大1,2,3,4,5,…自然数的倍数,直到它的某一倍数正好也是其他两个数据的倍数,也就是说能被其他两个数据整除,这就找到了问题的解。

为了提高求解的效率,先选出3个数的最大值,然后对这个最大值从1开始,对其扩大自然数的倍数,直到这个积能被全部3个数整除为止,这个积就是它们的最小公倍数了。

算法1如下:

```
least_common_multiple1( )
{ int x1,x2,x3,i,j,x0;
  print("Input 3 number: ");
  input(x1,x2,x3);
  x0 = max(x1,x2,x3);
  i = 1;
  while(1)
    {j = x0 * i;
     if(j mod x1 = 0 and j mod x2 = 0 and j mod x3 = 0) break;
     i = i + 1;
    }
  print (x1,x2,x3,"least common multiple is ",j);
}
max(int x,int y,int z)
{ if(x > y and x > z) return(x);
  else if (y > x and y > z)return(y);
      else return(z);
}
```

算法说明:这个算法根据最小公倍数的定义,逐步枚举尝试问题的解。算法虽然非常简单易懂,但当3个数据较大或大小差别较大时,算法运行效率太低。

2. 用短除法的思想进行算法设计

下面通过一些具体的实例,逐步设计出算法的细节。

(1) 用短除法求3个已知数最小公倍数的过程主要是找它们的因数,并且求出这些因数之积。3个数的因数有3种情况:3个数共有的、两个数共有的或一个数独有的。计算时按顺序优先处理前面的情况。

无论因数属于以上哪种情况,都只能算作一个因数,累乘一次。例如:

① 若某个数是其中3个数的因数,如2是2,14,6中所有数的因数;

② 若某个数是其中两个数的因数,如2是2,5,6中两个数的因数;

③ 若某个数只是其中某一个数的因数,如2是4,5,9中一个数的因数。

以上例子中的因数2都只累乘一次。

(2) 在手工完成计算时,通过观察并根据一定的规则,可以推断出3个数含有哪些因素,属于哪种情况。由于推断数据因数的规则比较复杂,不适合用算法表示,所以只能利用尝试算法了。尝试的范围应该是2,3个数中最大数之间的质数,而质数也没有适合算法表示的规律,不如直接去尝试2,3个数中最大数之间的所有数,从中找出3个数的因数。

(3) 为避免因数重复计算,一定要将找到并累乘的因数,从原来的数据中除掉,否则因数会重复计算。如数据6需要尝试的因数范围"2～6",先找到2,3是它的因数,累乘后6就不再作为因数累乘了。

(4) 再看一个例子:2是3个数2,4,8的因数,用2整除这3个数得到1,2,4。注意:2仍然是(1,2,4)的因数。所以在尝试某数i是否为3个数的因数时,不是用条件语句if,而是要用循环语句while,以保证将这3个数中所含的因数i能全部找到并累乘。

(5) 某数 i 是已知 3 个数的因数有多种情况，而每种情况又只能累乘因数 i 一次。怎么样表示累乘 i 的条件呢？前面讨论的因数有 3 种情况，其实只是 3 大类情况，后两类情况又能细分出更多小的类别。如第二种情况，i 是两个数共有的因数时，可能是第一、三个数的因数；或是第一、二个数的因数；或是第二、三个数的因数。总之，算法很难用一个简单的逻辑表达式来表示这样复杂的情况。

借助本书 3.3.2 节介绍的"标志量的妙用"技巧，可以较好地解决此问题。当尝试某数 i 是否为 3 个数的因数时，设置标志变量，初值置为"0"，表示不是 3 数中任一个数的因数，当发现 i 是 3 个数的因数时，将标志变量置为"1"。这样通过标志变量，就能确定是否累乘数 i 了。

算法 2 如下：

```
least_common_multiple2 ( )
{ int x1,x2,x3,t = 1,i,flag,x0;
  print("Input 3 number: ");
  input(x1,x2,x3);
  x0 = max(x1,x2,x3);
  for (i = 2; i <= x0; i = i + 1)
    {flag = 1;
      while(flag)
        {flag = 0;
         if (x1 mod i = 0)
           {x1 = x1/i;
            flag = 1; }
         if(x2 mod i = 0)
           {x2 = x2/i;
            flag = 1; }
         if(x3 mod i = 0)
           {x3 = x3/i;
            flag = 1; }
         if (flag = 1)
           t = t * i;
        }          // while终止符
      x0 = max(x1,x2,x3);
      }            // for终止符
    print(x1,x2,x3,"least common multiple is",t);
}
max(int x,int y,int z)
{ if(x > y and x > z) return(x);
  else if (y > x and y > z)return(y);
        else return(z);
}
```

算法说明：在 while 循环体外将 flag 置为 1，是为了能进入循环。一旦进入循环就应该马上将其置为 0，表示假设 i 不是 3 个数的因数。以下用 3 个条件语句测试：发现 i 是某个数的因数，则用因数去除对应整数，并将 flag 置为 1，表示 i 是某个数的因数；循环体最后测试 flag 的值，若为 1 则累乘 i 因数；否则，i 不是任意一个数的因数。为了提高运行效率，每次有因数累乘，就再一次求出除以因数后 3 个数的最大值，以决定是否继续进行 for 循环。

此算法的复杂度较高，但多数情况下运行效率远高于算法 1。下面的算法效率是最高的。

3. 利用最大公约数求最小公倍数

4.1 节中介绍过的用辗转相除法,求解两个数的最大公约数的高效算法。而最小公倍数与最大公约数的关系,是一个基本的常识,利用这个常识可以找到一个“求 3 个数最小公倍数”的高效算法。

先看求解两个数最小公倍数的方法。记:两个正整数 a,b 的最小公倍数为 d,最大公约数为 c。则有最小公倍数 $d=a\times b/c$。这样,两个数的最小公倍数也就可以求解了。

那么求 3 个数 x、y、z 的最小公倍数,怎么样完成呢?很简单,先求两个数 x、y 的最小公倍数记为 s,再求 s、z 的最小公倍数,这样就求出 3 个数的最小公倍数了。

算法 3 如下:

```
least_common_multiple3( )
{  int x1,x2,x3,x0;
   print("Input 3 number: ");
   input(x1,x2,x3);
   x0 = x1 * x2/ most_common_divisor(x1,x2);
   x0 = x0 * x3/ most_common_divisor(x0,x3);
   print(x1,x2,x3,"least common multiple is ",x0);
}
most_common_divisor(int a,int b)
{     int c
      c = a mod b;
      while c <> 0
       {a = b;
        b = c;
        c = a mod b; }
     return(b);
}
```

算法说明:函数 most_common_divisor( )的功能就是求两个数的最大公约数,是用辗转相除法实现的。

4. 先设计求两个数的最小公倍数,利用函数嵌套调用实现 3 个数的最小公倍数

递归设计的思想就是先找小规模问题去解,然后再递推地解决大规模的问题。还可以直接设计一个求两个数的最小公倍数的函数 ff( )。这样,在主函数中通过函数的嵌套调用,就可完成求解 3 个数的最小公倍数的过程。

算法 4 如下:

```
least_common_multiple4( )
{  int x1,x2,x3,x0;
   print("Input 3 number: ");
   input(x1,x2,x3);
   x0 = ff(ff(x1,x2),x3);
   print(x1,x2,x3,"least common multiple is",x0);
}
ff(int a,int b)
{  int a1,b1,c
   a1 = a;
   b1 = b;
   c = a mod b;
   while c <> 0
```

```
        {a = b;
         b = c;
         c = a mod b; }
     return(a1 * b1/b);
  }
```

算法 4 较算法 3 更通用，因为它可以方便地求解更多数的最小公倍数。

8.3 猴子选大王(4 种)

问题描述：不同于自然界猴子选大王的方式，这里的猴子是这样选举它们的大王的。17 只猴子围成一圈，从某只开始报数 1-2-3-1-2-3-…报“3”的猴子就被淘汰，游戏一直进行到圈内只剩一只猴子，它就是猴大王了。

通过解决这个问题将进一步认识算法与数据结构的紧密关系。

1. 数组存储编号信息

比较直接的想法是用蛮力法，模拟猴子报数、淘汰的过程就可以了。猴子抽象成编号，并用数组记录猴子的编号。为模拟游戏过程，将出圈的猴子编号记为−1 以示区别。

算法 1 如下：

```
monkeyking1( )
{ int num [17],n = 17,i;
  for(i = 0; i < n; i = i + 1)
    num[i] = i;
  game(num,a);
  for(i = 0; i < n; i = i + 1)
      if(num[i]<> - 1)
         print ("Monkey King is No.",num[i]);
}
 game(int p[ ],int n)
 { int i,out,count,k = 3;
   i = 0;
   out = 0;
   count = 0;
   while(out < n - 1)
   { if(p[i]<> - 1)
         count = t + 1;
     if(count = k)
        {p[i] = - 1;
        count = 0;
        out = t + 1; }
     i = i + 1;
     if(i = n)
          i = 0;
   }
 }
```

算法说明：

(1) 主算法的第一个循环很容易理解，它将 17 只猴子的编号存入数组中。

(2) game( )函数中的 while 循环是在控制游戏的结束。out 记录出圈猴子的个数，当

out＝16 时，表示 16 只猴子出圈，循环就可结束。

(3) count 在模拟报数过程。当它等于 3 时，i 号猴出圈，计数器归 0，out 累加 1。

(4) i 在模拟扫描圆圈的过程，语句“i＝i＋1；if(i＝n) i＝0；”是在将线性的数组变成圆圈，以便循环报数。

若用第 3 章 3.3.1 节介绍的“算术运算的妙用”，可以将函数中最后的语句“i＝i＋1；if(i＝n)i＝0；”改写成“i＝(i＋1) mod n;”同样也可以将线性的数组变成圆圈。

算法分析：算法要对数组的 n 个元素扫描 k 次，算法的时间复杂度为 $O(kn)$。

2. 数组存储状态信息

上面的算法在信息利用上效率太低。同上对猴子编号 0～16 后，为它们开辟一个数组，但不是记录其编号，因为数组下标就是很好的编号信息。根据第 3 章 3.2.3 节学习的“数组记录状态信息”的技巧，用数组来记录猴子是否在圈内的状态：在圈内记为“1”，不在圈内记为“0”。并以累加数组元素值来模拟报数过程，这样就减少了判断猴子是否在圈内的操作。

算法 2 如下：

```
monkeyking2( )
{int i,n = 17,p[17];
 for(i = 0; i < n; i = i + 1)
   p[i] = 1;
 k = 0;
 while(n <> 1)
     { for(i = 0; i < 17; i = i + 1)
        {k = k + p[i];
         if (k = 3)
          {p[i] = 0;
           k = 0;
           n = n - 1; }
        }
     }
     for(i = 0; i <= 16; i = i + 1)
     if (p[i] = 1) print("Monkey King is No.",i);
}
```

算法说明：

(1) 外层循环(while 循环)也是在控制游戏的结束。

(2) 内层循环(for 循环)则是扫描一圈猴子，当然只有在圈内的猴子才能报数；而累加数组元素 $p[i]$正好模拟圈内的猴子报数的过程。

算法分析：算法 2 和算法 1 的时间效率大致相同，算法 2 稍高一些，且可读性更强一些。

3. 数组存储邻接信息

以上算法的缺点是每次都要扫描包括已出圈的所有猴子，时间效率还是比较低。同样对猴子编号 0～16 后，如果用数组元素来存储其下一只在圈内猴子的下标，就能方便地找到下一只在圈内的猴子，只需要扫描这些在圈内的猴子，而不必顾及已出圈的猴子了，这样算法的效率就提高了。当一只猴子的下一只猴子就是自己时，圈内就只剩一只猴子，它就是猴大王了。

算法 3 如下：

```
monkeyking3( )
{ int i,test,p[17],n = 17,last;
  for(i = 0; i < n - 1; i = i + 1)
    p[i] = i + 1;
  p[n - 1] = 0;
  test = 0;
  while(test <> p[test])
      { for(i = 1; i < 3; i = i + 1)
        { last = test;
          test = p[test]; }
       p[last] = p[test];
       test = p[last];
      }
  print("Monkey King is No.",test);
  }
```

算法说明：

(1) 算法的第一个循环很容易理解，它将 17 只猴子连成一个圈，i 号猴的下一只猴的编号为 $p[i]$。

(2) 外层循环(while 循环)仍然是在控制游戏的结束，不同的是这里无须引入计数器去记录所剩猴子的个数，而是判断当一只猴子的下一只是自己时，意味着只剩下一只猴子，游戏也就该结束了。

(3) 注意内层循环“for(i=1; i<3; i=i+1)”只循环 2 次。它的功能是寻找报“3”的猴子。从报“1”的猴子开始依靠数组找报“3”的猴子，是一个“植树问题”，只需要操作两次，就像 1-2-3 之间只有两个“-”一样。

另外，为什么算法中既记录了出圈的猴子的下标 test，又记录了其前一只猴子的下标 last 呢？

以 4 只猴子 1-2-3-4 为例，当 3 号猴子出圈后，4 号猴子就是 2 号猴子的下一只猴子，即数组 $p[2]$存储的就不再是“3”，而是存储“4”了。这样就需要同时记录要出圈的猴子下标(test)和其前一只猴子的下标(last)，以便进行猴子出圈操作。

test 出圈的过程就用语句“p[last]=p[test];”表示，就是让 test 的下一只猴子做 last 的下一只猴子，这样 test 号猴就不在圈内了。以后的报数就从 last 的新的下一只猴子开始，这就是 while 循环体中的最后一条语句“test=p[last]; ”。

4. 链式结构存储信息

以上算法中数组元素的功能就像一个“链”，帮助找到下一只在圈内的猴子，其实这就是称为静态链表的数据结构。而指针更具有“链”的功能，因为它是用来指向变量空间的，用“动态存储+指针变量+结构体”就可以形成链表结构。这个问题用链表结构来实现非常适合。下面的算法不但是用动态链表实现，而且是一个适用性更强的算法，即猴子个数、出圈猴子的报数点，都由键盘输入。

算法 4 如下：

```
monkeyking4( )
{ int i,n,k;
  struct monkey{int num;
```

```
                struct monkey  * next; }  * head, * test, * last;
    print(" How many monkeys?");
    input(n);
    print("Which monkey go away?");
    input (k);
    head = malloc(sizeof(struct monkey));          // 申请结点空间
    head -> num = 0;
    last = head;
    for(i = 1; i < n; i = i + 1)                   // 生成循环链表
      {test = malloc(sizeof(struct monkey));
       test -> num = i;
       last -> next = test;
       last = test;
       }
    test -> next = head;
    test = head;
    while(test -> next <> test)
        { for(i = 1; i < k; i = i + 1)
          { last = test;
            test = test -> next; }
          last -> next = test -> next;
          free(test);                              // 释放出圈猴子所占用的空间
          test = last -> next;
        }
    print("Monkey King is No.",test -> num);
    }
```

算法说明:

(1) 结构体的num成员存储猴子的编号,next成员存储下一只猴子所在结点的地址。算法4的第一个循环与算法3类似,是为n只猴子开辟n个存储空间,并把它们连成一个圈。

(2) 算法的其他部分与上一算法意义相近,不同的是每当猴子出圈时,其对应的结点空间被释放,这样空间利用率更高。

8.4 最大子段和问题(5种)

问题描述: 给定n个整数(可能为负整数)$a_1,a_2,\cdots,a_n$。求形如

$$a_i,a_{i+1},\cdots,a_j \qquad i,j=1,2,\cdots,n,i\leqslant j$$

的子段和的最大值。当所有整数均为负整数时定义其最大子段和为0。

例如:当$(a_1,a_2,a_3,a_4,a_5,a_6)=(-2,11,-4,13,-5,-2)$时,最大子段和为

$$\sum_{k=i}^{j}a_k=20 \quad i=2,j=4(\text{下标从 1 开始})$$

1. 枚举算法设计

首先用简单的枚举算法来解决这个问题。枚举所有可能的起始下标($i=1,2,\cdots,n$)和终止下标($j=i,i+1,\cdots,n$),累加i到j所有元素的和,并从中选取最大的子段和。

算法 1 如下：

```
partsum1( )
{ int i,j,n,a[100],t;
  print("input number of data(<99): ");
  input(n);
  print("input",n "data: ");
  for(i=1; i<=n; i=i+1)
      input(a[i]);
  i=j=1;
  t=max_sum(a,n,&i,&j);
  print("The most sum of section is",t);
  print("starting point is ",i);
  print("end point is ",j);
  }
max_sum1(int a[],int n,int *best_i,int *best_j)
  { int i,j,k,this_sum,sum;
  sum=0;
  *best_i=0;
  *best_j=0;
  for(i=1; i<=n; i=i+1)
    for (j=i; j<=n; j=j+1)
      { this_sum=0;
        for (k=i; k<=j; k=k+1)
          this_sum=this_sum+a[k];
        if (this_sum>sum)
          { sum=this_sum;
            *best_i=i;
            *best_j=j; }
        }
  return(sum);
}
```

算法说明：

(1) 算法中 this_sum 代表当前子段和，即 $a[i]\sim a[j]$所有元素的和；sum 代表求解过程中的最大子段和，函数结束时存储的就是 $a[1]\sim a[n]$的最大子段和。best_i 代表最大子段和的起点下标，best_j 代表最大子段和的终点下标。

(2) 从这个算法中 for 的循环嵌套可以看出它所需计算的时间复杂度是 $O(n^3)$。

(3) 从 max_sum( )函数中要返回 3 个数据，而 return 语句只能返回一个值，其余两个数据通过地址参数实现子模块与调用模块的空间共享。

2. 改进的枚举算法设计

如果注意到：

$$\sum_{k=i}^{j} a_k = a_j + \sum_{k=i}^{j-1} a_k$$

第 k 次计算的和可由前 $k-1$ 次计算结果递推。算法 1 每次都从头开始累加，显然没有必要。可将算法 1 中的最内层的 for 循环省去，就可以避免重复计算，从而使枚举算法的实现得以改进。改进后的算法 2 如下(主调函数同前)：

```
int max_sum2(int a[],int n,int *best_i,int *best_j)
{ int i,j,this_sum,sum,;
```

```
sum = 0;
 * best_i = 0;
 * best_j = 0;
for(i = 1; i <= n; i = i + 1)
   {this_sum = 0;
   for (j = i; j <= n; j = j + 1)
   { this_sum = this_sum + a[k];
     if  (this_sum > sum)
       { sum = this_sum;
           * best_i = i;
           * best_j = j,}
     }
   }
return(sum);
}
```

算法说明：改进后的算法只需要 $O(n^2)$ 的计算时间。上述改进是在算法"实现"技巧上的一个改进，充分利用已经得到的结果，避免重复计算，从而节省了计算时间。

3. 二分策略算法设计

经以上改进只是减少了 i 一定时的重复计算操作。当 i 变化时 this_sum 被置 0 后，又重新开始累加计算，其中必然仍会有很多重复计算。如：$i=1$ 时，已计算过下标为 1～5 元素的和；当 $i=2$ 时，还要再计算下标为 2～5 元素之和。不能利用以前累加的结果。

针对这个问题本身特点，还应该从算法"设计"的策略上加以深刻的改进。从这个问题解的结构可以看出，它适合于用分治法进行求解。虽然分解后的子问题并不独立，但通过对重叠的子问题进行专门处理，并对子问题合并进行设计，就可以用二分策略解决此题。

如果将所给的序列 $a[1:n]$ 分为长度相等的两段 $a[1:(n/2)]$ 和 $a[(n/2)+1:n]$，分别求出这两段的最大子段和，则 $a[1:n]$ 的最大子段和有 3 种情形。

情形(1)：$a[1:n]$ 的最大子段和与 $a[1:(n/2)]$ 的最大子段和相同。

情形(2)：$a[1:n]$ 的最大子段和与 $a[(n/2)+1:n]$ 的最大子段和相同。

情形(3)：$a[1:n]$ 的最大子段和为 $a[i:j]$，且 $1\leqslant i\leqslant(n/2)$，$(n/2)+1\leqslant j\leqslant n$。

情形(1)和情形(2)可递归求得。

对于情形(3)，序列中的元素 $a[(n/2)]$ 与 $a[(n/2)+1]$ 一定在最大子段中。因此，可以计算出 $a[i:(n/2)]$ 的最大值 $s1$；并计算出 $a[(n/2)+1:j]$ 中的最大值 $s2$。则 $s1+s2$ 即为出现情况(3)时的最优值。

据此可设计最大子段和的分治算法求出最大子段。由于子问题不独立，不同于一般的"二"分治算法，这里算法的实质是"三"分治。主函数同前。

算法 3 如下：

```
int max_sum3(int a[ ],int n)
  {return(max_sub_sum(a,1,n)); }
max_sub_sum(int a[ ],int left,int right)
{int center,i,j,sum,left_sum,right_sum,s1,s2,lefts,rights;
 if (left = right)
    if (a[left]> 0)
        return(a[left]);
    else
        return(0);
```

```
else
  {center = (left + right)/2;
   left_sum = max_sub_sum(a,left,center);
   right_sum = max_sub_sum(a,center + 1,right);
   s1 = 0;                    // 处理情形 3
   lefts = 0;
   for (i = center; i > = left; i = i - 1)
    {   lefts = lefts + a[i];
        if(lefts > s1) s1 = lefts; }
   s2 = 0;
   rights = 0;
   for(i = center + 1; i < = right; i = i + 1)
    { rights = rights + a[i];
      if (rights > s2) s2 = rights; }
   if (s1 + s2 < left_sum and right_sum < left_sum) return(left_sum);
   if (s1 + s2 < right_sum) return(right_sum);
   return(s1 + s2);
  }
}
```

算法说明：

(1) 为保持算法接口的一致，所以通过 max_sum( )函数调用 max_sub_sum( )函数。

(2) 此算法没有记录问题解的起始点和终止点，读者可尝试改进算法，实现此功能。

(3) 这个算法的时间复杂度为 $O(n\log_2 n)$。

4. 动态规划算法设计

那么，能否设计出一个线性时间的算法来解决这个问题呢？回答是肯定的。

算法 3 采用的分治算法，减少了各分组之间的一些重复计算，但由于分解后的问题不独立，在情形(3)中重复计算较多，还是没有充分利用前期的计算结果。动态规划的特长就是解决分解的子问题不独立的情况。用动态规划法解决问题的思路很简单，就是通过开辟存储空间，存储各个子问题的计算结果，从而避免重复计算。其实就是用空间效率去换取时间效率。

学习动态规划法时就讨论过，动态规划其实有很强的阶段递推思想，用前一阶段存储的计算结果，递推后一阶段的结果，是一种全面继承前期信息的方法。下面就从递推的角度设计算法。过程如下：

记 sum $[i]$为 $a[1]\sim a[i]$的最大子段和，记 this_sum$[i]$为当前子段和。

先看 this_sum$[i]$的定义，this_sum$[i]$从 $i=1$ 开始计算，当 this_sum$[i-1]\geqslant 0$ 时，前面子段的和对总和有贡献，所以要累加当前元素的值；当 this_sum$[i-1]<0$ 时，前面子段的和对总和没有贡献，要重新开始累加，以后的子段和从 i 开始。

初值：this_sum$[0]=0$；$i=1,2,\cdots,n$ 时

this_sum$[i]$＝this_sum$[i-1]$＋a[i]　　　　当 this_sum$[i-1]\geqslant 0$

this_sum$[i]=a[i]$　　　　当 this_sum$[i-1]<0$

相应地 sum $[i]$的递推定义式如下：a$[0]=0$，$i=1,2,\cdots,n$ 时

sum $[i]$＝sum$[i-1]$　　　　当 this_sum$[i]\leqslant$sum$[i-1]$

sum $[i]$＝this_sum$[i]$　　　　当 this_sum$[i]>$sum$[i-1]$

sum $[i]$的定义较好理解，它在记录 $a[1]\sim a[i]$的最大子段和，不断存储新得到的较大

的 this_sum[i]。

据此,设计出求最大子段和的线性时间算法如下(算法 4):

```
int max_sum4(int a[ ],int n,int * best_i,int * best_j)
{int i,j,this_sum[n+1],sum[n+1];          // i,j 为当前子段和的起点和终点下标
this_sum[0] = 0;
sum[0] = 0;
 * best_i = 0;
 * best_j = 0;
i = 1;
for(j = 1; j <= n; j = j + 1)
  { this_sum[j] = this_sum[j - 1] + a[j];
    if (this_sum[j]> sum[j])
      { sum[j] = this_sum[j];
        * best_i = i;
        * best_j = j; }
    else if (this_sum[j]< 0)
        { i = j + 1;
          this_sum[j] = 0; }
    }
  return(sum);
}
```

算法说明:和前几解一样,参数 best_i 代表最大子段和的起点下标,best_j 代表最大子段和的终点下标。

算法中只用了一重循环,需要 $O(n)$的计算时间,是解决该问题时间效率最高的算法。

5. 递推算法设计

算法还可以在空间上进一步提高效率,存储 $a[1]\sim a[j]$的当前子段和的 this_sum 及当前最大子段和的 sum 都不必设置为 n 个元素的数组,用普通变量就可以实现算法,因为在递推过程中只需要保存一个值就足够了。

算法 5 如下:

```
int max_sum5(int a[ ],int n,int * best_i,int * best_j)
{int i,j,this_sum,sum;
 this_sum = 0;
 sum = 0;
  * best_i = 0;
  * best_j = 0;
 i = 1;
 for(j = 1; j <= n; j = j + 1)
   { this_sum = this_sum + a[j];
     if (this_sum > sum)
       { sum = this_sum;
         * best_i = i;
         * best_j = j; }
     else if (this_sum < 0)
          { i = j + 1;
            this_sum = 0; }
   }
  return(sum);
}
```

看完这个问题的所有算法应该理解，高级或者复杂的算法策略不一定必然设计出高效率的算法，而应该由问题的特点决定使用的算法策略。

8.5 背包问题(11 种)

背包问题的版本很多，下面根据不同题目的特点，采用不同的设计策略和方法解决问题。

8.5.1 与利润无关的背包问题

对于所取物品件数或重量固定的问题，是较简单的背包问题，一般可以不采用复杂的算法，直接用枚举策略就可以解决它们。看以下几个例子。

【例 1】 背包问题 1：在 9 件物品中选出 3 件使其重量和与 500 克之差的绝对值最小。数据由键盘输入。算法设计：枚举选取物品的编号。

由于选取物品的件数固定为 3 件，所以，可用三重循环(循环变量分别为 i，j，k)枚举这 3 件物品的选取情况。但要注意同一物品不能重复选择，且一个物品选取的先后没有区别。设置变量 i 枚举 1～7 件，j 枚举 $i+1$～8 件，k 枚举 $j+1$～9 件，嵌套后可以枚举所有选取方式的配对情况，并从中找出与 500 克最接近的组合。

算法 1 如下：

```
main1( )
{int bestw = 32767, i, j, k, besti, bestj, bestk;
 float w, a[10];
 for (i = 1; i <= 9; i = i + 1)
   input(a[i]);
 for (i = 1; i <= 7; i = i + 1)
   for(j = i + 1; j <= 8; j = j + 1)
     for(k = j + 1; k <= 9; k = k + 1)
       {w = ABS(500 - a[i] - a[j] - a[k]);
        if(w < bestw)
            {bestw = w;
             besti = i;
             bestj = j;
             bestk = k; }
       }
   print("choose: ", besti, bestj, bestk);
   print ("weight: ", a[besti] + a[bestj] + a[bestk]);
}
```

算法说明：嵌套循环中 i，j，k 的变化过程如下。

(1,2,3)(1,2,4)(1,2,5)…(1,2,9)
(1,3,4)(1,3,5)…(1,3,9)
(1,4,5)…(1,4,9)
⋮
(1,8,9)
(2,3,4)(2,3,5)…(2,3,9)

(2,4,5)…(2,4,9)

⋮

(2,8,9)

⋮

(7,8,9)

算法分析:如设计中所言,嵌套循环过程中枚举了所有选取方式的配对情况。时间复杂度为$O(n^3)$。

【例2】 背包问题2:小明有一只能装10千克的背包,现有白菜一棵5千克,猪肉一块2千克,酱油1.7千克,一条鱼3.5千克,白糖一袋1千克,菜油一桶5.1千克。请编写一个算法,设计小明的背包所装东西的总重量最重。

算法设计:枚举备选物品的取舍。

该问题与上例的根本不同点不在于一个要求总重量最大、一个要求总重量与500克的误差最小,而是没有限定选取物品的件数。在上例中固定选取3件物品,可以用三重循环枚举这3件物品,从中找出问题的解。该例题就无法照搬上面的算法了,但仍然可以沿用上题的设计方法。既然固定项的各种情况可以进行枚举,应该发现本题目中备选物品的数量是固定的,就来枚举这些物品的取舍情况。具体设计如下。

对于任意一种选取物品的方案,每种物品不是被挑选中就是未被挑选中,选中了该物品的重量被加入总重量中,反之不加入总重量。用变量i_1,i_2,i_3,i_4,i_5,i_6分别表示白菜、猪肉、酱油、鱼、白糖和菜油对总重量和的贡献,变量取值只有两种可能:$i_1=5$表示白菜被选中,$i_1=0$时表示未选中,其余类推。用变量w存储某一方案的总重量$w=i_1+i_2+i_3+i_4+i_5+i_6$,这样将得到不同的总和,任何一件物品都有选中和选不中两种可能,这是一个标准"乘法"问题,选取方法的总数为$2\times2\times2\times2\times2\times2=2^6$种,在这些方案中$w$值不大于10千克且是最大者就是本题的解。

$i_1,i_2,\cdots,i_6$取何值可通过尝试确定。尝试范围为六重循环:

i_1循环,初值0,终值5,步长5;

i_2循环,初值0,终值2,步长2;

i_3循环,初值0,终值3.5,步长3.5;

i_4循环,初值0,终值1.7,步长1.7;

i_5循环,初值0,终值1,步长1;

i_6循环,初值0,终值5.1,步长5.1。

定解条件:

$S=i_1+i_2+i_3+i_4+i_5+i_6$中,不大于10的最大者。

算法2如下:

```
main2( )
{float w,bestw,i1,i2,i3,i4,i5,i6,i10,i20,i30,i40,i50,i60;
bestw = 0;
for (i1 = 0; i1 < = 5; i1 = i1 + 5)
  {for (i2 = 0; i2 < = 2 i2 = i2 + 2)
    {for (i3 = 0; i3 < = 3.5; i3 = i3 + 3.5)
      {for (i4 = 0; i4 < = 1.7; i4 = i4 + 1.7)
        {for (i5 = 0; i5 < = 1; i5 = i5 + 1)
```

```
    {for (i6 = 0; i6 < = 5.1; i6 = i6 + 5.1)
     {w = i1 + i2 + i3 + i4 + i5 + i6;
     if(w < = 10 and w > bestw)
       {bestw = w;
       i10 = i1,i20 = i2,i30 = i3,i40 = i4,i50 = i5,i60 = i6; }}}}}}}
       print("choose: ",i10,i20,i30,i40,i50,i60);
       print("weight: ",bestw);
   }
```

算法说明：题目中没有明确输出选取物品的真正方案，通过多分支选择语句可以设计更合理的输出。

【例 3】 背包问题 3。

设有一个背包可以放入的物品重量为 S，现有 n 件物品，重量分别为 $w_1,w_2,\cdots,w_n$。问：能否从这 n 件物品中选择若干件放入此背包，使得放入的重量之和正好为 S。如果存在一种符合上述要求的选择，则称此背包问题有解(或称解为"真")，否则此问题无解(或解为"假")。

算法设计：递归枚举。

背包问题 3 与背包问题 1,2 的根本差别在于：背包问题 1 所选物品件数是固定的常量，备选物品件数可以是可知的变量；背包问题 2 备选物品件数是固定常量且较小，所选物品件数不定；而背包问题 3 备选物品件数是可知变量，所选物品件数也是不定的。因此背包问题 3 没有可以用固定的(常量个)嵌套循环来枚举的对象。在第 3 章 3.1.3 节"递归与循环的比较"中，介绍了在这种情况下，可以用递归算法解决它。

用 Knap(s,n)表示上述背包问题的解，这是一个布尔函数，其值只能为真(C 语言为 1)或假(C 语言为 0)。其参数应满足 $s>0,n\geqslant 1$，s 表示背包还可容纳物品的重量，n 表示未考虑物品的件数，物品的编号为 $1,2,3,\cdots,n$，而选取物品的尝试是从 n 号到 1 号进行的，因为这样便于递归。

一件物品在背包问题中只有两种可能：

(1) 一种是不选择 w_n，这样 Knap(s,n) 的解就是 Knap$(s,n-1)$的解；

(2) 另一种是选择 w_n，这样 Knap(s,n) 的解就是 Knap$(s-w_n,n-1)$的解。

找到递归关系后，再看停止条件：

(1) 当 $s=0$ 时，在尝试的路径上正好取到重量为 s 的物品，背包问题有解，即 Knap$(0,n)=$true。

(2) 当 $s<0$ 时，在尝试的路径上取到的物品重量超过 s，此路径上背包问题无解，即 Knap$(s,n)=$false。

(3) 当 $s>0$ 但 $n<1$ 时，表示在尝试的路径上取到的所有物品的重量达不到背包的容量。背包问题此时也无解即 Knap$(s,n)=$false。

从以上分析设计，得到了背包问题的递归定义如下(等写出算法后再分析问题的回溯过程)：

$$\text{Knap}(s,n)=\begin{cases}\text{true}, & s=0\\ \text{false}, & s<0\\ \text{false}, & s>0\text{ 且 }n<1\\ \text{Knap}(s,n-1)\text{或 Knap}(s-w_n,n-1), & s>0\text{ 且 }n\geqslant 1\end{cases}$$

上述递归定义是确定的,因为每递归一次 n 都减少 1,s 也可能减少 w_n,所以递归若干次以后,一定会出现 $s\leqslant 0$ 或者 $n=0$。无论哪种情况都可使递归正常回溯结束。

数据结构设计:为了减少不必要的栈空间,算法中物品重量数组 w 定义为全局变量。按照背包问题的递归定义,可以直接写出它的递归。

算法 3 如下:

```
float w[100];
 main3( )
 {int n;
 float s;
 print("What is the weight?");
 input(s);
  print("How many units goods?");
  input(n);
  for (i = 1; i <= n; i = i + 1)
          input(w[i]);
   if(Knap3(s,n) = false)
      print("Non solution");
   }
Knap3(float s,int n)           // 数组 w[n] 为全局量
  {if (s = 0)
     return(true);
  else if ((s < 0)or (s > 0 and n < 1))
        return(false);
  else if (Knap3(s-w[n],n - 1) = true)
                 {print("choose",w[n]);
                 return(true); }
  else
                return(Knap3(s,n - 1));
  }
```

算法说明:任意给出一对正整数 s_0 和 n_0,调用算法便能求出背包问题的解或确定背包问题无解。若最终背包问题有解,即 $\text{Knap3}(s_0,n_0)=\text{true}$ 时,算法还会输出一组被选中的各物品的重量。

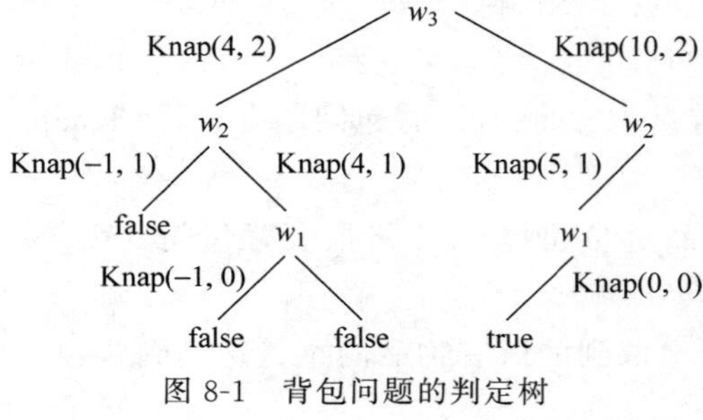

图 8-1 背包问题的判定树

由此例可以更好地理解第 3 章开头说的"递归是一种比迭代循环更强的循环结构",递归很自如地完成了嵌套循环不能完成的操作。

下面通过实际的例子讲解算法的执行过程。为方便讨论选取这样的例子:Knap(10,3),$w_1=5$,$w_2=5$,$w_3=6$。图 8-1 是一判定树(解空间树),图中每个 w_i 下有两条边,向左走表示取第 i 件物品,向右走表示不取第 i 件物品,判定树表示 w_i 取舍的全部可能。算法的运行过程如下:

(1) 先尝试取 w_3(左下)——调用 Knap(4,2);

(2) 再尝试取 w_2(左下)——调用 Knap(−1,1),可以决策失败,回溯到 Knap(4,2);

(3) 继续尝试不取 w_2(右下)——调用 Knap(4,1);

(4) 再尝试取 w_1(左下)——调用 Knap(-1,0),可以决策失败,回溯到 Knap(4,1);
(5) 继续尝试不取 w_1(右下)——调用 Knap(4,0),可以决策失败,回溯到 Knap(4,1);
(6) Knap(4,1)执行完毕,回溯到 Knap(4,2);
(7) Knap(4,2)执行完毕,回溯到 Knap(10,3);
(8) 继续尝试不取 w_3(右下)——调用 Knap(10,2);
(9) 再尝试取 w_2(左下)——调用 Knap(5,1);
(10) 再尝试取 w_1(左下)——调用 Knap(0,0)得 true;
(11) 回溯 Knap(5,1),成功不再递归;
(12) 回溯 Knap(10,2),成功不再递归;
(13) 回溯到 Knap(10,3)结束递归。

8.5.2 与利润有关的背包问题

复杂一些的背包问题除了要考虑背包的总容量外,还要考虑所装物品的最高利润,这样的问题可能更符合实际,但解决起来也就更复杂一些。当然题目中的背包,可以理解为汽车等装运工具。

【例 4】 部分背包问题 4:一个商人带着一个能装 m 千克的背包去乡下收购货物,准备将这些货物卖到城里获利。现有 n 种货源,且知第 i 种货物有 w_i 千克,可获利 p_i 元。请编写算法帮助商人收购货物,以获取最高的利润。

算法设计:贪婪算法。

当 $w_1+w_2+w_3+\cdots+w_n\leqslant m$ 时,收购所有货物即可,但出现了 $w_1+w_2+\cdots+w_n=w>m$ 的情况,商人只能选择一些货物购买,假设每一种货物都可以分成需要的任意一小部分放入背包(这类问题称为部分背包问题),那么商人该各买多少哪些货物才能获利最高?这是采用贪婪算法求解的典型问题。每次优先选择利润与重量比最大的装入背包,就能获得最高的利润。

算法 4 如下:

```
main4( )
{     int m,n,i,j,w[50],p[50],p1[50],b[50],s,max;
      input(m,n);
      for(i = 1,s = 0; i < = n; i = i + 1)
           {input(w[i],p[i]);
            p1[i] = p[i];
            s = s + w[i]; }
    if (s < = m)
         {print("whole choose");
          return; }
    for(i = 1; i < = n; i = i + 1)
       {max = 1;
        for(j = 2; j < = n; j = j + 1)
           if (p1[j]/w[j]> p1[max]/w[max])
                     max = j;
        p1[max] = 0;
        b[i] = max;
        }
```

```
    for(i = 1,s = 0; s < m and i <= n; i = i + 1)
      s = s + w[b[i]];
   if(s <> m)
     w[b[i - 1]] = m - (s - w[b[i - 1]]);
   for(j = 1; j <= i - 1; j = j + 1)
     print("choose",b[j],"weight",w[b[j]]);
}
```

算法说明：算法中第二个 for 循环(二重循环)是在用选择排序法排序，要注意到其中并没有进行交换，而只是按 $p[j]/w[j]$从大到小的次序，将下标记录在数组 b 中，称 b 为“索引表”。这个技巧使在得到选取物品顺序的同时，又不用改变物品原有顺序，这样可以使结果输出更合理——既有所选物品的重量又有所选物品的序号。

这是一个部分背包问题，其局部的最优确实能达到全局最优，但试想若物品不允许拆零(0/1 背包问题)还用贪婪算法就不一定得到最优解了，即局部最优达不到全局最优。如下面一组数据：$m=5, n=2, w=\{2,5\}, p=\{3,4\}$。

【例 5】 背包问题 5。0/1 背包问题：题目同例 4，只是约定物品不允许拆零。

算法设计：递归枚举解 0/1 背包问题。

算法 5 的设计思想与例 3 中算法 3 类似，为找出大规模与小规模问题的关系，对于每一件物品考虑仅有的两种可能“选择或不选择”，当然选择某物品的前提是背包容量可以容纳它。

用 knap5(n)表示背包问题的解，不同于算法 3 的是，它代表背包中物品获取的利润。

当前背包的容量 m 大于第 i 件物品时，可以有递归关系为：

```
knap5(m-w[i],i - 1) + p[i];
```

无论 m 是否大于第 i 件物品，不选取第 i 件物品时的递归关系为：

```
knap5(m,i - 1);
```

knap5(n)取其中较大者为当前问题的解。

算法 5 如下：

```
float w[100],p[100],n,m;
main5( )
{int s = 0,i;
 input(m,n);
 for(i = 1; i <= n; i = i + 1)
    {input(w[i],p[i]);
    s = s + w[i]; }
 if (s <= m)
    {print("whole choose");
    return; }
 print("max = ",knap5(m,n));
 }
 knap5(int m,int i)
 {int max1,max2,t;
 if (i = 0)
    return 0;
 max1 = knap5(m,i - 1);
 if (m >= w[i])
    max2 = knap5(m - w[i],i - 1) + p[i];
```

```
    if (max1 > max2)
        t = max1;
    else
        t = max2;
    return(t);
}
```

算法说明：此算法的时间复杂度是 $O(2^n)$，虽然和后面算法的时间复杂度一样，但这是最差的一个算法，它几乎要进行 $O(2^n)$ 次，深度为 n 的枚举尝试。

【例 6】 回溯搜索解 0/1 背包问题。

上一个算法只给出了最大利润的值，而没有给出最大利润下，背包所装物品的方案。下面除了通过回溯算法改进上一个算法的效率，还实现了给出背包所装物品方案的功能。

算法设计：为找到最大的获利情况，先用最简单的蛮力搜索算法——回溯法来解决这个问题。不同于递归算法，递归算法是找大规模问题与小规模问题的关系，回溯法是对问题解空间进行搜索的算法。

(1) 先确定搜索空间。

n 件物品的取舍数字化为："取"标识为"1"，"不取"标识为"0"。则搜索的空间为 n 元一维数组($x_1,x_2,x_3,\cdots,x_n$)，其值从(0,0,0,…,0,0)，(0,0,0,…,0,1)，(0,0,0,…,1,0)，(0,0,0,…,1,1)，…，(1,1,1,1,…,1,1)。这就是一棵子集树。

(2) 确定约束条件。

题目中的约束条件很明确：就是所取物品的重量和不超过 m。只有取当前物品时才需要判断所取物品的重量和不超过 m，若不取当前物品时，就无须进行判断，只要进一步进行深度搜索。

还有一个约束条件或者说是停止条件就是搜索完一个分支，也就是说完成一组(x_1，$x_2,x_3,\cdots,x_n$)的枚举。

(3) 搜索过程中的主要操作。

搜索过程中一要累加所取物品的重量，回溯时还要做现场清理，也就是将当前物品置为不取状态，且从累加重量中减去当前物品的重量。

每搜索完一个分支就要计算该分支的获利情况，并记录当前的最大获利情况。

数据结构设计：仍用变量 m 代表背包总容量，n 为物品的种类数。数组 w 为各种物品的重量，p 为各种物品的利润，为了减少不必要的栈空间，将两个数组设置为全局变量。

从以上总结的搜索过程的主要操作可知，还应该设置以下变量：

(1) 记录当前分支走向，也就是取舍情况的数组 x_1(其中每个元素取 1 或 0 值，表示该物品的取舍情况)；

(2) 累加所取物品的重量的变量(total)；

(3) 累加当前分支的获利值的变量(sum)；

(4) 存储当前的最大获利值的变量(max)；

(5) 存储当前的最大获利分支的数组 x(其中每个元素取 1 或 0 值，表示该物品的取舍情况)。

同样，为了减少递归函数参数栈的空间，变量 total、变量 max 和数组 x 均设置为全局变量。

递归函数的参数,应该有记录递归深度的变量 i。

综上算法 6 如下:

```
float w[100],p[100],x1[100],x[100];
main6( )
{   int m,n,s = 0,i;
    input(m,n);
    for(i = 1; i <= n; i = i + 1)
       {input(w[i],p[i]);
       s = s + w[i]; }
    if (s <= m)
       {print("whole choose");
       return; }
    knap6(1);
    for (i = 1; i <= n; i = i + 1)
       print("x",i + 1," = ",x[i]);
}
float max = 0,total = 0;
knap6(int i)
{   int j;
    float sum = 0;
    if (i = n + 1)                                   // 到达叶结点
      {for (j = 1; j <= n; j = j + 1)
           sum = sum + x1[j] * p[j];
       if (sum > max)
          {max = sum;
           for (j = 1; j <= n; j = j + 1)
              x[j] = x1[j];
           }
       return;
      }
   x1[i] = 0;                                        // 不装入第 i 件物品的情形
   knap6(i + 1);
   if (total + w[i]<= m)                             // 可装入第 i 件物品的情形
     { x1[i] = 1;                                    // 装入第 i 件物品的情形
       total = total + w[i];
       knap6(i + 1);
       x1[i] = 0;
       total = total - w[i];                         // 回溯之前清理现场
       }
 }
```

算法说明:这个算法用数组 $x1$ 记录了问题解空间中的不同分支,在分支结束(搜索到叶结点)时,才通过数组计算出该分支的获利情况。当所取物品重量超过容量时,就不会搜索到该分支叶结点,也就没有计算获利情况,请读者思考这样是否会丢失问题的解。

另外,算法 6 的设计过程和算法 6 中,对每一件物品都是先考虑其不被选取的情况,再考虑其被选取的情况,倒过来可以吗?如果可以,请试着完成相应的算法。

算法分析:算法需要搜索的问题解空间有 2^n 个分支,也就是说算法的时间复杂度为 $O(2^n)$。下面会给出一些在效率方面有所改进的算法,但只能在效率上有少许的提高,算法的时间复杂度仍为 $O(2^n)$。也就是说 0/1 背包问题是一个 NP 问题,在下面的算法中将不再一一进行算法分析。

【例 7】 加限界策略的优化回溯算法解 0/1 背包问题。

在搜索算法中加入限界策略就是为了剪断某些分支，避免不必要的深入搜索。在分支限界算法中已经学习过这一策略，现在要进一步理解，不仅仅是广度优先的分支搜索算法可以引入限界策略，就是深度优先的回溯算法也可以引入限界策略，就是增加一些合理的约束条件，对不可能达到最优解的分支不进行搜索，及早回溯。算法的主要思想与算法 6 基本相同，设计过程不再详细重复。下面仅就限界策略部分进行讨论。

算法设计：加限界策略的优化回溯算法。

1）优化搜索过程

就像分支限界算法中所做的，要想设计好的限界函数且使其能有效使用，首先要优化搜索的效率，也就是在深度搜索过程中加入贪婪策略。这里和算法 4 一样先搜索单位利润高的物品，即当 $p(i)/w(i) \geqslant p(j)/w(j)$ 时，优先选取第 i 号物品。和算法 4 一样，要达到此目的，必须先对所有物品按单位利润由高到低进行排序。算法 6 是在盲目地进行搜索，搜索过程中搜索取舍的顺序对算法效率没有影响，这里与算法 6 相反，一定要先考虑选取每一个搜索到的物品情况，必要时，才去考虑不选取正搜索到物品的情况。

2）设计限界函数

为了容易理解，这里先说明限界函数的基本含义，再解释其应用原理。

记限界函数为 bound(sum，total，k，m)。变量 sum，total 与算法 6 的意义一样，sum 为当前效益总量；total 为当前背包重量；k 为正在搜索的物品编号，m 为当前背包容量。bound(sum，total，k，m)的返回值是当前分支物品在容量允许下获利的上界。获利上界是按部分背包问题计算的，这样计算简便且能保证肯定是该分支，在容量允许下的获利最大值的上界。限界函数算法如下：

```
bound(float sum,float total,int k,float m)
{int i;
 float b,c;
 b = sum;
 c = total;
 for(i = k + 1; i <= n; i = i + 1)
   {c = c + w[i];
    if(c < m)
      b = b + p[i];
    else
      return(b + (1 - (c - m)/w[i]) * p[i]);              // 累加部分物品和的利润
    }
}
```

3）回溯算法应该做的改动

（1）先对物品按单位利润由高到低排序，注意重量和利润都要进行相应的变动。

（2）先搜索选取物品的情况，再搜索不取某件物品的情况。

（3）当不取第 i 件某物品时，求出当前利润之和$\left(\text{sum}=\sum_{k=1}^{i-1} p[k]\times x1[k]\right)$与背包还可容纳的所有物品的利润总和，结果就是该分支的获利上界 bound。只有当它比当前的最大获利 max 大，即 bound>max 时，才说明不取第 i 件某物品有可能得到更大的获利，有必要继续搜索；否则停止搜索回溯。

算法 7 如下：

```
float w[100],p[100],x[100],x1[100];
main7( )
  {int m,n,s = 0,i;
   input(m,n);
   for(i = 1; i <= n; i = i + 1)
      {input(w[i],p[i]);
      s = s + w[i]; }
   if (s <= m)
      {print("whole choose");
      return; }
   sort( );                              // 按单位利润由高到低排序
   knap7(1);
   for (i = 1; i <= n; i = i + 1)
       print("x",i + 1," = ",x[i]);
   print("The max value is",max);
   }
float max = 0,total = 0;
knap7(int i)
  {int j;
   float sum = 0;
   if (i = n + 1)                        // 到达叶结点
     {for (j = 1; j <= n; j = j + 1)
           sum = sum + x1[j] * p[j];
      if (sum > max)
         {max = sum;
          for (j = 1; j <= n; j = j + 1)
               x[j] = x1[j];
          }
     }
  if (total + w[i]<= m)                  // 可装入第 i 件物品的情形
    { x1[i] = 1;                         // 装入第 i 件物品的情形
      total = total + w[i];
      sum = sum + p[i];                  // 注意到与算法 5 的区别,为什么
      knap7(i + 1);
      total = total - w[i];              // 回溯之前清理现场
      sum = sum - p[i];
      x1[i] = 0;
     }
  if(bound(sum,total,i,m)> max)          // 不装入第 i 件物品的情形
      {x1[i] = 0;
       knap7(i + 1); }
 }
```

算法说明：这里回答算法注释中的问题，由于计算 bound 时需要当前的利润和 sum，所以，除了要记录第 i 件物品的取舍情况外，还要计算当前的已选取物品的利润和 sum。而算法 6 则只需要在搜索到叶结点时，才计算整个分支选取物品的利润和 sum。

请读者思考：能否把 bound 定义为只计算 $i+1$ 到 n 允许容量下的物品的利润和，而将 knap7 中最后一个 if 语句的条件改写为“bound(sum,total,i,m)>p[i]”呢？

【例 8】 加限界策略的优化回溯非递归算法解 0/1 背包问题。

算法设计：递归算法的效率总是比较低的，所以给出与算法 7 相同设计策略下的非递

归算法。其中主调函数和 bound 函数与算法 7 完全相同,就不重复出现了。只给出搜索算法 knap8,其中变量意义与例 7 相同,不再进行说明。

算法 8 如下:

```
knap8( )
{   int i,j,x1[n];
    float sum = 0;
    i = 1;
    max = - 1;
    while(1)
    {   while (i <= n and total + w[i]<= m)          // 选取物品 i
           {total = total + w[i];
            sum = sum + p[i];
            x1[i] = 1;
            i = i + 1; }
        if (i = n + 1 and max < sum)                  // 搜索到叶结点
           {max = sum;
            i = n;
            for (j = 1; j <= n; j = j + 1)            // 修改取舍情况
               x[j] = x1[j];
           }
        else
      x1[i] = 0;                                      // 超出容量 m,不选取物品 i
    while (bound(sum,total,i,m)<= max)
     { while (i> 0 and x1[i]<> 1)                     // 找最后选取的物品
            i = i - 1;
        if (i = 0)                                    // 回溯到树根,结束搜索过程
            return;
        x1[i] = 0;                                    // 否则回溯,搜索不选取第 i 件物品的情况
        total = total - w[i];
        sum = sum - p[i];
        }
    i = i + 1;
    }
}
```

【例 9】 FIFO 分支限界搜索算法解 0/1 背包问题。

第 5 章中已讨论过多数搜索类问题,既可以用回溯算法实现,又可以用分支定界法算法实现。下面就用 FIFO 分支限界搜索算法解决背包问题。

算法设计: FIFO 分支限界搜索算法的搜索过程是按广度优先搜索。图 8-2 是 3 件物品的背包问题搜索子集树,搜索是按字母序 A,B,…,O。怎样在搜索中找到问题的解,关键是搜索过程中信息的记录,也就是数据结构的设计。

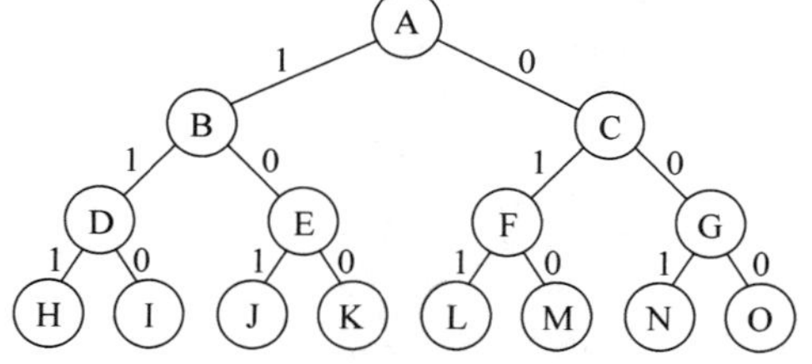

图 8-2 搜索子集树

数据结构设计: 在回溯算法的辅助空间参数栈中,对高度为 n 的树,最多有 n 个数据,即依次存储树中一个分支各层结点的信息。而在分支限界搜索算法的辅助空间队中的结点,就无法识别结点间的层次等关系。所以队列中的数据要涵盖结点的所有信息。

(1) i 是结点所在层次,表示处理的是第 i 件物品。

(2) 变量 flag 存储物品的取舍情况,flag 为 1 表示选取该物品,flag 为 0 表示不选取该物品(类似回溯算法中的数组 x)。

(3) 当前的利润 cp 和重量 cw(类似回溯算法中的 sum 和 total)。

(4) 为了能方便输出最大利润的方案,用线性的数组队,每次扩展都记录活结点的父结点下标 par。同时记录当前最大利润的最后一个物品的编号 bestp。

由此结点的结构为:

```
struct node
 {int i,flag,par;
  float cp,cw; }
```

算法 9 如下:

```
struct node enode,node,q[100];                    // enode为当前扩展结点,node为enode的子结点
main9(int n,float m)                              // 返回背包最优装载的收益
{int f = 0,e = 0;                                 // 队首、队尾指针
 float bestp = 0,beste = 0;
 enode.cw = 0;                                    // 初始化第1层
 enode. cp = 0;
 enode. i = 0;
 enode.flag = 0;
 enode.par = 0;
 e = e + 1;
 q[e] = enode;
 while (e <> 0)                                   // e = 0 子集空间树搜索完毕
 { node.cw = enode.cw + w[enode.i + 1];           // 检查左孩子
   if (node.cw < = m)                             // 可行的左孩子,取物品i
     { node.cp = enode.cp + p[enode.i + 1];
       if(node.cp > bestp)
             {bestp = node.cp;
              beste = e + 1; }
       node.flag = 1;
       node.par = f;
       node.i = enode.i + 1;
       e = e + 1;
       q[e] = node;
     }
     node.cw = enode.cw;                          // 搜索右孩子,不取物品i
     node.cp = enode.cp;
     node.flag = 0;
     node.par = f;
     node.i = enode.i + 1;
     e = e + 1;
     q[e] = node;
     f = f + 1
     enode = q[f];                                // 取下一个E-结点
 }
 for (int j = 1; j > = n; j = j + 1)              // 输出最大利润方案之一
     {if(q[baste].flag = 1)
         print("choose",q[baste].i);
       baste = q[baste].par;
     }
```

```
    print("Max = ",bestp);
  }
```

算法分析：此算法搜索了子集树中的所有结点的时间复杂度为 $O(2^n)$。算法的存储空间效率低，因为队列不仅元素多，且每个结点的信息量也比较大。

【例 10】 优先队列分支限界法算法解 0/1 背包问题。

FIFO 分支限界搜索算法可读性较差，且算法的效率也较低，所以一般很少用 FIFO 分支限界搜索算法。本节例 8 的算法 8 采用的是"回溯＋限界策略"，这里用"分支＋限界策略"设计算法。

限界函数 bound( )与例 8 完全相同，不再重复。同样为了更好地提高限界策略的效率，采用优先队列分支定界方法来进行搜索。优先队列通过一个最大堆实现，活结点是按照收益值的降序逐步变为 E-结点。和例 8 一样，本例假设已经对所有的物品都是按单位利润由高到低的顺序排列。

为了突出算法本身的思想，省略了最大利润的方案输出，对堆的操作也只进行抽象的描述。

用 maxheap 代表堆的存储空间，相关操作有：

inheap(node)；表示结点 node 入堆；

outheap(node)；表示结点 node 出堆。

因为只有一个堆，所以就不强调入哪一个堆。

算法 10 如下：

```
main10( )                                         // 返回背包最优装载的收益
struct node
 {int i,flag,par;
  float cp,cw; } enode,node,maxheap[1000];
main(int n,float m)                               // 返回背包最优装载的收益
{enode.cw = 0;                                    // 初始化层 1
enode. cp = 0;
enode. i = 1;
enode.flag = 0;
enode.par = 0;
addnode(enode);
while (enode.i <> n + 1)                          // 搜索子集空间树,当不是叶子时
{ node.cw = enode.cw + w[enode.i + 1];            // 检查左孩子
  if (node.cw < = m)                              // 可行的左孩子,取 i 物品
    { node.cp = enode.cp + p[enode.i + 1];
      if(node.cp > bestp)
           bestp = node.cp;
      node.flag = 1;
      node.par = f;
      node.i = enode.i + 1;
      innode(node);
     }
  if(bound [i])> = bestp)
      {node.cw = enode.cw;                        // 搜索右孩子,不取 i 物品
      node.cp = enode.cp;
      node.flag = 0;
      node.par = f;
      node.i = enode.i + 1;
      innode(node);
      outnode(enode);                             // 取下一个 E-结点
```

```
        }
    }
print("Max = ",bestp);
}
```

算法说明：

(1) 算法 10 与算法 9 虽然算法结构和语句差别都不大，但搜索过程有很大的区别。为了更好地理解算法，用实际的例子讲解算法的运行过程。

仍以 $n=3$ 为例，并假设背包总容量 $m=30$，物品的重量为 $w=\{20,15,15\}$，利润为 $p=\{40,25,25\}$。

算法以解空间树中的结点 A 作为初始 E-结点，扩展得到结点 B 和 C 并插入堆中，结点 B 获得的收益值是 40，结点 C 得到的收益值为 0。A 从堆中删除，B 成为下一个 E-结点，因为它的收益值比 C 的大。当展开 B 时得到了结点 D 和 E，D 不可行不插入堆，E 加入堆中。由于 E 具有收益值 40，而 C 为 0，因此，E 成为下一个 E-结点。扩展 E 时生成结点 J 和 K，J 不可行不插入堆，K 是一个可行的解，因此，K 作为目前能找到的最优解 40，被记录下来，然后 K 被删除。

由于只剩下一个活结点 C 在堆中，因此，C 作为 E-结点被扩展，生成 F、G 两个结点，F 插入堆中，G 被限界函数排除不插入堆。F 的收益值为 25，因此，成为下一个 E-结点，扩展后得到结点 L 和 M，因为它们是叶结点，同时 L 所对应的解被作为当前最优解 50，被记录下来。此时堆变为空，没有下一个 E-结点产生，搜索过程终止。终止于 L 的搜索即为最优解。

由以上实例可以发现，用优先队列分支限界法不仅比 FIFO 分支限界搜索算法效率高，而且比例 8 的回溯分支限界法效率还要高。只是算法 10 不如算法 8 简单、易理解。

(2) 在不注重算法时间效率的情况下，堆操作可用简单的排序算法代替，按单位重量物品利润由大到小排序即可。

(3) 对于最大利润的选取方案，可以在搜索的同时生成链式结构的搜索树。为了输出简便，搜索树应该用父链树存储，每得到新的最优解，都记录当前物品在树中的结点地址，搜索完毕后，通过该地址在搜索上回溯，就能找到最大利润的方案。

【例 11】 动态规划算法解 0/1 背包问题。

动态规划算法是一个高效率的算法，由于要用数组存储有关信息，而数组的下标只能是整数，所以只能针对物品重量、背包总重量为整数的情况进行讨论。且根据问题的合理性，约定每个备选物品的单个重量都小于背包的总容量。

算法设计：

1) 阶段划分

用动态规划算法解决问题，首先是要找出解决问题的阶段，本题目比较直观的阶段，就是逐个决定一个物品的取舍情况，显然不能根据一个或其中的几个具体物品的重量和利润就得出取舍结论。但在肯定当前背包的容量的范围时，一个物品选取的可能性是可以确定的。

例如第 k 件物品的重量为 $w[k]$，背包的总容量为 m，在不考虑其他物品的情况下：

当前背包容量为 $0\sim w[k]-1$ 时，一定不能选取第 k 件物品；

当前背包容量为 $w[k]\sim m$ 时，就有可能选取第 k 件物品。

2) 数据结构设计

阶段划分好后，应该先设计状态转移的策略，为了容易理解，这里先介绍相关数据的存储结构。设置一个存储动态规划过程的二维数组 $f[n][m]$ 共有 $1\sim n$ 行，$0\sim m$ 列（在决策过程设计中介绍为什么从 0 开始）。行下标代表 $1\sim n$ 件物品，列下标代表当前背包容量。元素中存储的是当前阶段可能的最大获利值。

3）状态转移决策过程

从第 n 件物品开始，j 代表当前背包容量：

$$f[n][j]=0,\quad j=0,1,\cdots,w[n]-1;$$

$$f[n][j]=p[n],\quad j=w[n],w[n]+1,\cdots,m$$

现在开始第二阶段，决定第 $n-1$ 件物品的取舍可能，及当前的获利情况。分下面几种情况进行讨论。

① 当前背包容量 $j<w[n-1]$ 时，不可能选取第 $n-1$ 件物品，所以

$$f[n-1][j]=f[n][j],\quad j=0,1,\cdots,w[n-1]-1$$

② 当前背包容量 $j\geqslant w[n-1]$ 时，可以选取第 $n-1$ 件物品，也可以不选取第 $n-1$ 件物品。

若选取第 $n-1$ 件物品，则对于其前面阶段物品的获利值，就只能考虑容量为 $j-w[n-1]$ 的情况，这时：

$$f[n-1][j]=f[n][j-w[n-1]]+p[n-1]\quad j=w[n-1],w[n-1]+1,\cdots,m$$

若不选取第 $n-1$ 件物品，则获利值与上一阶段相同：

$$f[n-1][j]=f[n][j]\quad j=w[n-1],w[n-1]+1,\cdots,m$$

要获取最大获利，自然取这两种获利中较大的一个，也就是说：

$$f[n-1][j]=\max\{\ f[n][j],f[n][j-w[n-1]]+p[n-1]\ \}\quad j=w[n-1]+1,\cdots,m$$

以后每个阶段都和第二阶段一样，由上一阶段的可能获利情况，递推出本阶段的结论。

最终，第 n 阶段结束后，$f[1][m]$ 中存储的就是背包问题的最大获利。

从算式中可以看出，当前背包容量正好为 $w[k]$ 时，选取物品 k 时，就要考虑容量为 0 时的情况，所以数组 f 的列下标必须是 0 起点。

4）例子

为了更好地理解阶段之间的状态转移决策过程，也为了分析这个过程的合理性，下面看一个简单的实例。

例子：$m=10,n=5$；　$w[\ ]=\{3,2,4,6,5\}$；　$p[\ ]=\{5,3,4,10,8\}$。

j	0	1	2	3	4	5	6	7	8	9	10
5	0	0	0	0	0	8	8	8	8	8	8
4	0	0	0	0	0	8	10	10	10	10	10
3	0	0	0	0	4	8	10	10	10	12	14
2	0	0	3	3	4	8	10	11	13	13	14
1	0	0	3	5	5	8	10	11	13	15	16

+10　+4　+3　+5

上面的算法示例中,上画线为实线时表示不选取当前物品,继承上一行的内容。对应算式:

$$f[k][j]=f[k+1][j],\quad j=0,1,\cdots,w[n-1]-1$$

上画线为虚线时,表示可能选取当前物品 k,$f[k][j]$的值依赖上一行的前 $0\sim m-w[k]$,和上一行的对应列。对应算式为:

$$f[k][j]=\max\{f[k+1][j],f[k+1][j-w[n-1]]+p[n-1]\}\quad j=w[n-1]+1,\cdots,m$$

5) 正确性分析

可能有读者存有疑问,对于每一阶段的决策只依赖上一阶段进行(决策的无后向性),能否像搜索算法那样,全面考虑物品取舍的不同情况,而找出真正的最大获利结果呢?这里不做理论证明,只分析一下这个算法设计中,是否考虑到了物品选取的不同情况,且决策中不会丢失最大获利的情况。

以两件物品为例,不妨设 $w[1]>w[2]$,j 分为以下 4 段进行讨论:

(1)	(2)	(3)	(4)
$0\sim w[2]-1$,	$w[2]\sim w[1]-1$,	$w[1]\sim w[1]+w[2]-1$,	$w[1]+w[2]\sim m$
0	$p[2]$	$\max(p[1],p[2])$	$p[1]+p[2]$

每段下面的表达式的值,就存储在 $f[1][j]$中。

分析以上 4 种情况,只有在第三种情况下,物品 1 确定不被选取。这就舍去了物品 1 与其他物品的组合,就像搜索空间树时剪掉了一个分支,而这是正确的,不会因此丢失了问题的解。因为,这时 $w[1]>w[2]$且 $p[1]<p[2]$,表示物品 1 又重同时利润又低,与其装入物品 1 不如装入物品 2。除非有可能两件物品全装入,而这已属于第四种情况。由此可以理解算法的阶段决策是满足最优化原理的。

另外,从例子中可以看到,各阶段都是如此决策的。只不过在后面的阶段中 $f[i][j]$ 不再是仅仅代表一件物品的利润值,而可能是几件物品利润的组合值。

6) 最大获利方案的输出

从数组 $f[k][j]$的意义,经过 $n-k+1$ 阶段,背包容量为 j 时的最大获利值。$f[1][m]$是背包问题的最大获利值,但并不一定就选取物品 1,只有当本阶段的值与前一阶段的值不同时,才说明该物品被装入背包,如上例中 $f[1][10]=15\neq f[2][10]=12$,所以物品 1 装入了背包。接下来背包容量就为 $m-w[1]=10-3=7$,这就要看 $f[2][7]$与 $f[3][7]$是否相等,不相等说明物品 2 装入背包;接下来背包容量就为 $m-w[1]-w[2]=5$,继续看 $f[3][5]$与 $f[4][5]$相等,说明物品 3 没有装入背包;因为 $f[4][5]$与 $f[5][5]$相等,说明物品 4 没有装入背包。接下来背包容量就为 $m-w[1]-w[2]=10-3-2=5$,而这时 $w[1]=5$,说明物品 5 装入背包。总利润为 16。

总之,在当前背包的容量下,若本阶段与前一阶段的值不同时,说明该物品被装入背包,否则就没有被装入背包;对于最后一个物品的取舍是这样确定的,在当前背包的容量下对应的利润 f 非 0,说明该物品被装入背包,否则该物品就没有被装入背包。虽然背包问题可能有多解,但这样的做法只能得到唯一的解。

综上,算法 11 如下:

```
float w[100],p[100],x[100],f[100][100];
main11( )
```

```
{int tw,tp,m,n,s,i;
 print("please input the maximum weight of the bag: ");
 input(m);
 print("input the prices and the weight of all the objects: ");
 print("until input 0,0")
 i=0;
 s=0;
 input(tw,tp);
 while(tw>0 and tp>0)
   { s=s+tw;
     if (tw<=c)              //不处理不能装入背包的物品
        {i=i+1;
         w[i]=tw;
         p[i]=tp; }
     input(tw,tp);
   }
 n=i;
 if (s<=m)
     {print("whole choose");
     return; }
 knap9(m,n);
 solution ( );
 for (i=1; i<=n; i=i+1)
     print("x",i,"=",x[i]);
 print("The max value is",f[1][m]);
 }
knap9(int m,int n)
  {int y=0,i=0;
   for(y=0; y<=m; y=y+1)
      f[n][y]=0;
   for(y=w[n]; y<=m; y=y+1)
          f[n][y]=p[n];
   for(i=n-1; i>1; i=i-1)
     { for(y=0; y<=m; y=y+1)
          f[i][y]=f[i+1][y];
      for(y=w[i]; y<=m; y=y+1)
         if (f[i+1][y]>f[i+1][y-w[i]]+p[i])
            f[i][y]=f[i+1][y];
         else
            f[i][y]=f[i+1][y-w[i]]+p[i];
      }
   if(m>=w[1])
         if (f[1][m]>f[2][m-w[1]]+p[1])
            f[1][m]=f[2][m];
         else
            f[1][m]=f[2][m-w[1]]+p[1];
  }
solution(int m,int n)                //得到解向量x
  {int i=0;
   for(i=1; i<n; i=i+1)
      if(f[i][m]=f[i+1][m])
        x[i]=0;
     else
        {x[i]=1;
```

```
            m = m - w[i]; }
    if (f[n][m]<> 0)
        x[n] = 1;
    else
        x[n] = 0;
   }
```

算法说明：

(1) knap9(int m,int n)中的最后一个 if 语句是处理最后一件物品(编号为 1 的物品)，也就是对数组 f 的第一行赋值。为了提高效率，这件物品只需要考虑背包容量为 m 一种情况，这种情况下的解就是整个问题的解。

(2) 找问题解方案的 solution(int m,int n)函数也可以改为以下形式：

```
solution(int m, int n)              // 得到解向量 x
{int i = 0;
 for (i = 1; i < n; i = i + 1)
     if(f[i][m] = f[i + 1][m - w[i]] + p[i])
          {x[i] = 1;
          m = m - w[i]; }
     else
          x[i] = 0;
 if (f[n][m]<> 0)
     x[n] = 1;
 else
     x[n] = 0;
 }
```

算法分析：

(1) 整个算法都是针对 $n\times m$ 个数组元素进行运算的，所以算法的时间复杂度为 $O(n\times m)$。

(2) 此算法的效率虽然较高，但它只能针对"整数"重量的背包问题。虽然通过数据单位的变化，不难将非整数重量转化为整数重量，但下面的一组数据可以说明这往往是不现实的。

例如：$n=3,m=10,w[]=\{3.14,5,9.6\},p[]=\{5,7,10\}$(变量意义同前)。

转化后是：

$n=3,m=1000,w[]=\{314,500,960\},p[]=\{5,7,10\}$。

需要开辟 1000 个空间，相关计算近 1000 次，时间、空间效率都太低。对这样的数据用动态规划算法就不合适了。

8.6 主元素问题(5 种)

问题描述：给定含有 n 个元素的数组 $S=\{A_1,A_2,\cdots,A_i\cdots,A_n\}$，$1\leqslant i\leqslant n$，特殊地，有些问题限定 $1\leqslant A_i\leqslant n$，每个元素在 S 中出现的次数称为该元素的重数。S 中重数大于 $n/2$ 的元素称为主元素。

例如，$S=\{2,2,4,2,1,2,5,2,2,8\}$。$S$ 的主元素是 2，其重数为 6。

问题分析：从问题本身不难看出，主元素的存在性是不确定的，但若存在则一定是唯一的。对于一个现实问题若主元素存在，说明这个数值是问题的重要特征，在地质和气候等研究领域有应用。

1. 枚举策略($O(n^2)$)

算法设计：对每一个元素与所有其他元素进行比较，统计这个元素重复的次数，当找到一个元素重复的次数超过 $n/2$ 个时，则算法停止，否则继续比较统计，直到全部比较完毕，说明不存在主元素，输出 0(假设数组中不包括 0)。

算法 1 如下：

```
Majority1(int a[],int n)
{   for(i = 0;i < n;i++)
        {count = 0;
         for(j = 0;j < n;j++)
             if(a[j] =  a[i]) count++;
         if(count > n/2)
                return a[i];
        }
      return 0;
}
```

算法分析：算法的时间复杂度为 $O(n^2)$，当然算法也可以进行简单的改进，外层循环 $n/2$ 次就可以了，且每个元素只需要和其后的元素进行比较。请思考为什么？算法如下：

算法 2 如下：

```
Majority2(int a[],int n)
{   for(i = 0;i < n/2;i++)
        {count = 0;
         for(j = i;j < n;j++)
             if(a[j] =  a[i]) count++;
     if(count > n/2)
             return a[i];
        }
     return 0;
}
```

算法分析：算法的时间复杂度仍为 $O(n^2)$。

2. 排序＋枚举策略($O(n\log_2 n)$)

算法设计：如果问题集合中的元素是有序的，可以实现一个线性时间复杂度的算法，确定 $a[0..n-1]$是否有一个主元素。因为元素有序，相同的元素一定存储在连续的单元中；所以，选定的元素只需要与其连续的数据比较，直到出现不等的元素或发现选定的元素为主元素。算法如下：

```
Majority3(int a[],int n)
{   for(i = 0;i < n; i = i + 1)
      {count = 1;
       while(a[i] =  a[i + 1]) {count++; i = i + 1;}
       if(count > n/2)
             return a[i];
      }
    return 0;
}
```

算法分析：虽然算法是用二重循环实现的，但都是用变量 i 指示正在比较的元素下标，每次比较后都后移，重复的元素不会被多次比较，Majority3 是线性时间复杂度算法，但高效的排序算法时间复杂度为 $O(n\log_2 n)$，因此算法的总时间复杂度为 $O(n\log_2 n)$。

3. 排序＋分治策略（$O(n\log_2 n)$）

算法设计：如果问题集合中的元素是有序的，不难得到如下结论：若集合中存在主元素，则中间的元素一定是主元素。则按分治策略设计，可以实现一个线性时间复杂度的算法。

```
Majority4(int a[],int n)
{k = n/2;
 count = 0;
 for(i = k;i >= 0;i -- )
     if(a[k] =  a[i]) count++;
 for(i = k + 1;i < n;i++)
     if(a[k] =  a[i]) count++;
  if(count > n/2)
         return a[k];
   else
         return 0;
}
```

算法分析：算法 Majority4 比算法 Majority3 效率更高，但仍然要依赖排序算法，因此算法的总时间复杂度为 $O(n\log_2 n)$。

4. 偏真蒙特卡罗算法$\left(O\left(n\log_2\frac{1}{e}\right)\right)$

算法设计：根据主元素的定义，若主元素存在，则随机选一个元素其是主元素的概率已经大于1/2，所以不难想到设计一个偏真蒙特卡罗算法，并通过多次调用该算法提高算法的正确率。

对于任何给定的 $e>0$，若要算法的错误概率小于 e，算法如下：

```
MajorityMC(int a[], int n)                     // 判定主元素的蒙特卡罗算法
{   int i = Random(0,n - 1);
    int x = a[i];                              // 随机选择数组元素
    int count = 0;
    for (int j = 0;j < n;j++)
        if (a[j] == x) count++;
    if (k > n/2) return x;
    else return 0;
}
Majority5(int a[], int n, double e)            // 重复调用算法 majorityMC
{   int k = (log(1/e)/log(2));
    for (int i = 1;i <= k;i++)
         { x = MajorityMC(a,n);
           if (x! = 0) return x;}
    return 0;
}
```

算法分析：对于任何给定的 $e>0$，若要算法的错误概率小于 e，算法 majority5 重复调用 $\log_2\frac{1}{e}$ 次算法 majorityMC。它是一个偏真蒙特卡罗算法，且算法 majority5 所需的时间复杂度为 $O\left(n\log_2\frac{1}{e}\right)$。

5. 递推法($O(2\times N)$)

数学模型：一个数组 $a[0..n-1]$，任意两个元素 a_1 和 a_2 可能的情况如下：

(1) a_1 不等于 a_2

假如 a_1 是数组 a 的主元素，a_2 不是。那么 a_1 在数组 a 中的数量 count$>n/2$。此时去掉数组 a 中的 a_1 和 a_2 两个元素($a_1 != a_2$)。那么问题规模变为 $n-2$，数组 $a[0..n-3]$中 a_1 的数量为 count-1，且 count$-1> n/2-1=(n-2)/2$。即 a_1 还是新数组的主元素。

假如 a_1 和 a_2 都不是数组 a 的主元素，那么去掉 a_1、a_2 以后，新数组的大小将变成 $n-2$。此时很有可能出现一个新数组的主元素 X，此主元素 X 的数量正好等于 count$=(n-2)/2+1$。但是该主元素就不是原数组的主元素了，因为 count$=(n-2)/2+1=n/2$，这样的主元素 X 是伪主元素，因此需要最后通过和所有元素比较，来确定是否是真正的主元素。

(2) a_1 等于 a_2

这种情况规模不能降低。只能继续找不同的两个元素降低规模。

算法设计：

假设第一个元素为主元素存储在 seed 中，与其他元素比较。

若发现与其相等则计数器 count 加 1，否则，

若 count$\neq 0$，则计数器减 1，模拟去掉 1 对数据降阶的过程；

若 count$=0$，重新选择当前元素为主元素存储在 seed 中；继续以上步骤，直到比较完所有元素。

因为最终得到的 seed 元素有可能是序列最末位的两个元素之一，因此，这里还需要验证。算法如下：

```
Majority6(int a[], int n)
{ int count = 0, seed.i;
  seed = a[0];
  for(i = 1; i < n; i++)
    if(seed == data[i]) count++;
    else
        if(count > 0)    count -- ;
        else             seed = data[i];
count = 0;
for(i = 0; i < n; i++)
  if (seed = a[i]) count++;
if(count >(n/2)) return seed;
return 0;
}
```

算法分析：递推过程需要 n 次循环，由于递推过程没有准确的结论，确定 seed 是否是真正的主元素再进行 n 次循环，算法时间复杂度为 $O(2n)$。

"算法设计与分析"课程设计大纲

一、性质和目的

"算法设计与分析"课程属于计算机专业核心课程，是理论和实践结合的课程，适用于计算机各专业。通过本课程设计，使学生理解和掌握算法设计的主要策略、方法和技巧，培养学生对算法复杂性进行正确分析的基本能力，为独立地设计求解问题的最优算法和对给定算法进行复杂性分析奠定坚实的基础。

二、基本要求

(1) 掌握问题分析和数学模型建立的方法和过程。

(2) 应用递推、蛮力、分治、贪婪和动态规划策略。

(3) 应用回溯法及分支限界法。

(4) 掌握算法复杂性分析。

(5) 程序语言不限。

三、"算法设计与分析"课程设计参考题目

题目一　选课方案设计

大学里实行学分制，每门课都有一定的学分。每个学生均需要修满规定数量的课程才能毕业。其中有些课程可以直接修读，有些课程需要一定的基础知识，必须在选了先修课程的基础上才能修读。例如，"数据结构"必须在选修了"高级语言程序设计"之后才能选修。假定每门课的直接先修课至多只有一门，两门课可能存在相同的先修课。例如(如附表1所示)：

附表1　选课表

课　号	先修课号	学　分	课　号	先修课号	学　分
1	0	1	4	0	3
2	1	1	5	2	4
3	2	3			

附表1中，1是2的先修课，即如果要选修2，则1必定被选。

学生不可能学完大学里开设的所有课程，因此每个学生必须在入学时选定自己要学的课程。每个学生可选课程的总数是给定的。编写一个"学生选课系统"，任意给定一种

课程体系(总课程数,课程之间的修读先后制约关系,学生毕业要求修的课程数),该系统能帮助学生找出一种选课方案,使得他能得到的学分最多,并且必须满足先修课程优先的原则。

例如,任意给定某一课程体系,该体系总共有 7 门课,每个学生必须修满 4 门课,该课程体系中,课程间的修读制约关系见附表 2 所示。该课程体系总共有 7 门课,每个学生必须修满 4 门课,每行代表一门课。每行有 3 个数,第一个数是这门课程的课号,第二个数是这门课程的先修课程课号(0 表示该课不存在先修课程),第三个数是这门课程的学分(学分是不超过 10 的整数)。在此课程体系下,学生选择课号为:2,6,7,3 四门课程得到的学分最多,所得到的学分为 13。

附表 2 课程间的制约关系

课号	先修课号	学分
1	2	2
2	0	1
3	0	4
4	2	1
5	7	1
6	7	6
7	2	2

上面的需求描述中,在给定某一课程体系情况下,指定学生毕业所需修读的课程数,求在此约束下的最多学分选课方案。

题目二 表达式相等判断

任给两个表达式都满足下面的性质,判断它们是否相等。

(1) 表达式只可能包含一个变量“a”。

(2) 表达式中出现的数都是正整数,而且都小于 10 000。

(3) 表达式中可以包括 4 种运算“+”(加)、“-”(减)、“*”(乘)、“^”(乘幂),以及小括号“(”“)”。小括号的优先级最高,其次是“^”,然后是“*”,最后是“+”和“-”。“+”和“-”的优先级是相同的。相同优先级的运算从左到右进行(注意:运算符“+”“-”“*”“^”以及小括号“(”、“)”都是英文字符)。

(4) 幂指数只可能是 1～10 的正整数(包括 1 和 10)。

(5) 表达式内部、头部或者尾部都可能有一些多余的空格。

下面是一些合理的表达式的例子:

((a^1) ^ 2)^3,a*a+a-a,((a+a)),9999+(a-a)*a,1+(a-1)^3,1^10^9…

题目三 决策系统

一个智能决策系统可以由规则库和事实库两部分组成,假定规则库的形式为:

R*i* C1 & C2 & … & Cn->A

表示在条件 C1,C2,…,Cn 都满足的前提下,结论 A 成立(即采取行动 A);R*i* 表示这是规则库中的第 *i* 条规则。事实库则由若干为真的条件(即命题)所组成。

对一个新的待验证的命题 Q,可使用数据驱动或目标驱动两种推理方式之一来确认它是否可由某规则库和事实库推出:

(1) 数据驱动的推理是指从事实库开始,每次试图发现规则库中某条能满足所有条件的规则,并将其结论作为新的事实加入事实库,然后重复此过程,直至发现 Q 是一个事实或没有任何新的事实可被发现。

(2) 目标驱动的推理是指从目标假设 Q 出发,每次试图发现规则库中某条含该假设的规则,然后将该规则的前提作为子目标,确认这些子目标是否和事实库中的事实相匹配,如果没有全部匹配,则重复此过程,直至发现新的子目标都为真或不能再验证子目标是否为真。

例如,一个规则库为:

R1 X & B & E->Y

R2 Y & D->Z

R3 A->X

事实库为:

A

B

C

D

E

如果想知道命题 Z 是否为真,数据驱动的推理是从 A B C D E 开始,依次匹配规则 R3(得到新事实 X)、R1(得到新事实 Y)和 R2,得到 Z 为真的事实;目标驱动的推理是从假设目标 Z 开始,依次匹配规则 R2(得到新的子目标 Y)、R1(得到新的子目标 X)和 R3,得到假设 Z 为真的结论。

请编写程序正确、高效地实现这两种推理方式。

题目四　数独游戏

在 9×9 的矩阵里,使行、列的单位元素都为 1~9 的数字,不得有重复,并且把矩阵从左到右,从上到下平分成 9 个块,每块 3×3,每块的元素也是 1~9 的数字,不得有重复。每个矩阵的答案是唯一的。

可能的输入如附图 1 所示。

		3		9	2	1	5	8
	5			7				
	8	2	6					
						2		
	2		1		7		6	
		7						
					5	4	8	
				2			3	
5	6	1	8	3		9		

3		8	4		2			
		1		5	8			4
2	4			7		3		
	8	3					7	
1		9		3		5		8
	7					9	3	
		5		1			9	7
9			5	8		6		
			7		6	4		1

		8		4		3		
		6		1			5	8
3				5		2		
					4		8	
		4	8		5	2		
	8		3					
	5			8				9
7	3			6		8		
		2		3		7		

	7				4			
2			5					8
	4	1	8	2			3	
						9		
	8		4		1		6	
		9						
	6			3	8	7	4	
7					5			9
			7				5	

附图 1　输入方案

题目五　输油管道问题

某石油公司计划建造一条由东向西的主输油管道。该管道要穿过一个有 n 口油井的油田。从每口油井都要有一条输油管道沿最短路径(或南或北)与主管道相连。如果给定 n 口油井的位置,即它们的 x 坐标(东西向)和 y 坐标(南北向),应如何确定主管道的最优位置,即使各油井到主管道之间的输油管道长度总和最小的位置?证明可在线性时间内确定主管道的最优位置。给定 n 口油井的位置,编程计算各油井到主管道之间的输油管道最小长度总和。

题目六 人机棋牌游戏类

结合可视化的软件平台,设计和实现以下任意一个游戏的核心算法:

(1) 五子棋;

(2) 象棋;

(3) 围棋;

(4) 军棋;

(5) 跳棋。

题目七 购物单

小明被评为省级三好学生,妈妈决定奖励他 N 元。小明就开始做预算,但是他想买的东西太多了,肯定会超过妈妈限定的 N 元。于是,他把每件物品规定了一个重要度,分为5等:用整数1~5表示,第5等最重要。他还从因特网上查到了每件物品的价格(都是整数元)。他希望在不超过 N 元(可以等于 N 元)的前提下,使每件物品的价格与重要度的乘积的总和最大。

设第 j 件物品的价格为 $v[j]$,重要度为 $w[j]$,共选中了 k 件物品,编号依次为 j_1,j_2,…,j_k,则所求的总和为:

$$v[j_1]\times w[j_1]+v[j_2]\times w[j_2]+\cdots+v[j_k]\times w[j_k]$$

请你帮助小明设计一个满足要求的购物单。

题目八 数列构造

给定一个正整数 $k(3\leqslant k\leqslant 15)$,把所有 k 的方幂及所有有限个互不相等的 k 的方幂之和构成一个递增的序列,例如,当 $k=3$ 时,这个序列是:

1,3,4,9,10,12,13…

该序列实际上就是:

$3^0,3^1,3^0+3^1,3^2,3^0+3^2,3^1+3^2,3^0+3^1+3^2\cdots$

请你求出这个序列的第 N 项的值(用十进制数表示)。

例如,对于 $k=3$,$N=100$,正确答案应该是981。

题目九 另类杀人游戏

周末的晚上,N 个人(包括A)坐成一圈玩杀人游戏,按顺时针编号1,2,3,…玩杀人游戏。A构思了他的杀人计划:

A从1号开始顺时针数到第 m 号就杀掉第一个人,被杀掉的人要退出游戏。

如果第 m 个人恰好是A自己,他就杀掉他顺时针方向的下一个人。

A从被杀的人的下一个顺时针数 m 个人,把第 m 个人杀掉。

重复以上过程,直至杀掉所有人。

A把这个杀人计谋告诉了法官小k,他便可以闭起眼睛杀人啦。作为一个正直善良的法官,小k当然不能让残忍的A得逞,于是,她偷偷把A的杀人计划告诉了作为警察的你。现在,你的任务是当已知A的位置(编号)后,选择正确的位置活到最后,与“杀人不睁眼”的

A 对决。

题目十　最优存储问题

设有 N 个文件 $f_1, f_2, \cdots, f_n$，要求存储在一个磁盘上，每个文件占磁盘上一个磁道，这 N 个文件的检索概率分别是 $p_1, p_2, \cdots, p_n$，而且空位的和为 1。磁头从当前磁道移到被检索信息磁道所需的时间可用这两个磁道之间的径向距离来度量。如果文件 f_i 存放在第 i 道与第 j 道之间的径向距离，磁盘文件的最优存储问题要求确定这 N 个文件在磁盘上的存储位置，使期望检索时间达到最小。试设计一个解决此问题的算法，并分析算法的正确性和算法的复杂性。

题目十一　套汇问题

套汇是指利用货币汇率的差异将一个单位的某种货币转换为大于一个单位的同一个货币。例如，假定 1 美元可以买 0.7 英镑，1 英镑可以买 9.5 欧元，且 1 欧元可以买到 0.16 美元。通过货币兑换，一个商人可以从 1 美元开始买入，得到

$0.7 \times 9.5 \times 0.16 = 1.064$ 美元，从而得到 6.4% 的利润。

假如已知 n 种货币 $c_1, c_2, \cdots, c_n$ 和有关兑换率的 $n \times n$ 表 R，其中，$R[i][j]$ 是一个单位货币 C_i 可以买到的货币 C_j 的单位数。

试设计一个算法，以确定是否存在货币序列 $C_{i1}, C_{i2}, \cdots, C_{ik}$，使得：

$$R[i_1, i_2] \times R[i_2, i_3] \times \cdots \times R[i_k, i_1] > 1$$

并输出满足条件的所有序列。

四、课程设计基本步骤

1. 需求分析

以无歧义的陈述说明程序设计的任务，强调的是程序要做什么。明确规定：输入的形式和输出值的范围；输出的形式；程序所能达到的功能；测试的数据(包括正确的输入和错误的输入及其相应的输出结果)。

2. 概要设计

说明程序中用到的所有抽象数据类型的定义，主程序的流程以及各程序模块之间的层次(调用)关系。

3. 详细设计与实现

实现概要设计中定义所有数据类型和模块。对算法进行时空分析(包括基本操作和主要算法的时空复杂度的分析)，可能情况下改进设想。

4. 测试调试

测试程序并解决调试过程中遇到的问题，记录如何解决的以及对设计实现的回顾讨论和分析，写出测试报告。

参考文献

[1] GOODRICH M T,TAMA R. 算法设计与应用[M]. 乔海燕,李悫炜,王烁程,译. 北京：机械工业出版社,2017.
[2] STINSON D R. 密码学原理与实践[M]. 冯登国,等译. 3 版. 北京：机械工业出版社，2016.
[3] 谷利泽,郑世慧,杨义先. 现代密码学教程[M]. 2 版. 北京：北京邮电大学出版社，2015.
[4] 吴乐南. 数据压缩[M]. 北京：电子工业出版社，2012.
[5] 李世东,梁永伟,等. AI 生态：人工智能+生态发展战略[M]. 北京：清华大学出版社,2019.
[6] 陈国良. 并行计算：结构·算法·编程[M]. 3 版. 北京：高等教育出版社,2011.
[7] 克林伯格,塔多斯. 算法设计[M]. 张立昂,屈婉玲,译. 北京：清华大学出版社,2007.
[8] 王晓东. 算法设计与分析[M]. 4 版. 北京：清华大学出版社,2018.

图书资源支持

感谢您一直以来对清华版图书的支持和爱护。为了配合本书的使用，本书提供配套的资源，有需求的读者请扫描下方的“书圈”微信公众号二维码，在图书专区下载，也可以拨打电话或发送电子邮件咨询。

如果您在使用本书的过程中遇到了什么问题，或者有相关图书出版计划，也请您发邮件告诉我们，以便我们更好地为您服务。

我们的联系方式：

清华大学出版社计算机与信息分社网站：https://www.shuimushuhui.com/

地　　址：北京市海淀区双清路学研大厦 A 座 714

邮　　编：100084

电　　话：010-83470236　010-83470237

客服邮箱：2301891038@qq.com

QQ：2301891038（请写明您的单位和姓名）

资源下载：关注公众号“书圈”下载配套资源。

资源下载、样书申请

书圈

图书案例

清华计算机学堂

观看课程直播